FRIEDEMANN FEGERT

# Spinnen und Weben, das ist ihr Leben

## EINE KULTURGESCHICHTE VOM FLACHS ZUM LEINEN

Für meine Frau Ulla und unsere Kinder in Erinnerung an unsere gemeinsame Geschichte im Bayerischen Wald.

## Vorwort

Seit über vierzig Jahren zieht es unsere Familie in den Bayerischen Wald. Dies hat mir als Geograph und Kulturwissenschaftler immer wieder Impulse für meine Forschungen gegeben. Begonnen habe ich mit der Erforschung der Siedlungsgenese der Rodungsdörfer des Fürstbistums Passau im 17. Jahrhundert. Daraus erwuchs die Mitarbeit an der „Bauern sterben – Bauern leben"-Ausstellung im Freilichtmuseum Finsterau. Zuwanderung in diese Urwaldgebiete und Abwanderung gehören zusammen. So bin ich Hunderten von Waldlern dann ihren Spuren in die Vereinigten Staaten gefolgt. Armen Bauern und Handwerkern, Nachgeborenen, ledigen Müttern, Raufbolden, aber auch der Bayerwald-Dichterin Emerenz Maier. In ehrenamtlicher Arbeit habe ich aus dieser Forschung heraus den Auswanderungsteil des Auswanderermuseums „Born in Schiefweg" gestaltet, begleitet von meinen Auswanderungsausstellungen in Landshut, Mauth, Herzogsreut und Lindberg. Aber auch den Dagebliebenen, den Bauern und Handwerkern galt und gilt mein Interesse, den Webern in Schiefweg und Breitenberg genauso wie den Blaudruckern in Ruhmannsfelden. Die Erforschung der 375-jährigen Familiengeschichte der Fromholzers und ihres Blaudrucker-Handwerks mündete in eine Ausstellung im Niederbayerischen Landwirtschaftsmuseum Regen, der Europa Galerie Freyung, dem Freilichtmuseum Finsterau und in dem umfangreichen Buchprojekt „Oh wie schön ist Indigo". Hatte dieses Buch den Schwerpunkt auf der Weiterverarbeitung von Leinenstoffen durch den Blaudruck, nimmt das vorliegende Werk nun den Rohstoff Flachs und das Leinen selbst in den Blick. Das Buch gliedert sich in drei große Themenfelder: Flachs – Spinnen – Weben.

Mein Dank gilt
Waltraud, Franz Xaver und Johannes Moser in Wegscheid, die mich in großer Offenheit an ihrem Wissen um die Web-Kunst teilnehmen ließen, dem Gründer des Webereimuseums Breitenberg Helmut Rührl und dem Leiter des Niederbayerischen Landwirtschaftsmuseums Roland Pongratz;
Christine Fegert für ihr scharfsinniges und belebendes Lektorat; Hannelore Hopfer und Heinz Lang von der edition Lichtland, die dem neuen Projekt wieder mit Leidenschaft für die Region selbstlos ihre Unterstützung gegeben haben;
und ebenso den bewährten Grafikerinnen Edith Döringer und Melanie Lehner, die mit viel Feingefühl, Ideenreichtum und Sachverstand in bewährter Partnerschaft die ansprechende Gestaltung verwirklicht haben.

*„In die verschiedenen Häuser eintretend fand ich Gelegenheit, meiner alten Liebhaberei nachzuhängen und mich von der Spinnertechnik zu unterrichten."*

AUS: GOETHE: WILHELM MEISTERS WANDERJAHRE, 3. BUCH, 5. KAPITEL.

EINDRÜCKE IM WEBEREIMUSEUM HASLACH / OÖ 2021. (FOTOS FEGERT).

JOHANNES MOSER IN DER HANDWEBEREI MOSER, WEGSCHEID / BAYERISCHER WALD 2020 (ARCHIV MOSER).

UMSCHLAG-HINTERGRUND – VORDER- UND RÜCKSEITE :
Model „Schwedenstern B-weinrot“ (Archiv Handweberei Moser, Wegscheid) (Foto: Fotostudio Eder, Grafenau) .Das Muster selbst stammt aus einem alten schwedischen Webbuch. Seit 1962 wird es in der Werkstätte der Handweberei Moser gewebt. Die 2800 Kettfäden aus reiner ägyptischer Baumwolle, in Deutschland gesponnen (Nm 34/2, beige (B-)), verteilen sich auf eine Webbreite von 170 cm. Das Muster entsteht durch einen 8-schäftigen Einzug, bei dem 66 verschiedene Tritte notwendig sind, bis ein Stern gewebt ist. Im Schuss kommt ein gebleichtes bzw. indanthren gefärbtes Leinengarn (Nm 10,5/1) aus Italien zum Einsatz.

UMSCHLAGBILDER – VORDERSEITE:
Webereiklasse hinter einem Webstuhl, Bauhaus Dessau 1927 (Bauhaus-Archiv / Museum für Gestaltung, Berlin, Inv. Nr.: 2084/22; Silbergelatineabzug, unbekannter Urheber).
Flachs zum Trocknen aufgehängt (Webereimuseum Breitenberg) (Foto: Fegert).
Flachszöpfe auf grobem, ungebleichtem und feinem, gebleichten Leinen (Wolfsteiner Heimatmuseum im Schramlhaus Freyung) (Foto Fegert).
Spulenständer (Webereimuseum Haslach /OÖ.) (Foto: Fegert).

FUßLEISTE (UMSCHLAG UND INNEN):
Weberschiffchen / Handschütze (Edith Döringer).

UMSCHLAGBILD – INNENSEITE:
Jacquard-Webstuhl mit Muster „Jägers Hochzeit“ (Webereimuseum Haslach / OÖ.) (Foto: Fegert).

UMSCHLAGBILDER – RÜCKSEITE:
Flachsernte im Graineter Becken / Bayerischer Wald um 1930 (Archiv Fegert).
Webermeister Adolf Barth bei der Arbeit im Webereimuseum Breitenberg 2006 (Foto: Fegert).
Kapuzeninlay mit upcycleten Stoffen des jeweiligen Kunden. (Fabian Krüger, https://get-lazy.com/kleidung-zum-wohlfuehlen/sei-dein-eigener-designer).

UMSCHLAGBILD – INNENSEITE:
Tauröste im Webereimuseum Breitenberg 2015 (Foto Fegert).

TITELBILD:
„Blumenmädchen mit Flachs“ (Jan Legler 2023, Olbernhau OT Rothenthal/Erzgebirge)

Die Deutsche Bibliothek – CIP-Einheitsaufnahme
FRIEDEMANN FEGERT
Spinnen und Weben, das ist ihr Leben
Eine Kulturgeschichte vom Flachs zum Leinen

Freyung. 2023
ISBN 978-3-947-171-46-0



Gestaltung, Fotos (ohne Quelle) und Reproduktionen:
Friedemann Fegert

Gestaltung, Satz und Umschlaggestaltung:
Edith Döringer und Melanie Lehner, Schönberg / Bayerischer Wald

Druck und Bindung:
EuroPB Druckservice, Příbram

ISBN 978-3-947-171-46-0

# Inhalt

Familienunternehmer: Die Fugger in Augsburg . . . . . . 251

Zeltgewebe – Kleidergewebe, Buchmalerei Persien 19. Jhdt. (Gunter Schaumann).

# FLACHS ALS KULTURPFLANZE

> „Flachs wird, wie bekannt, die von ihrem äusseren Bast befreyete Faser der Leinpflanze (Linum usitissimum Linn.), einem Staudengewächs genannt, dessen wahres Vaterland noch unbekannt ist, welches aber im mittägigen Europa unter den Getraide wild wachsen soll, und welches zum Behuf der Leinwandmanufakturen in ganz Europa häufig gebauet wird.“

Dies schreibt der 1760 in Erfurt geborene und 1833 in Berlin gestorbene Apotheker, Chemiker und Schriftsteller Sigismund Friedrich Hermbstädt. Er engagiert sich als Naturwissenschaftler in Vorträgen und zahlreichen Veröffentlichungen u. a. für die Modernisierung und Rationalisierung in der Landwirtschaft. Auf Vorschlag von Alexander von Humboldt wird er 1810 zum außerordentlichen Professor für technologische Chemie an der unter Humboldt neu gegründeten Universität Berlin bestellt. Aufgrund seiner breiten Aktivitäten würde man ihn heutzutage als „Unternehmens- und Landwirtschaftsberater“ bezeichnen. So verwundert es nicht, dass er 1804 ein umfangreiches Buch veröffentlicht: *Allgemeine Grundsätze der Bleichkunst oder theoretische und praktische Anleitung zum Bleichen des Flachses, der Baumwolle, der Wolle und Seide, so wie der aus ihnen gesponnenen Garne, und gewebten oder gewürkten Zeuge: nach den neuesten Erfahrungen der Physik, Chemie und Technologie,* aus dem das Zitat, Seite 207, stammt.

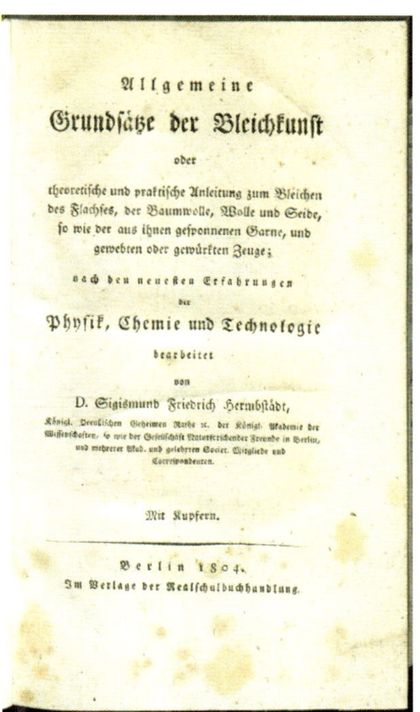

Allgemeine
Grundsätze der Bleichkunst
oder
theoretische und praktische Anleitung zum Bleichen des Flachses, der Baumwolle, Wolle und Seide, so wie der aus ihnen gesponnenen Garne, und gewebten oder gewürkten Zeuge;
nach den neuesten Erfahrungen
der
Physik, Chemie und Technologie
bearbeitet
von
D. Sigismund Friedrich Hermbstädt,
Königl. Preußischen Geheimen Rathe rc. der Königl. Akademie der Wissenschaften, so wie der Gesellschaft Naturforschender Freunde in Berlin, und mehrerer Akad. und gelehrten Societ. Mitgliede und Correspondenten.

Mit Kupfern.

Berlin 1804.
Im Verlage der Realschulbuchhandlung.

TITELBLATT GRUNDSÄTZE DER BLEICHKUNST 1804 (UNIVERSITÄTS- UND LANDESBIBLIOTHEK DÜSSELDORF).

## URSPRUNG UND VERBREITUNG

Die alte Kulturpflanze Flachs ist bereits vor über 6000 Jahren in Ägypten und bei den Sumerern kultiviert worden. Um 1250 v. Chr. haben die Phönizier im Mittelmeerraum mit hochwertigem Leinen gehandelt. In Mitteleuropa konnte der Flachs bereits in der Jüngeren Steinzeit (11 000 v. Chr.) nachgewiesen werden.

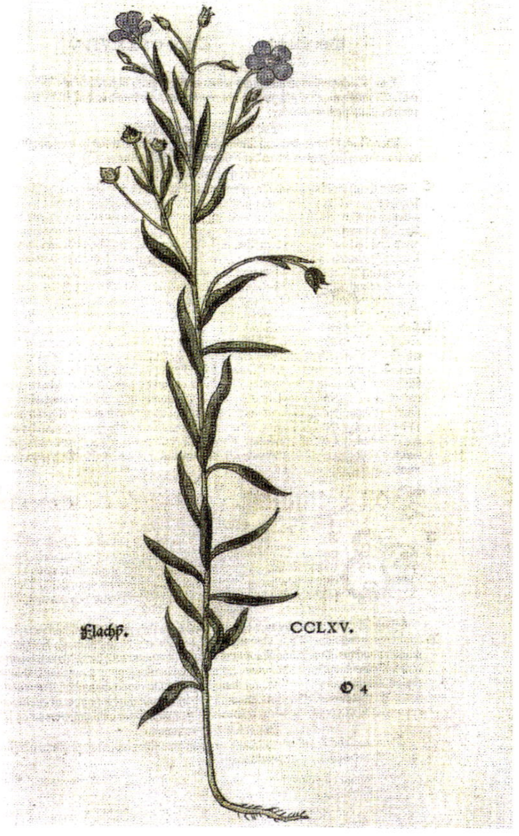


FLACHS IN: LEONHART FUCHS
NEW KREÜTERBUCH, TÜBINGEN 1543.

Der mit lanzettförmigen Blättern versehene Stängel ist mit zart-blauen Blüten besetzt.

In Irland ist der Anbau von Flachs ab dem 5. Jahrhundert nach Chr. erfolgt. Dort wurden Könige vor ihrer Beerdigung in feines Leinen eingewickelt.

Neben Wolle, Hanf und Nessel hat die Bedeutung des Flachses als Rohstoff für die Herstellung von Fasern und Garnen, und damit der Erzeugung von Geweben für Kleider, zu seiner weltweiten Verbreitung geführt. Weiterhin dient der Lein auch zur Gewinnung von Leinsamen zur Ernährung und Leinöl als Grundlage der Farbenherstellung. Der nach dem Auspressen übrig bleibende Leinkuchen wird als Viehfutter verwendet..

Im Mitteleuropa des 16. Jahrhunderts gewinnt der Flachs folglich als Rohstoff für die Leinenherstellung seine herausragende Bedeutung.

## KENNZEICHEN DER PFLANZE

Es handelt sich beim Flachs um eine einjährige Pflanze, die 20 bis 100 cm hoch wird. Ihre Blätter sind stiellos und lanzettförmig.

Das Äußere des Stängels, die Epidermis, ist von einer Wachsschicht überzogen. Es folgt die Rinde. Darunter sind die 30 bis 50 Bastfaserbündel angeordnet, die als Rohstoff für die Fasergewinnung dienen. Der Fasergehalt beträgt 19 bis 25 % und besteht aus 75 % Zellulose. Weitere Bestandteile sind in sehr geringem Umfang Pektin (3 %), Protein (3 %), Lignin (2,5 %), Fette und Wachse (1,5 %), Mineralstoffe (1 %) und 8 % Wasser. Nach innen folgt zunächst das dünne Kambium, dann die Holzschicht, die dem Stängel die Stabilität gewährleistet. Ganz innen findet sich das Mark und bei reifen Pflanzen auch ein Hohlraum.

Die blass-blauen Blüten sind über zwei Zentimeter breit. Es handelt sich dabei um eine nektarführende Scheibenblume, die sich überwiegend selbst bestäubt. Nur in 5 % der Fälle kommt es zur Bestäubung durch Insekten.

FLACHS (LINUM USITATISSIMUM).
Unter der Blüte ist eine grüne, unreife Samenkapsel zu erkennen.

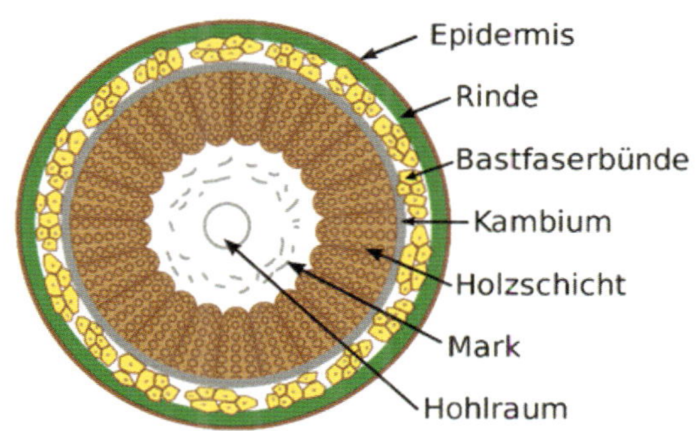


QUERSCHNITT FLACHSSTÄNGEL.
Um den hölzernen Stängel sind die Bastfaserbünde angeordnet, die zur Herstellung der Textilfasern dienen.

SAMENKAPSELN DES LEIN.

LEINSAMEN.

Die Samenkapseln haben fünf Fächer und in jedem der Fächer befinden sich zwei Samen. Die Samen haben eine Länge von 4 bis 5 Millimetern und eine Breite von 3 Millimetern.

Die Farbe der Samen ist unterschiedlich, je nach Sorte von hellgelb bis dunkelbraun und mit glänzend glatter Oberfläche. Das Gewicht der einzelnen Samen variiert zwischen vier bis sieben Gramm beim Faserlein und bis zu 15 Gramm beim Öllein.

Je nach Sorte, Standortbedingungen des Klimas und der Böden liegt der Ölgehalt der Samen zwischen 30 % und 44 %. Beim Faserlein, da er vor der Vollreife geerntet wird, enthalten die Samen weniger Öl. Hauptfettsäure ist mit rund 50 % bis 70 % die ungesättigte α-Linolensäure. Der Gehalt der für die menschliche Ernährung bedeutenden Omega-3-Fettsäuren in Leinöl ist der höchste aller bekannten Pflanzenöle.

## ANBAU

Der Lein ist, was die Bodenbeschaffenheit angeht, eine genügsame Pflanze. Lediglich moorige oder staunasse Böden sind nicht geeignet. Was Temperatur und Niederschlag angeht, so ist das wechselfeuchte Klima Mitteleuropas gut geeignet.

FLACHSANBAU IM FREILICHTMUSEUM FINSTERAU 2021 (FOTO: FEGERT).

Trotz des steinigen Bodens im Bayerischen Wald und einer Höhenlage von 1000 Metern gedeiht hier der zu Demonstrationszwecken angebaute Flachs.

In der Hauptwachstumsphase Mai/Juni braucht er etwa 120 Millimeter Niederschlag. Bezogen auf die Fruchtfolge ist es sinnvoll 6 Jahre Abstand zwischen der erneuten Aussaat vorzunehmen, um Schadpilze zu vermeiden. Auch ist es angebracht, eine Vorfrucht einzuplanen, damit weniger Unkraut wächst. Heute wird gerne Hafer dafür verwendet oder, wie es in Belgien und Frankreich geschieht, folgt der Lein dann auf Mais.

## HISTORISCHE ANBAUGEBIETE

Große Verbreitung erfuhr Flachs als Rohstoff für die Herstellung von Kleidung im mittelalterlichen Mitteleuropa. Der Flachs, der mundartlich in Süddeutschland und Österreich „Haar“ heißt, kommt in Flurnamen vor, die wiederum dann zu Ortsnamen wurden. Diese dokumentieren die ehemals wichtige Bedeutung von Flachs bzw. „Haar“ im bäuerlichen Alltag.

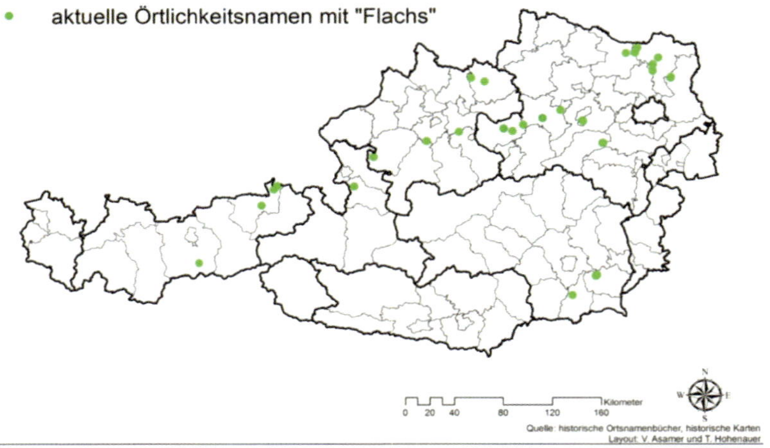


ORTSNAMEN „FLACHS“ AM BEISPIEL ÖSTERREICH (HOHENAUER 2010).

Als Beispiel für Siedlungsnamen mit „Haar“ verzeichnet die Sprachwissenschaftlerin HOHENAUER in Österreich u. a. folgende Ortsbezeichnungen: Harreith (Amstetten/Winklarn), Harau (Freistadt/Lasberg), Harruck (Freistadt/Waldburg), Plon Harland (Innsbruck-Land/Steinach a. Brenner), Harlander Alm (Kufstein/Rettenschöss), Harland (Melk/Blindenmarkt), Harlanden (Melk), Harpoint (Vöcklabruck/Zell am Moos), Kleinharras (Gänserndorf/Matzen-Raggendorf), Haresau (Gmunden/Vorchdorf), Harreis (Hallein/Adnet), Harrötzberg (Leibnitz/Sankt Nikolai i. Sausal), Haraseck (Lilienfeld/Ramsau), Harasecker (Lilienfeld/Ramsau), Großharras (Mistelbach/Großharras), Harraß (Steyr -Land/Schiedlberg) und als Gewässenamen: Harlander Bach (Sankt Pölten Stadt u. Land), Kleinharras-Bach (Gänserndorf/Matzen-Raggendorf).

## ANBAUGEBIETE HEUTE

Der Anbau des Flachses liegt heutzutage weltweit schwerpunktmäßig in China, Russland, Weißrussland und der Ukraine. In Mitteleuropa wird er vor allem in Belgien und Frankreich angebaut. Gerade die Tieflandsgebiete an der Kanalküste von Nordfrankreich über Belgien in die Niederlande sind heute die Schwerpunkträume des Anbaus.

THE LINEN MAP

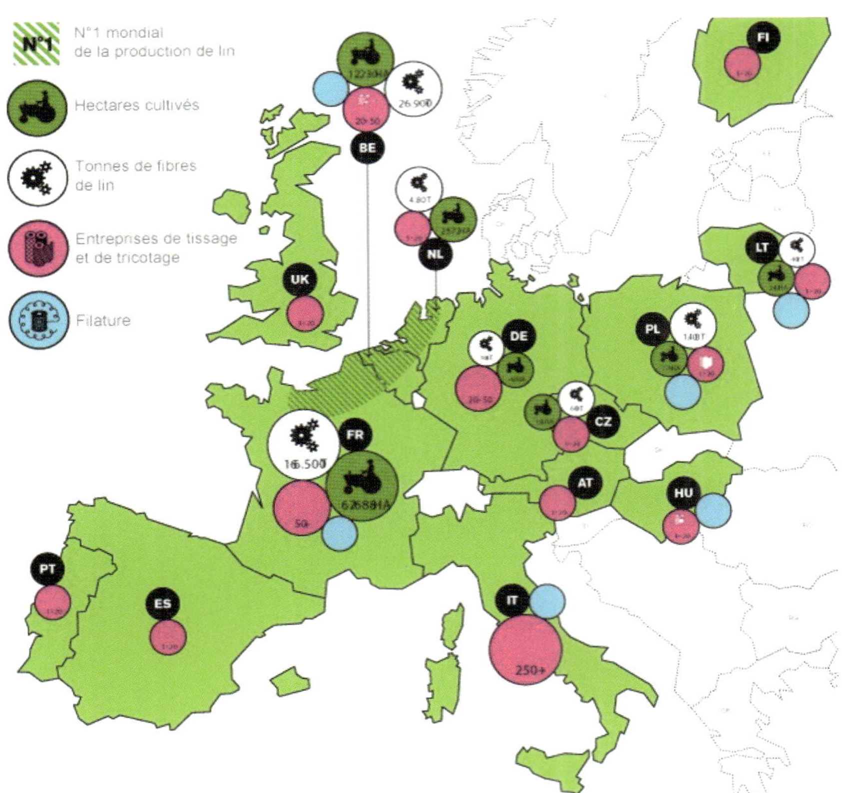


FLACHSANBAUGEBIETE IN EUROPA (THE EUROPEAN CONFEDERATION OF FLAX AND HEMP, WWW.MASTERSOFLINEN.COM).

Aufgrund der größten Anbaufläche in der EU wird in Frankreich auch der meiste Flachs erzeugt, während die Verarbeitungsindustrie in Italien noch höher liegt.

## AUSSAAT

Die Aussaat geschieht Ende März bis Anfang April. Nach überlieferter Tradition wurde Flachs am 100. Tag ausgesät, also um den 15. April bis 1. Mai herum. Der Samen zeigt schon nach 100 Stunden die ersten Keime. Etwa 100 Tage später, je nach Witterung, wird der Flachs reif zur Ernte. Eine alte Wachstumsregel weist auf die Bedeutung der Zahl 100 beim Flachsanbau hin. Sie besagt: Den hundertsten Tag aussäen, hundert Stunden im Boden, hundert Tage über dem Boden.

Neben der Sortenwahl hat die Bestandsdichte Auswirkungen auf den Wuchs: Eng gepflanzter Lein fördert die Faserbildung, weite Abstände begünstigen die Samenbildung. Dabei wird für den heutigen Anbau eine Saatdichte von 40 Samen auf 10 cm und bei freier Feldsaat 2000 Samen auf einen Quadratmeter berechnet (Moos 2017).

Flachsanbau im Freilichtmuseum Finsterau 2021 (Foto: Fegert).
An den hoch aufragenden Stängeln blühen Mitte August die zart-blauen Blüten.

## ERNTE

Wenn die Flachspflanze etwa 5 Zentimeter hoch war, musste gejätet werden, was üblicherweise von Kindern und Frauen erledigt werden musste. Dies geschah oft barfuß, damit die Stängel möglichst wenig niedergedrückt wurden.

In der Zeit zwischen Ende Juli und Anfang August ist der Flachs erntereif. Etwa vier Wochen nach der Blüte beginnen sich bereits die unteren Blätter gelb zu verfärben und abzufallen. Die Samen haben sich innen von weiß nach grün verfärbt. Dann ist der Flachs reif.

Reifer Flachs im Webereimuseum Breitenberg 2018 (Foto: Fegert).
Besucher des Webereimuseums sehen vermutlich erstmals, wie ein reifes Flachsfeld aussieht.

Der 120 cm lange „Dresch-“ oder „Schließlein“ dient zur Leinenherstellung. Er wird „ausgerauft“, also mit der Wurzel aus dem Boden gezogen, damit die maximale Länge der Faser erhalten bleibt. Dazu packt man ein kleines Büschel Stängel weit unten, um es ruckartig aus dem Boden zu ziehen. Es müsse sich, so sagen Kenner, so anhören, als ob eine Kuh Gras raufe.

FLACHSERNTE IM GRAINETER BECKEN/BAYERISCHER WALD UM 1930 (ARCHIV FEGERT).

Die Ernte war wie hier meist Frauenarbeit. Sowohl in Flachländern als auch in Mittelgebirgen lässt sich Flachs anbauen.

FLACHSERNTE IN DER SLOWAKEI (ARCHIV FEGERT).

Vor der Kulisse des Slowakischen Erzgebirges werden die ausgerauften Stängel als Bündel zum Trocknen aufgestellt.

Flachsernte im Hohenloher Freilandmuseum Wackershofen 1987 (In: Stiglmair 1988).

Nachdem die Erde abgeklopft war, wurden die Büschel kreuzweise zum Nachreifen und Trocknen auf dem Feld aufgestellt. Noch heute demonstrieren Freilichtmuseen diese alten Methoden. Die aufgestellten Büschel werden im baden-württembergischen Hohenlohe als „Kapellen“ bezeichnet.

Flachsanbau im Freilichtmuseum Glentleiten um 2003 (Freundeskreis Freilichtmuseum Südbayern 2003, 108).

Die Methode des Trocknens wird für den Besucher im Freilichtmuseum Glentleiten so dargestellt, wie sie in Oberbayern üblich ist: Auf eine Holzstange werden die Flachsbüschel kopfüber mit den Samenkapseln nach unten angebunden.

Gerade die Freilichtmuseen, wie das Webereimuseum Breitenberg, das Freilichtmuseum Finsterau, das Freilichtmuseum Glentleiten sowie das Hohenloher Freilandmuseum oder das Schwarzwälder Freilichtmuseum Vogtsbauernhof in Gutach bauen immer wieder Flachs an, um dem Besucher die große Bedeutung des Flachses in früheren Zeiten überhaupt bewusst zu machen. An Museumstagen wird dann die Weiterverarbeitung dieser alten Kulturpflanze vorgeführt.

## FLACHSVERARBEITUNG

Die Verarbeitung des ausgerauften Flachses braucht in der Folge viele Schritte, bis eine zum Spinnen geeignete Faser erzeugt ist.

### Trocknung

Nachdem die in Büscheln auf dem Feld aufgestellten Flachsstängel in der Sommersonne gut abgetrocknet sind, werden sie in der Scheune zwei bis vier Wochen kopfüber luftig aufgehängt. Zunächst sind die Stängel noch grün, werden dann aber zunehmend gelb.

Erntefrischer Flachs im Freilichtmuseum Finsterau/Bayerischer Wald 2021 (Foto: Fegert).

Trocknung der Flachsbündel im Webereimuseum Breitenberg/Bayerischer Wald (Foto: Fegert).

In der Scheune werden die Büschel luftig aufgehängt.

## Riffeln

Den passenden Trocknungsgrad erkennt man, wenn die Stängel leicht geschüttelt werden und man in den reifen Kapseln die Samen rascheln hört. Nun ist zunächst die Samenkapsel vom Stängel zu trennen.

SAMENKAPSELN (SAMMLUNG FEGERT).

Um diese abtrennen zu können, ist der sogenannte „Riffelkamm" entwickelt worden. Es handelt sich dabei um eine gezähnte Eisenleiste, durch die die Stängel gezogen werden können. Der Riffelkamm wird zur Stabilisierung in einen Holzbock eingeschlagen.

RIFFELKAMM (SAMMLUNG FEGERT).

Die Stängel werden dann durch den Riffelkamm gezogen, um so die Samenkapseln abzutrennen.
Der Flachsstängel ist dann der Rohstoff für die Fasergewinnung. Daraus können Garn und Zwirn erzeugt werden, aber vor allem Fäden für die Leinenherstellung.

RIFFELKAMM IM EINSATZ, ZÄZIWIL/SCHWEIZ 2016 (WIKIMEDIA).

LEINÖL (WEBEREIMUSEUM HASLACH/OÖ.).

PRESSSTOCK (WEBEREIMUSEUM HASLACH/OÖ.).

Die Samenkapseln werden ausgesiebt und dann als Nahrungs-, Futter- oder Heilmittel (etwa Magen-Darmerkrankungen) und zur Herstellung des Leinöls verwendet. Natürlich werden auch Samen zurückgehalten, um die Aussaat im nächsten Jahr zu gewährleisten. In der Ölmühle werden die Samenkapseln ausgepresst. Das so gewonnene Leinöl findet als Speiseöl oder zu technischen Ölen Verwendung. Bereits im antiken Griechenland und im Mittelalter wurden Leinsamen und Leinöl nachweislich zur Behandlung von körperlichen Leiden verwendet. Ab dem 15. Jahrhundert wurde Leinöl in der Malerei zur Herstellung von Ölfarben als wichtiges Bindemittel benutzt. Da es einen hohen Anteil an ungesättigten Fettsäuren besitzt, können bereits dünne Schichten der Leinölfarbe oxidieren, polymerisieren und einen elastischen Film bilden. Das Leinöl diente daher weit ins 20. Jahrhundert hinein zur Herstellung von Ölfarben. Die Mittenwalder Geigenbaumeister verwenden heute noch zur Herstellung der Geigen auch Lacke, die aus geschmolzenem Harz und Leinöl selbst hergestellt werden. Heute gewinnt Bio-Leinöl als gesundes Lebensmittel erneut an Bedeutung.

Die ausgepressten Fasern werden als Leinkuchen oder Pressstock für ein nahrhaftes Futtermittel verwendet.

## Rösten

„Die wichtigste Operation, welcher der getrocknete und geriffelte Flachs nun unterworfen werden muß, besteht in der so genannten Röste oder Rotte. Man unterscheidet dieselbe 1) in der Thauröste, und 2) in der Wasserröste; der Erfolg von beyden gründet sich zwar auf einerley Ursache, aber die Operation selbst, so mechanisch sie auch gewöhnlich betrieben wird, ist von der größten Wichtigkeit; und von der Regelmäßigkeit, mit welcher sie ausgeübt wird, hängt allein die Güte des Garns und der daraus gewebten Leinwand ab; ja der oft vorkommende schlechte Zustand von Beyden, ist in der That in den meisten Fällen der schlecht veranstalteten Röste des Flachses zuzuschreiben [...]

Von der Thauröste oder Rotte

Hierzu wird am besten folgendermaßen operirt:Wenn der geerndete Flachs geriffel ist, so wird solcher auf den Stoppeln eines Kornackers, und zwar so, daß zwischen zwey und zwey Reihen allemal ein regelmäßiger Weg zu Gehen bleibt. Hier bleibt nun der gelagerte Flachs der statt findenden Witterung, nemlich dem abwechselnden Regen und Sonnenschein, so lange ausgesetzt, bis derselbe auf der oberen Seite die gehörige Röstung oder Röstreife erhalten hat; welches daran erkannt wird, daß der Stengel eine gelbe Farbe annimmt, daß er seine vorherige Biegsamkeit verliert, daß er beym Biegen leicht bricht, und der Bast von der Faser leicht trennbar ist.

TAURÖSTE IM WEBEREIMUSEUM BREITENBERG 2015 (FOTO: FEGERT).

In langen Reihen werden die Flachsbüschel ausgelegt, um sie so der Witterung auszusetzen.

> Ist dieser Zeitpunkt eingetreten, so wird der Flachs, ohne ihn zu verwirren, behutsam umgewendet, damit nun die obere Seite nach unten zu liegen kommt; und in diesem Zustande bleibt derselbe nun abermals so lange liegen, bis auch diese Seite gehörig geröstet ist. Die Zeit, welche erforderlich ist, jene Operation zu beendigen, hängt von der Witterung ab. Ist diese günstig, nemlich, wechseln am Tage Regen und Sonnenschein, und des Nachts Thau regelmäßig mit einander ab, so ist sie bereits während drey bis vier Wochen beendiget; findet hingegen Mangel an Regen, Thau und Sonnenschein statt, ist die Witterung anhaltend trocken und kalt, dann können auch oft sechs, acht bis zehn Wochen dazu erforderlich werden. Ueberhaupt kann hier nur die praktische Prüfung des gerösteten Flachses allein den Zeitpunkt angeben, wenn diese Operation beendigt ist [...]. Sie muss also von Zeit zu Zeit wiederholt veranstaltet werden, und, sollte die Feuchtigkeit des auf dem Felde liegenden Flachses die gedachte Probe nicht gestatten, dann muß man von Zeit zu Zeit eine Handvoll nach Hause tragen, ihn trocknen, und dann nach der oben genannten Art prüfen. [...]" (HERMBSTÄDT 1804, 210 ff.).

In der Folge erläutert der Autor auch die sogenannte „Wasserröste" oder „Wasserrotte". Dabei werden Flachsbüschel in „gutes" Flusswasser gestellt, immer wieder geprüft, indem einzelne Stängel getrocknet werden. Danach erläutert Hermbstädt dann als Chemiker die Vorgänge am Beispiel der Wasserröste.

> „Wenn man die Erfolge der vorgehenden Röste des Flachses im Wasser, vom Anfang bis zum Ende genau beobachtet, so geben sich uns folgende Erscheinungen zu erkennen: 1) das Wassser fängt an sich zu trüben; 2) es steigen Luftblasen von selbigem empor, welche sich als kohlensaures Gas verhalten; 3) das Wasser nimmt eine farbige Beschaffenheit an: 4) es bekommt Eigenschaften einer Säure, und röthet das Lackmuspapier; 5) die Säure verschwindet, und es entwickeln sich Luftblasen, die einen stinkenden Geruch verbreiten, und mit atmosphärischer Luft gemengt, sich anzünden lassen; 6) dies Wasser färbt jetzt rohtes Lackmuspapier blau, und Kurkumapapier braun; es zeigt Spuren von freiem Alkali, nemlich Ammonium; aber gerade wenn dieser Zeitpunkt eingetreten ist, hat die Röste ihren Endpunkt erreicht [...]" (HERMBSTÄDT 1804, 214).

So wird in einem mehrere Wochen dauernden Gär- oder Fäulnisprozess das Pektin beseitigt und damit der Zusammenhalt zwischen Holz- und Bastschicht sowie zwischen den einzelnen Fasern aufgelöst. Gut gerösteter Flachs ist durch eine hellgraue Farbe, eine Farbe wie „ein alter Hase" gekennzeichnet und besteht aus langen, weichen und sehr festen Fasern, die einen großen Zug aushalten.

## Darren

„Dunkel, stickig, heiß und staubig war es im Inneren der Flachsbrechhäuser, während draußen schon der Herbstnebel aufzog und die Tage immer kürzer wurden. Eine echte Knochenarbeit verrichteten die Mägde und Knechte in den kleinen Hütten abseits der Dörfer.

Ein Großteil der Brechhäuser gehörte nicht nur einem Hof, sondern war im Besitz der gesamten Gemeinde. Die Baukosten waren zwar gering, aber spätestens ab 1853 mussten die Häuser ausreichend gegen Feuer versichert werden. So teilten sich mehrere Höfe nicht nur die Kosten, sondern auch die Arbeit der Flachsgewinnung. Nachdem die Ernte eingefahren war, wurde nach Absprache oder durch Los entschieden, in welcher Reihenfolge die Teilhaber ihren Flachs in der Hütte dörren und brechen durften. Von jedem Hof wurden Mägde und Knechte geschickt, um gemeinsam die schwere Arbeit zu verrichten. Trotz der Mühsal war es für sie eine Möglichkeit, miteinander zu schwatzen und fernab der konservativen Herren auch einmal zu flirten.

Brechhaus in Göhren/Fränkische Alb (Das Jurahaus, 2014, 53. Foto: J. Geisenhof).

Die Mauern sind aus Weißjurakalken aufgebaut, während die Dachbedeckung aus den Platten des Posidonienschiefers gestaltet ist. Die Brechhäuser wurden früher meist außerhalb oder am Rand des Dorfes gebaut, um die Feuergefahr zu bannen.

Ein solides Brechhaus besteht in der Regel aus der Dörrstube, dem Brechraum bzw. einem Unterstand zum Brecheln und dem Heizbereich mit Ofen und Rauchabzug. Die hinten gelegene Dörrstube ist ein niedriger Raum, in dem auf halber Höhe Holzgitter befestigt wurden. Darauf wurde der Flachs geschichtet. Sie besitzt keine Fenster und sind sie doch vorhanden, lassen sie sich nicht öffnen. So sollte die Hitze nicht entweichen, denn der Raum wurde kräftig eingeheizt. Zur Sicherheit der Arbeiter und des Flachses war der Ofen nur von außerhalb der Stube zugänglich. Kein Funke durfte auf die trockenen Stängel treffen, sonst wären sie in Flammen aufgegangen. Schnell brannte nicht nur der Ertrag eines ganzen Jahres, sondern auch gleich das ganze Brechhaus. Noch heute sind Feuerspuren im alten Brechhaus aus Rehberg zu erkennen, das im Freilichtmuseum Finsterau einen neuen Standort gefunden hat [...].

Abgesehen von der Feuersgefahr konnte eine zu große Hitze sich schädlich auf die Qualität des Leinens auswirken. Das Einheizen besorgte daher ein erfahrener Knecht oder sogar der Bauer persönlich. Noch nach getaner Arbeit musste jemand im Brechhaus zurückbleiben und darauf achten, dass das Feuer nicht außer Kontrolle geriet [...].

Nach ca. 12 Stunden in der Hitze waren die Stängel vollständig trocken und konnten in den Vorraum gebracht werden. Nur in wenigen Fällen ist der Eingangsbereich ein wirklicher Raum, oftmals gestaltete er sich als einfacher Unterstand, der nur notdürftig vor Wind und Regen schützte. Dort folgte nun der anstrengendste Arbeitsschritt: das Brechen" (BEER 2013, 8 f.).

BRECHHAUS AUS REHBERG 1982 (ARCHIV FREILICHTMUSEUM FINSTERAU).
Das dem Verfall preisgegebene Gebäude ist ins Freilichtmuseum Finsterau gerettet worden.

Die Arbeit des Darrens und das anschließende Brecheln in den Brechhäusern war der Alltag in den Dörfern. Dies wird auch deutlich in einer ergreifenden Erzählung der Bayerwald-Dichterin Emerenz Meier, die 1874 in Schiefweg geboren und 1928 in Chicago gestorben ist. Als Tochter des Landwirts, Vieh- und Güterhändlers Josef Meier lernt sie früh, in der Landwirtschaft mit anzupacken. Sie hat zehn Rinder dreimal täglich zu versorgen, auf einem Hof mit 52 Tagwerk Felder und Wiesen. So passt ihre schriftstellerische Ader nicht dazu: „Das heranwachsende Mädchen mußte manch scharfen Tadel ihres Vaters über sich ergehen lassen, wenn er über die ‚narrische Verslmacherei' kam, die sie insgeheim betrieb" (UNERTL 1924).

EMERENZ MEIER UM 1899 (STAATLICHE BIBLIOTHEK PASSAU). Die Aufnahme stammt aus der Zeit der Veröffentlichung der Erzählung „Der „Brechlbrei".

Emerenz Meier lebt also im Spannungsfeld zwischen der eigenen Bauernarbeit und ihrem Schreiben aus dieser Bauernwelt heraus.

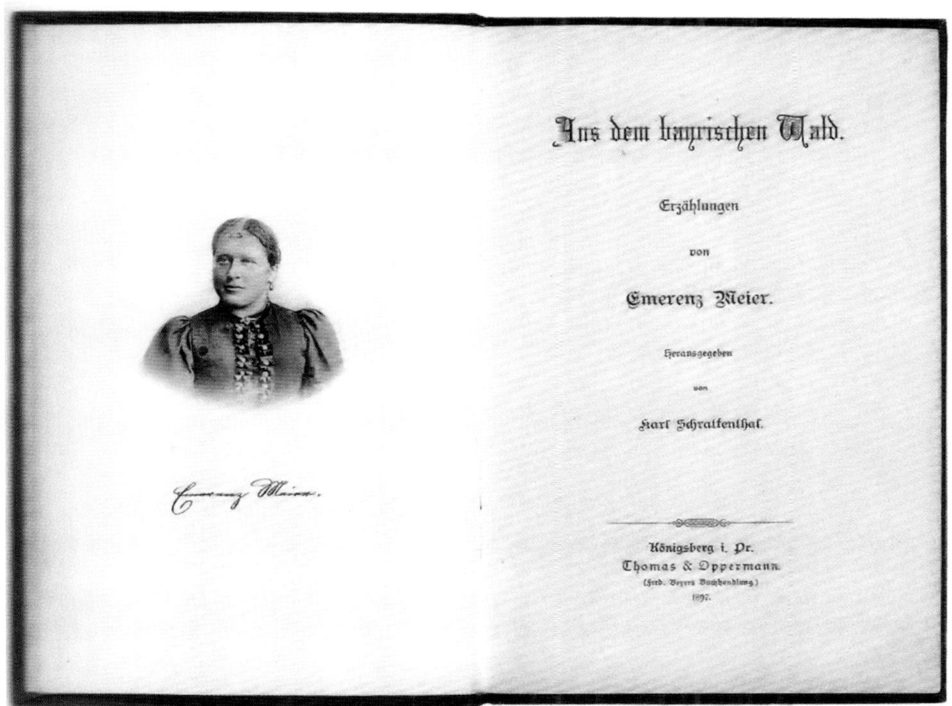

Aus dem bayrischen Wald.

Erzählungen

von

Emerenz Meier.

Herausgegeben

von

Karl Schrattenthal.

Königsberg i. Pr.

Thomas & Oppermann.

(Ferd. Beyers Buchhandlung.)

1897.

EMERENZ MEIER, AUS DEM BAYERISCHEN WALD, 1897 (ARCHIV PRAXL).

In dieser einzigen Buchveröffentlichung zu ihren Lebzeiten ist auch die Erzählung „Der Brechlbrei“ enthalten.

Die 1897 veröffentlichte Liebesgeschichte „Der Brechlbrei“, die aus den eigenen dörflichen Erfahrungen der Emerenz Meier schöpft, spielt sich im umtriebigen Zusammenkommen der Mädchen und jungen Burschen anlässlich eines Brechl-Abends im „Christlbauerhaarhaus“ ab. Neben der Arbeit her wird „geratscht“, also über die Dorfneuigkeiten, wer hat es mit wem, schwadroniert. Der Sepp vom reichen Christbauerhof hat ein Auge auf die Mirz geworfen, die mit ihrer halbseitig gelähmten Mutter als arme „Häuslleut“ auf dem Hof in Miete leben. Es entspinnt sich eine hochdramatische Liebesgeschichte, die zugleich die gefährliche Arbeit mit den Flachs zeigt:

> „„Wo so viel Sach da ist, da kann ma leicht aufkochen. Vierzg Rinder Vieh stehn im Stall, und wie der Christlbauer – Gott tröst'n und unser liebe Frau – gestorbn is, sand

> rund zwanzgtausend Gulden Geld beim Haus gwen. Sidaher hat sie a net schlechter ghaust. Und aft is nur der oanzige Bua da.'
>
> ,Was ebba der amal für oane heiratn werd?' fragte eine dicke, rothaarige Dirne.
>
> ,O mei, halt oane, die a wieder brav Guldnstückl hat, denn auf der Welt is's a so: Wo eh der Haufen is, kimmt wieder der Haufen dazu.'
>
> ,Ah, wer woaß! Wenn's wahr is, was d' Leut sagn zweng der Häuslmirz, aft gibt's koane Guldn. Net amal an gscheitn Kammerwagn, denn des Leutl is arm wie a Kirchamaus.'" (MEIER 1897, 113 f.)

In dieser sozialen Diskrepanz zwischen dem Bauernsohn Sepp, dem „mögeten", d. h. vermögenden Hoferben, und dem „Bettldirndl", der „Häuslmirz", und damit auch der wirtschaftlichen Ungleichheit, schwebt das Liebespaar. Sepps Mutter droht ihrem Sohn, wenn er nicht von dem Mädchen lasse, mit der Kündigung dieser Häuslleut. Als der Sepp seine Geliebte, die in der Hitze des Dörr-Raumes den Flachs darrt, mit einem brennenden Kienspan in der Hand beschwört, an der Liebe zueinander festzuhalten, beschwört die Mirz ihn, den Kienspan zu löschen und offenbart ihre Zweifel, dass ihre Beziehung eine Zukunft habe.

> „,Mirz', sagte er nun, ,i muaß mi heut ausredn gegn dich, denn die ewige Tratzerei und Hoamlichkeit kann i nimmer länger vertragn. Wia i mit meiner Altn dran bin, des woaß i seit heut früah; iatzt möcht i 's aber auch wißn, was 's mit dir is. Drum red!'
>
> Sie machte sich von seinem Arm los, trat einen Schritt zurück und lachte leise. Dann antwortete sie: ,Was dei Muatta gsagt hat heut früah, des gilt. Wir ziagn in drei Wochen aus'm Häusl und schaun uns wo anders um an Unterkunft, weit weg von da. Aft derf sie nimmer fürchtn, daß der Sepp dem Bettldirndl auf Schritt und Tritt nachlauft.'
>
> Das Gesicht des Burschen rötete sich dunkel, aber er bezwang sich und blieb ruhig.
>
> ,Das tuast net, Mirz! Du bleibst mit deiner Muatta bei uns und in vier Wochen is d' Hochzeit. Mir kommen ja ohne die Alte auch furt, wenn sie sich grad setzt auf di.'
>
> ,Na, i will koan Unfriedn in enka Haus bringen. Dei Muatta is a bravs und a verständigs Wei, drum folg ihr und schau dir um oane, die besser zu dir paßt. Es gibt gnua brave Bauerntöchter im Dorf und a jede is froh, wenns Christlbäuerin wern kann.'
>
> ,Aber i mag koan andere net, als dich, des hab i dir schon hundertmal gsagt. – Sag ja, Mirz, und i geh heut noch zum Pfarrer und laß uns am erstn Feiertag dreimal verkündn!'

‚Um die ganze Welt net, Sepp! Hör auf, es is alles umsonst.‘

‚Aft hast mi überhaupt nia mögn, wennst mir des antoa kannst, und dei Schöntuerei is nix gwen als lauter Falschheit!‘ rief er zornig.

Mirz hob stolz den Kopf.

‚I hab dir nia schön tan und hab di net gfoppt, Sepp. So weit is doch net, daß i mir oan zualockn muaß, obwohl i nix hab, als mei Armuat.‘

Sie wandte sich ab und bedeckte ihr Gesicht mit beiden Händen. Sepp schleuderte den zusammengebrannten Kienspan fort und schritt zur Tür.

‚Mir zwoa san fertig, Mirz. Aber i moan, es kränkt dich dei Stolz noch amal‘, sagte er so ruhig, als es der Zorn, der in ihm kochte, erlaubte. Dann ging er hinaus und warf die Tür so heftig ins Schloß, daß die Klinke klirrend zu Boden fiel“ (MEIER, 1897, 119 f.).

Der Kienspan entzündet die trockenen Flachsbüschel und das ganze Flachshaus steht in Flammen und die Mirz droht zu verbrennen. Nur die Stimme ihrer gelähmten Mutter, die ihr visionär sagt, dass sie ihre Tochter weiterhin als Stütze brauche, gibt ihr die Kraft nicht aufzugeben.

Die ins Schloss gefallene Tür wird aufgerissen und die nahezu ohnmächtige Mirz wird vom verstörten Sepp aus dem brennenden Flachshaus gezogen.

„Die Leute beruhigten sich bald. Was lag am Ende auch an dem Flachshaus und seinem Inhalt. Die Christlbäuerin konnte sich ja wieder ein anderes bauen lassen, für sie war das eine Bagatelle.

DAS „SACHL“ AUS RUMPENSTADL IM FREILICHTMUSEUM FINSTERAU (FOTO: FEGERT).

Das Schild an der Haustür verdeutlicht die Feuer-Versicherungspflicht, die bereits im 19. Jahrhundert für die Bauernhöfe in Bayern eingeführt wurde.

> Aber die Mirz, was war mit der geschehen? Sie lag jetzt in den Armen der weinenden Bäuerin; Sepp kniete neben ihr und klagte sich immer wieder an, daß er den Brand verursacht habe, und mithin gar ihren Tod. Er erzählte, was zwischen ihr und ihm in der Stube vorgefallen war, und daß er zuletzt den noch glimmenden Span gegen den Flachs geschleudert habe, ohne in der Erregung daran zu denken, daß dieser sich entzünden könne. Er fügte endlich hinzu, daß sie, die Mutter, ebenfalls ihren Teil an der Schuld trage, indem sie durch ihre harten Worte das Mädchen so sehr erbittert habe, daß es ihn nicht einmal mehr wollte. Und sie seien doch füreinander ‚beschaffen' vor Gott. Er würde nun um alle Welt keine andere mehr heiraten und bis zu seinem Tod allein bleiben.
>
> ‚So hör endli auf, du dummer Bua!' unterbrach die Alte seinen Redestrom. ‚Schau her, d' Mirz lebt, sie lacht dich sogar schon wieder aus. Net wahr, Mirz, der Sepp ist doch ein recht narrischer Bua, du stirbst ja gar net, gelt?'
>
> Wirklich, die eben aus der Betäubung erwachte Mirz lächelte, und jetzt schlang sie den rechten Arm um den Hals der Christlbäuerin; den linken aber ließ sie kraftlos herabsinken, denn er war von einer großen Brandwunde bedeckt.
>
> ‚Na, so nimm sie halt, Sepp, und trag dir's hoam in Gotts Nam, – gehn wirds ja kaum können', sagte die Alte unter Tränen lachend, indem sie das Mädchen in die Arme des Sohnes legte.
>
> ‚So und jetzt, Leut, gehts alle mit mir zum Eßn, denn kocht und angricht is, und es war doch schad, wenn i die vierzg Oa umsonst verschlagn hätt. Du, Großer', wandte sie sich an den ersten Knecht, ‚du gehst glei zum Häuslwei und bringst es her. Sie muß heuer auch mithaltn beim ‚Brechlbrei'.'" (MEIER, 1897, 123 f.).

Diese Liebesgeschichte spiegelt die authentische Dorfwirklichkeit im 19. Jahrhundert: Das Darren des Flachses war eine wichtige Notwendigkeit im Wirtschaftsablauf eines Jahres, am Rand des Dorfes in gemeinsamem nachbarschaftlichen Handeln. Dort siedelt Emerenz Meier diese dramatische Geschichte an und darin spiegelt sich auch die große Feuergefahr, die durch das offene Feuer erzeugt wurde.

Um dieses Risiko zu vermindern hat man in Hohenlohe Brechdarren gebaut, in denen der Feuerraum strikt vom Darr- und Brechlraum getrennt war.

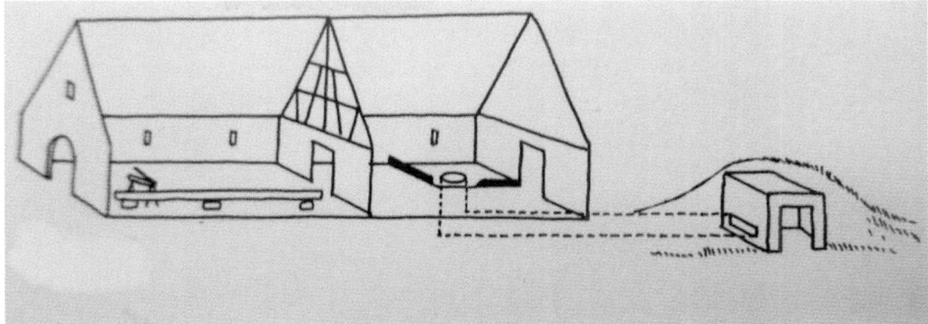

SCHEMA EINER BRECHDARRE (ZEICHNUNG: H. MEHL, HOHENLOHER FREILANDMUSEUM).

BRECHDARRE AUS AMLISHAGEN IM HOHENLOHER FREILANDMUSEUMS (R. BAUER, HOHENLOHER FREILANDMUSEUM).

Deutlich ist das „Schürhüttle“ vom daneben liegenden Darr- und dem anschließenden Brechhaus (rechts) getrennt. Auf dem Schubkarren haben die Museumsleute das Feuerholz gestapelt.

## Brechen

„Hat nun der geröstete Flachs seinen gehörigen Grad der Trockenheit erreicht, dann kommt selbiger unter die Klopfe, nemlich er wird mit hölzernen Schlägeln oder Handkeulen auf einen unterliegenden harten Stein gepocht oder geklopft: Hier wird die vorige cylindrische Form des Stengels zerstöhert, die Hülsen oder das Schilf, welche ihn umgaben, werden zerquetscht, die Cohäsion der feinen Fasern wird aufgehoben, und sie selbst werden nun mehr entwickelt, und für sich dargestellt.

Um nun aber die durch das Pochen gequetschten Schilf- oder Hülsenteile des Flachses, die ihre Quetschung bloß nach der Länge erlitten haben, noch mehr zu zerkleinern, kommt der gepochte Flachs nun unter die Breche, woselbst er nach der Queere seiner Fasern gequetscht oder gebrochen wird" [...] (HERMBSTÄDT 1804, 219).

BRECHEL UND FLACHS AUS ZWÖLFHÄUSER/BAYERISCHER WALD (SAMMLUNG FEGERT).

Mit einem Stempeleisen ist der Besitzer Leopold Fuchs mit seinen Initialen „LF" eingebrannt. So konnte nach einem gemeinsamen Abend im Brechhaus das eigene Gerät am Ende wieder identifiziert werden.

FLACHSBRECHEN UM 1920 (ARCHIV FEGERT).
Diese körperlich anstrengende Arbeit war oft die Aufgabe der Frauen.

SEHEN SIE HIER DAS BRECHELN AM MUSEUMSTAG 2019 IM WEBEREIMUSEUM BREITENBERG (AUFNAHME FEGERT).

## Schwingen

„Damit aber nun die gebrochenen Schilfteile (die Spreu, die Schäben oder Angeln), von der Flachsfaser abgesondert werden, so wird der gebrochene Flachs jetzt so oft geschwungen, bis alle Spreu möglichst vollkommen davon entfernt ist“ (HERMBSTÄDT 1804, 219).

So werden die Faserbündel auf den „Schwingstock“ gehalten und mit dem „Schwingmesser“ von oben nach unten geschlagen, um die letzten Holzreste zu entfernen und die Flachsfaser zu glätten.

Gegenüber dem Schwingmesser brachte das Schwingrad eine gewisse Rationalisierung des Arbeitsablaufs.

SCHWINGEN IN DER GEGEND UM BREITENBERG (ARCHIV WEBEREIMUSEUM BREITENBERG).

SEHEN SIE HIER DAS SCHWINGEN AM MUSEUMSTAG 2019 IM WEBEREIMUSEUM BREITENBERG (AUFNAHME FEGERT).

## Hecheln

Weiter geht der Verarbeitungsprozess mit dem „Hecheln“. Die Hechel ist mit langen Eisenstiften versehen, durch die die Flachsfasern durchgezogen werden. So werden die Faserbündel „durchgehechelt“. Somit lassen sich die kurzen Fasern und die letzten Holzreste auskämmen. Dazu erfolgt auch die Gleichrichtung der langen Fasern.

HECHEL MIT DATUM 1795 SOWIE HERZFÖRMIGEN BESITZER-BRANDSTEMPELN „IM“ (SAMMLUNG FEGERT).

Dieses mit Eisennägeln bestückte Brett wurde durch die Löcher hindurch mit einer Holzspindel auf einen Bock gespannt. Solch ein Gerät war 1836 mit 1 Reichstaler so teuer wie ein Spinnrad.

Natürlich werden im Haarhaus auch die Geschichten zwischen den Burschen und Mädchen „durchgehechelt“, wie wir das in der genannten Erzählung „Der Brechlbrei“ von Emerenz Meier lebhaft erfahren:

> „‚Klipp, klapp, klapp, klipp, klapp, klapp‘, klang es von etwa zwölf Brechen, und die flott geschwungenen Flachsbüschel ächzten unter ihnen, das Feuer im Heizkämmerchen knisterte und schnalzte. Dazwischen gingen die Zungen der Brechweiber mit einer Geläufigkeit und Ausdauer, die in Anbetracht der atemberaubenden Arbeit bewundernswert war. Der Flachs der Christlbäuerin sollte heute noch fertig werden, denn morgen kam der ihrer Nahrungsleute an die Reihe. Freilich lagen noch an die fünfzig Büschel aufgestapelt drinnen in der Haarhausstube an der Retz und schon dämmerte der frühe Herbstabend um die Hütte, guckten die letzten Purpurstrahlen durch die Astlöcher und Ritzen der Bretterwand. Aber man hatte ja noch die ganze Nacht vor sich, und diese ist die eigentliche Zeit des ‚Brechelns‘ […]“ (MEIER, 1897, 112 f.).

Das Gespräch kommt auch auf den Sepp vom Christlbauernhof, der offensichtlich an Kirchweih dem „Wawi“ Hoffnungen gemacht hat, obwohl ja bekannt ist, dass er mit der „Häuslmirz“ zusammen ist. Auch diese Geschichte wird geschwätzig kommentiert und, wie der Volksmund sagt, „durchgehechelt“:

> „Die Rothaarige wandte sich jetzt mit schadenfrohem Lächeln an eines der Mädchen, die mehr im Hintergrund standen.
>
> ‚Na, Wawi, was is nachher mit dein Lebzeltnherz, das dir der Sepp am letzten Kirta verehrt hat? Heb dir's fein gut auf, denn ein anders hast kaum 'z gwarten.‘
>
> Die Angeredete, ein hübsches Mädchen mit sprühenden blauen Augen, fuhr heftig herum.
>
> ‚Der Sepp is a Hoamtückischer, der heut dera schön tuat und morgn einer andern. – Aber i glaub ja enka Gwasch eh net, denn es hoaßt net umasist, daß man dreimal 's Kreuz machen sollt, wenn ma für a Haarhaus geht.‘
>
> ‚So, moanst aft richtig, du Dalk, daß d' amal Christlbäuerin wirst?‘
>
> Wawi sah böse drein.
>
> ‚Mei, du warst erst gar die letzt, Kathi! Derfst dir nix einbildn zweng dem, wennst glei a Goldhaubn tragst. Wer woaß, wenn i 's drauf anlegn tat, – aber i bin überhaupt no z'jung. Wenn i amal sechsazwanzg Jahr alt bin, wia du, aft kann 's sein, daß i auch a Heiratslust kriag.‘
>
> ‚Da schauts den Schnabel an! I – i – .‘
>
> Kathi wollte ihrer Entrüstung über die impertinente Person, die es gewagt hatte, auf ihr rotes Haar und ihr Alter anzuspielen, weiter Luft machen, da fiel ihr eine gesetzte Alte ins Wort: ‚Aber, Dirndln, seids doch net gar so stockhimmelnarrisch! Z'kriagts enk net zweng an Kundn, sonst müassn enk ja alle Leut auslachen. I glaubs am End selber net, daß der reich Christlbauer des arme Weibsbild im Ernst möcht, – da war schon 's Wawerl an andere!‘“ (MEIER, 1897, 114 f.).

FLACHSKNOTEN, GEBÜNDELTE GARNSTRÄNGE, SPULEN (SAMMLUNG FEGERT).
Das durch Hecheln und Schwingen geschmeidig glänzende „Hoar" wird in Knoten gedreht, damit die Gleichrichtung gewährleistet bleibt. Daneben sind Garnstränge gebündelt, die von gröberen Fasern stammen. Neben den Spulen von einem Spulrad liegt auch eine Spule eines Spinnrades (rechts).

Die Fasern sind nach dem Hecheln alle in die gleiche Richtung gebracht worden. Dabei werden die kurzen Fasern als „Werg" getrennt gestapelt. Sie sind natürlich kein Abfall, sondern wurden im Sinne der allseitigen Verwertung zur Herstellung von groben Säcken und Arbeitskitteln verwendet. Die langen, geschmeidig glänzenden Flachsfasern sind nun der Rohstoff zur Herstellung von feinem Leinen.

Arbeitsschritte der Flachsveredelung (Grafik: Fegert).

Brechhaus in Pfaffenzell b. Viechtach (Archiv Aschenbrenner).

Die hier versammelten Frauen sind mit den verschiedenen Arbeitsgeräten zur Flachsveredelung ausgestattet.

Flachsveredelung Weberei-Museum Haslach/OÖ. (Foto: Fegert, Grafik: Fegert).

## FLACHS ALS WERT-SCHÖPFUNG

Der hier aufgezeigte langwierige Vorgang von der Aussaat bis zum Hecheln des Flachses hat einen bedeutenden Wert für den Landwirt. Er ist die Voraussetzung zum gleichfalls mühseligen Spinnen und Weben der Leinwand.

### Ertrag

> „Der Ertrag an Bast pr. Morgen ist 150–300 Pfund. 750 Pfd. roher Flachs ergeben durchschnittlich 40 Pfd. gehechelten Flachs, 88 Pfd. Werg [= grob, zur Herstellung von Arbeitskleidung] und 22 Pfd. Abgang. Guter und gut zubereiteter Flachs wird mit 7 ½ Sgr. [= Silbergroschen] das Pfd. bezahlt, während schlecht bereiteter Flachs nur 2 ½ – 3 Sgr. kostet" (LÖBE 1850–52, 274).

Dem Zitat von Löbe ist zu entnehmen, dass bei der Flachsverarbeitung nur die Hälfte feiner Flachs im Vergleich zum groben Werg zu erzielen ist. Dabei bleibt auch ein Viertel minderwertige Fasern übrig. Doch der Ertrag hängt wesentlich von der Feinheit ab. So konnte nach der Aufstellung von Löbe auf der Fläche von 1 Morgen/Tagwerk, d. h. 3400 qm, ca. 260 Silbergroschen erzielt werden. Ab 1821 hatten 30 Silbergroschen einen Wert von 1 Taler. Das bedeutet, dass auf 3400 qm 8 bis 9 Taler zu erzielen waren. Andererseits waren wöchentliche Lebenshaltungskosten für einen 5-Personen-Haushalt um 1850 auf 3 ½ Taler (= 105 Groschen = 210 Kreuzer) zu veranschlagen (VEREIN FÜR COMPUTERGENEALOGIE 2016). So wird deutlich, dass der Ertrag eines ganzen Morgen Flachs lediglich die Versorgung von zwei bis drei Wochen ergab. Im Vergleich: Mit 12 Groschen erhielt man 3 ½ Pfund Fleisch, mit 10 Groschen konnte man 3 Schwarzbrote kaufen, sowie mit 12 Groschen immerhin 12 Pfund Mehl (VEREIN FÜR COMPUTERGENEALOGIE 2016).

Interessant ist in diesem Zusammenhang, dass ein Baumwoll- und Leinenweber 1850 einen Wochenlohn von 2 Taler, 3 Silbergroschen erhalten hat (VEREIN FÜR COMPUTERGENEALOGIE 2016).

## Aussteuer

Doch welche Bedeutung hatte der Flachs als Rohstoff für das Ansehen der jungen Frauen und Bräute? Eine mit Flachs gefüllte Truhe war ihr besonderer Stolz.

FLACHSKNOTEN IN „WEGSCHEIDER" TRUHE IM WEBEREIMUSEUM BREITENBERG (FOTO: FEGERT).

Der Stolz der jungen Frauen lag in einer Truhe, gefüllt mit Flachsknoten. Es handelt sich hier um die typische „Wegscheider Truhe", die gekennzeichnet ist durch einen blau-grünen Hintergrund, davor eine Hügellandschaft mit kräftigen Rosenblüten (FASTNER).

Die Aussteuer, oder wie es im Bayerischen Wald heißt, das Heiratsgut, ist das Vermögen, das die Braut mit in die Ehe bringt. Es handelt sich dabei um Hausrat, aber manchmal auch um eine Wiese oder Ackerland. Die Brauteltern geben ihrer Tochter eine Grundausstattung für den eigenen Haushalt in der Familie ihres Bräutigams mit, deshalb auch der Name „Mitgift", also das „Mitgegebene". Diese bestand vor allem in Möbeln, wie Tisch und Stühle, Haushaltsgeräten, wie Geschirr und Besteck, Textilien, sowie Bettzeug, Blusen, Leinenröcken, aber auch

Flachs als Rohstoff und ganze Leinenballen zur späteren Verarbeitung. Diese Mitgift sollte den Start der jungen Leute in ein gemeinsames Leben gewährleisten, aber auch beim Tod des Ehemannes die Witwe versorgen. Weiterhin bedeutet dieses „Heiratsgut" auch den vorgezogenen Erbanteil der Tochter.

Aussteuerschrank im Webereimuseum Breitenberg (Foto: Fegert).

In einer ornamental angeordneten Einrichtung zeigt das Museum, wie der Schrank einer Braut ausgestattet war „mit Hoar und Tuach", Flachsknoten, Wachsstöckl und umfangreichen Leinenballen, die von einem stattlichen Wohlstand zeugen.

Heiratet die Braut in eine „geldige", also reiche Bauernfamilie ein, so muss ihr Heiratsgut auch entsprechend umfangreich sein. Damit wird es für junge Frauen, die aus niedereren sozialen Schichten stammen, und damit ärmer sind, nahezu unmöglich, in höhere, reichere Schichten im Dorf einzuheiraten, wie dies in Emerenz Meiers Erzählung „Der Brechlbrei" bereits deutlich wurde. Die Höhe der Mitgift kann auch zu existenziellen Problemen in der Familie der Braut führen.

Der Flachs- und Leinenschatz in der Truhe und im Schrank war umso mehr der Ausdruck von Fleiß, der Sparsamkeit und des Wohlstandes.

KAMMERWAGEN IN DER SCHWALM/OBERHESSEN UM 1925 (MARGARETHE DIEFENBACH).

Auf dem reich beladenen Kammerwagen demonstriert die Braut, die oben auf sitzt, und ihre Familie die stattliche Aussteuer: Möbel (im Vordergrund ein Stuhl), Bettzeug, Röcke (mit Blaudruck der Region), Körbe und weitere Geräte.

Ein wichtiger Bestandteil des Hochzeitsbrauchtums bestand in der Präsentation all dessen, was die Braut in die Ehe mit einbringt. Dies wird demonstrativ auf den sog. „Kammerwagen" bepackt und durchs Dorf zum Hof des Bräutigams geführt. Einen lebendigen Eindruck vermittelt Otto Kerscher, der als Postbote im Bayerischen Wald noch all die Geschichten aus der alten Zeit erfahren und gesammelt hat:

„Der Kammertwagen

Während der Hochzeitslader noch umging zum Laden, ging es bei der Braut immer noch eilig her mit der ganzen Brautausstattung. Das ganze Dorf war dann oft auf den Beinen und auch noch die nähere Umgebung, wenn so ein Kammertwagen gefahren wurde. Die Neugier trieb die Leute auf die Straßen. Ob nun der Schreiner die Möbel daheim in seiner Werkstatt machte oder in der Stube der Braut, er war verantwortlich fürs richtige Aufladen und Befestigen aller Möbel und Geräte. Er half auch fest dazu und übernahm nebenbei das Kommando. Die Näherin dagegen packte alle Wäsche ordnungsgemäß in die Truhen und Körbe und richtete die zwei Betten aufs prächtigste auf dem Leiterwagen auf. War die Braut eine reiche Bauerstochter, so wurden gleich zwei und in Ausnahmefällen drei Leiterwägen aufgerichtet. Man verwendete die größten Leiterwägen, die auf dem Hof waren. Einen Tag vor dem Aufladen wurden diese Leiterwägen sauber mit Wurzelbürste gewaschen. Der obere Rand des Leiterwagens wurde geschmückt mit Tannenzweigen und Papierröserl. Zwischen die Leitern wurde alles Kleinzeug gerichtet wie Truhen, Körbe, Schaffl, Backbretter, Nudlbrett, Backtrog, Backschragen, Waschbank und Flachsgeräte. Oben über die Leitern wurden dann quer etwa zwei Meter lange Bretter genagelt über die ganze Länge des sechs bis sieben Meter langen Leiterwagens. War nur ein Wagen zu beladen, so standen ganz vorne zwei Bettstellen, schön aufgebettet und von unten her mit kurzen Nägeln angeheftet. Über beide Betten breitete man eine weiße Leinen- oder Baumwolldecke. Diese Überdecke wurde seitlich mit grünen Zweigen von Tannen, Buchsbaum, Segenbaum oder mit Rosmarinzweigen geschmückt. An die zwei Betten schlossen sich zwei Kästen an und zwar so, daß die Türen nach vorne schauten. An die Rückwände der Schlafzimmerkästen stellte der Schreiner eine Kommode und einen Gläserkasten und zwar so, daß die Türen nach hinten schauten. Dann folgte in der Mitte ein Bauerntisch mit zwei Sesseln und einer Fürbank (Schrägen), daneben ein nagelneues Spinnrad mit Rosen geschmückt.

Neben dem Spinnrad stand stolz der Spinnrocken, der besonders reich behangen war mit bunten Papierbändern aus Krepppapier. Am Rocken hing auch der Flachszopf. Auf die zwei letztgenannten Flachsgeräte legte eine Braut einen besonderen Wert. Sie waren für die Brautausstattung auch sehr sinnvoll. Man bedenke noch die Zeit, wo der Flachs zur Haupteinnahme gehörte, wieviel Arbeitsvorgänge der Flachs verlangte, dazu noch das heute unvorstellbare Können. Deshalb verwahrte man mit Stolz in den Truhen auf dem Kammertwagen auch einige Ballen schöngewebtes Leinen. […] Ganz hinten am Ende des Wagens standen quer eine geschmückte Kinderwiege oder das Kanapee. Seitlich am Wagen hingen noch Kirmen und Schwingen und unterm Wagen gar oft zum Schmunzeln ein Nachthaferl aus Holz, Ton oder Glas. Bei reichen Bräuten lagen in den Truhen schön verpackt herrliche Kleidungsstücke, flächserne (feine) Leinenhemden, selbstgestrickte, geringelte Strümpfe, Schuhe, Kopftücher in Seide und

Wolle, zum Teil mit Blumenmustern. In einer Extratruhe lagen noch Gebetbücher, Heiligenbilder, Wachsstöckl und sogar schöner Schmuck. Alles war aufs zierlichste hergerichtet, denn eine Bauernhochzeit war was Großes. Manche Bräute ließen den Kammertwagen schon im Stadl vom Priester weihen, bevor aufgeladen wurde. Die Möbel und Geräte lagerten bis zum Aufladen im Stadl. Andere ließen den Priester zur Weihe erst kommen, wenn der Kammertwagen aufs prächtigste fertig im Hof stand. […]" (KERSCHER 1989, 206 ff.).

KAMMERWAGEN AUS OBERBAYERN, 1990 JAHRE (ZINNGIEẞEREI WILHELM SCHWEIZER, DIESSEN). Bunt geschmückte Pferde ziehen den Kammerwagen, der vom „Kammerreiter" gelenkt wird.

„Der Kammertwagen wurde gewöhnlich erst am Tag vor der Hochzeit gefahren. Die Rosse wurden aufs beste gefüttert und spiegelglatt geputzt. War nur ein Wagen zu fahren, war er meist vierspännig, auch bei zwei Wägen waren oft an jedem Wagen vier herrlich geschmückte Rosse. Die Roßgeschirre waren gern mit Dachspelz verziert und mit bunten Seidenbändern. An Schweif und Mähne der Rosse steckten Buchsbaumsträußerl und bunte Bänder. Am Halsriemen hingen Schellen aus glänzendem Messing. Hinten auf dem Kammertwagen hatte das Kanapee seinen Platz bekommen. Vor der Abfahrt zum Bräutigam nahm dort die Näherin Platz. Sie hatte neben sich einen großen Wäschekorb, früher aus Spänen geflochten, mit Kücheln [= Gebäck], die sie im Hof und während des Weges an Neugierige verteilte. Die Braut hatte ja die Nachbarsdeandln eingeladen, damit alle ihre schöne Ausstattung bewundern konnten. Bevor nun abgefahren wurde, gabs in der Stube noch ein ordentliches Essen, auch Bier und Küchel.

Endlich ist es soweit, es kann abgefahren werden. Ganz vorne am Wagen, vor den zwei Betten hatte sich der ‚Bama' [Baumann = Pferdeknecht] ein Sitzbrettl aufgebaut für sich, und wenn eine lange Fahrt war, vorübergehend auch für den Schreiner. Der Bama hatte zum Kammertwagenfahren extra von der Braut einen blauleinernen Fürfleck bekommen, das war alter Bauernbrauch. Peitsche benützte der Roßknecht aus ehrbaren Gründen nicht zum Kammertwagenfahren, aber er steckte sie als Zierde in das Kummet des Sattelrosses, so daß sie sich bei der Fahrt im Wind schwingen konnte. Eine Braut setzte sich nur äußerst selten auf einen Kammertwagen, es geziemte sich nicht, wie man sagte. Sie ging zu Fuß oder wurde bei weiten Wegen mit Rennwagerl oder mit Kutsche gefahren. Saß sie aber auf dem Kammertwagen, so nahm sie stolz Platz neben dem geschmückten Spinnrad und hatte die Hände am Flachsrocken, was sich sehr sinn- und würdevoll ausnahm.

„Brautkuh“
(Zinngießerei Wilhelm Schweizer, Diessen).

Hinterm Wagen trieb eine Magd oder der Kleinknecht die Brautkuh her. Es war immer eine der besten Kühe aus dem Stall der Brauteltern. Die Braut hat sie sich selber aussuchen dürfen. Beim Anfahren des Wagens oder der Wägen hörte man vom zuständigen Roßknecht ein lautes, deutliches ‚In Gotts Nam!‘ Auch tuschte mancher dreimal mit der Peitsche. Ein alter Brauch war es auch, den kein Roßknecht abflauen ließ, daß der Kammertwagen gleich nach der Abfahrt noch im Hof stecken blieb. Das brachte der Knecht schon fertig, indem er die Rösser abbremste.

Nun mußte also wie man sagte, ‚geschmiert‘ werden. Die Braut wußte genau Bescheid. Der Roßknecht bekam ein ‚Schmiergeld‘ (Trinkgeld) und dann ging es schneidig aber vorsichtig dahin. Die Wege waren zum Teil schlecht. Bei manch reicher Braut stellte der Bräu, der für die Hochzeit das Bier liefern durfte, zum Kammertwagenfahren Rosse und Roßknecht zur Verfügung.

Bei jedem Wirtshaus wurde angehalten und wenigstens eine Stehmaß getrunken. Man wußte in der weiteren Umgebung genau, wann ein Kammertwagen gefahren wurde, darum warteten die Anlieger schon auf ihn. Wenn man dann die kleinen Messingschellen der Rosse klingen hörte, so schrien die Kinder gleich: ‚Da Kammawogn kimmt‘. Alles rannte aus der Stube oder auch weg vom Feld zur Straße (zum Weg). Man tat es auch der Braut zuliebe, die sich ja freute, wenn ihr Kammertwagen viel ‚Gschau‘ bekam. Und schließlich holte sich jedes ein so gutes Küchel. Die Burschen holten schnell ihre Vorderlader und schossen vor Freud und Stolz den Kammertwagen an, dem Brautpaar zur Ehr. Im Volksmund aber sagte man: ‚Nach den Kammertwagen soll ma liaba nachöwoana, weil da no recht vui Tränen kugln werden dös ganze Lebm lang.' Die Hochzeitskuh, die den langen harten Weg hinter dem Wagen hergehen mußte, wurde unterwegs öfter gestreichelt. Es wäre ihr schon lieber gewesen, sie hätte in ihrem alten Stall bleiben dürfen, als sich in einem neuen eingewöhnen, denn auch Tiere haben viel Gespür. Das Fortmüssen tut auch einer Kuh weh. Kam man dann im Hof des Bräutigams an, so gab es noch Arbeit nach und nach.

NÄHERIN SCHREINER

(ZINNGIEßEREI WILHELM SCHWEIZER, DIESSEN).

Ein sehr schöner Brauch war es, daß die Näherin abstieg und als allererstes Stück einen geweihten Herrgott in die Stube trug. Mit Gott sollte der Einzug der Braut beginnen. Der Schreiner hatte nun mit Hilfe der Knechte oder der Brüder des Bräutigams alle Möbel an Ort und Stelle zu bringen.

Die Näherin aber hatte noch viel mehr Arbeit. Sie mußte Vorhänge aufhängen, Betten aufrichten und alle Wäsche und Kleider ordentlich unterbringen.

Es wäre schlechte Sitte gewesen, wenn ein Bräutigam beim Abladen geholfen hätte. War alles erledigt, gab es beim Hochzeiter ein Festessen.

Anschließend fuhr meist die Braut mit dem Rossknecht und dem Schreiner und der Näherin mit dem leeren Wagen wieder heim ins Elternhaus. Es war gar manchmal schon finstere Nacht geworden" (KERSCHER 1989, 209 ff.).

## FLACHS IN DER LITERATUR

Geht man der Frage nach, ob der Flachs in der deutschen Literaturgeschichte eine Rolle spielt, so ist hier der Dichter Novalis zu nennen, der mit bürgerlichem Namen Friedrich von Hardenberg hieß und von 1772 bis 1801 lebte.

Novalis (1772–1801) um 1799, Ölgemälde von Franz Gareis.

Er gilt als einer der bedeutendsten Vertreter der Frühromantik. Er hatte an der Bergakademie in Freiberg/Sachsen studiert und arbeitete dann als Direktionsmitglied zuerst im Salinenwesen und erschloss später einen Braunkohlentagebau. Er hatte jedoch breites Interesse an Philosophie, Geschichte, Religion, Naturwissenschaften und Politik.

Sein Ziel war die „Romantisierung der Welt", die Verbindung von Wissenschaft und Poesie und zusammen mit Friedrich Schlegel sollte ihre Dichtung eine „progressive Universalpoesie" sein.

Dabei sollten die literarischen Gattungen verschmolzen werden. Sie forderten im „116. Athenäumsfragment" die Vermischung von dichterischer und Alltagssprache, der Genialität des Künstlers mit der Kritik der Leser und eine Verknüpfung der „Kunstpoesie" und der „Naturpoesie".

Hardenbergs Romanfragment „Heinrich von Ofterdingen" offenbart seine Haltung „Poesie = Gemütererregungskunst" und „Poesie ist Darstellung des Gemüts – der innern Welt in ihrer Gesamtheit." In diesem Roman träumt der Romanheld Heinrich von Ofterdingen von der „Blauen Blume". Die Blume verwandelt sich zu einem Mädchengesicht, das, wie sich in den folgenden Kapiteln herausstellt, Mathilde, seine spätere Geliebte und Ehefrau, ist. Das Symbol der „Blauen Blume" fußt auf einem mittelalterlichen Erzählhintergrund, dass man reich belohnt werde, wenn man diese Blume des Nachts finde.

Das grundsätzliche Thema des Heinrich von Ofterdingen ist die Verbindung von Natur und Mensch und die Selbstfindung des Menschen, wie Novalis dies in seiner Theorie der Poesie formuliert hat.

Die „Blaue Blume“ steht nach einhelliger Meinung der germanistischen Forschung eben für die zart-blaue Blüte des Lein, der ja im 19. Jahrhundert noch weitflächig als blaues Blütenmeer auf den Feldern zu sehen war.

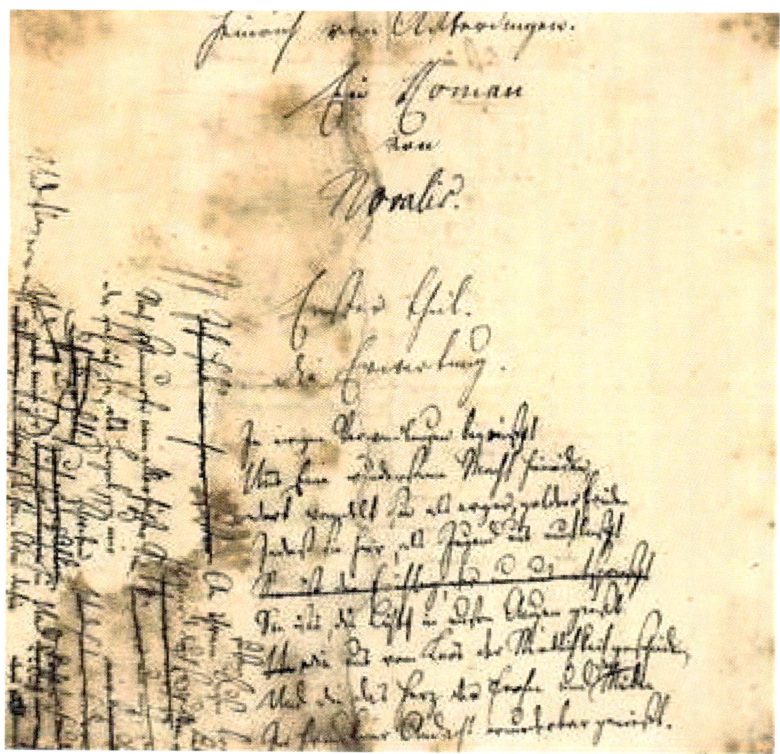

Das erste Blatt der Handschrift zu Novalis‘ Roman Heinrich von Afterdingen (sic) (Freies Deutsches Hochstift in Frankfurt).

Das im Jahr 2012 nach 200 Jahren wieder aufgetauchte Manuskript ist die Rohskizze des Romananfangs, gekennzeichnet durch die Suche des Dichters nach einer liedhaften Leitmelodie als Ausgangs- und Klangmaterial.

Der Dichter der späten „Heidelberger Romantik“ Joseph Freiherr von Eichendorff, der 1788 auf Schloss Ratibor in Oberschlesien geboren wurde und bis 1857 lebte, kommt 1807 zum Studium nach Heidelberg, wo er u. a. die Vorlesungen von Joseph Görres besuchte, der die ersten germanistischen Vorlesungen überhaupt in Deutschland veranstaltet.

JOSEPH FREIHERR VON EICHENDORFF 1841 VON EDUARD EICHENS.

Ich suche die blaue Blume,
Ich suche und finde sie nie,
Mir träumt, dass in der Blume
Mein gutes Glück mir blüh.

Ich wandre mit meiner Harfe
Durch Länder, Städt und Au'n,
Ob nirgends in der Runde
Die blaue Blume zu schaun.

Ich wandre schon seit lange,
Hab lang gehofft, vertraut,
Doch ach, noch nirgends hab ich
Die blaue Blum geschaut.

Joseph von EICHENDORFF (1818)

Das „Lyrische Ich“ erzählt von einer Wanderschaft durch „Länder, Städt und Au'n“. Dabei ist dieses Ich auf der Suche nach der „blauen Blume“, denn ihn ihr scheint das „gute Glück“ zu „blühn“. Und das „Lyrische Ich“ wandert und wandert, als Künstler seine Harfe umgehängt, doch vergeblich sucht es die Erfüllung des Lebens. Die blaue Blume ist nirgends zu finden. Mit den „ach“ drückt der Wanderer in seinem Gedicht seine unerfüllte Sehnsucht aus.

## Die Farbe Blau – Kulturgeschichtlicher Abriss

In der kulturgeschichtlichen Frühzeit Mitteleuropas hat die Farbe Blau etwa in den neolithischen Felsmalereien noch keine Rolle gespielt.

### Mittelmeer-Raum

Doch bereits im Ägypten Tutanchamuns (1332 v. Chr.) gilt die Farbe Kobaltblau als Königsfarbe, als Symbol der Macht.
In der Zeit der Griechen und Römer waren die verschiedenen Rottöne beim Färben von Bedeutung. Im alten Orient wird Blau eine beliebte Farbe, da mit Lapislazuli aus den Hochgebirgen in Afghanistan in der Zeit ab 600 n. Chr. große Mengen dieses Halbedelsteins abgebaut werden. Zu Schmuck verarbeitet oder zu Pulver zerrieben gelangt diese tiefblaue Farbe auch nach Europa.

TUTANCHAMUN, ÄGYPTISCHES MUSEUM KAIRO (ARCHIV FEGERT).

LAPISLAZULI (ARCHIV FEGERT).

### Deutschland

Daraus wird dann im Mittelalter das Ultramarin der Maler der Renaissance erzeugt. Bereits ab der Mitte des 12. bis Mitte 13. Jahrhundert kommen als neue Farbkombinationen auch Gelb, Grün und Blau auf. Blau gilt im 12. Jahrhundert als Farbe Marias und ab dem 13. Jahrhundert finden sich in Buchmalereien königliche Ornate mit der Farbe Blau. In der Renaissance spielt Blau beim Maler Jan van Eyck eine dominierende Rolle.
Der Färberwaid als Blaufärbemittel hat seinen Höhepunkt im 18. Jahrhundert. Im Jahr 1744 schreibt Johann Wolfgang Goethe seinen autobiographischen Briefroman „Die Leiden des jungen Werthers“. Der unglücklich in Lotte verliebte tragische Held Werther tötet sich selbst, da die bereits verlobte Lotte

HEILIGER LUDWIG 1235, MORGAN LIBRARY NY. (ARCHIV FEGERT).

ihn letztlich abweist: *„Aus dem Blut auf der Lehne des Sessels konnte man schließen, er habe sitzend vor dem Schreibtische die Tat vollbracht, dann ist er heruntergesunken, hat sich konvulsivisch um den Stuhl herumgewälzt. Er lag gegen das Fenster entkräftet auf dem Rücken, war in völliger Kleidung, gestiefelt, im blauen Frack mit gelber Weste."* Daraus entsteht das „Werther-Fieber", bei dem reihenweise unglückliche Liebhaber in blauem Frack Suizid begehen.

GOETHES WERTHER 1774 (ARCHIV FEGERT).

## Nordamerika

Im Jahr 1847 wandert die Familie Strauss aus dem oberfränkischen Buttenheim nach Amerika aus. Als sich die Nachricht von den Goldfunden in Kalifornien verbreitet, zieht Levi Strauss 1853 nach San Francisco, wo er Stoffballen und Zeltplanen an die Goldgräber verkauft. Der aus Riga ausgewanderte Schneider Jacob Davis hat die Idee, die Arbeiterhosen mit Nieten zu verstärken. Er tut sich mit Strauss zusammen und sie lassen sich 1873 die *Waist Overalls*, also die „Blue Jeans", patentieren.

LEVI'S WERBUNG 1899 (ARCHIV FEGERT)

## Westafrika

In Westafrika wird seit je her mit dem aus Indien stammenden Indigo-Blau gefärbt, denn blaue Gewänder gelten als königlicher Zeremonialstoff, wie etwa am Hof des Königreichs Kuba in Kamerun.

ZEREMONIALGEWAND KÖNIGREICH KUBA (LINDENMUSEUM STUTTGART, D. DRASDOW)

Literatur: PASTOUREAU, Michel ($^{3}$2015): Blau. Die Geschichte einer Farbe. Berlin.

ST. CLAIR, Kassia ($^{2}$2020): Die Welt der Farben. Hamburg.

## FLACHS SPINNEN

Die wichtigste Vorstufe der Textilherstellung ist das Spinnen. Mit der Hand zu spinnen oder dazu eine Spindel zu gebrauchen ist eine frühe Kulturtechnik. Bereits in der neolithischen Sesklo-Kultur in Griechenland sind „Spinnwirtel", das heißt Spinngewichte, nachzuweisen. In der Schweiz hat man in einer neolithischen Siedlung bei Arbon-Bleiche dagegen Bodenfunde gemacht, die darauf hinweisen, dass damals Flachs nur verdrillt, aber noch nicht versponnen wurde.

## SPINNEN IN DER KUNST

Steinreliefs bereits aus altorientalischer, vorchristlicher Zeit zeigen Darstellungen des Spinnens. Sie sind die ersten bildhaften Beweise für diese alte Kulturtechnik.

KÖNIGIN ELAMITE AUS SUSA, KHUSESTAN 1. JHDT. V. CHR.

Die mit einem reich verzierten Gewand gekleidete Königin lässt eine Handspindel fallen.

Aber auch in der europäischen, mittelalterlichen Malerei finden sich den biblischen Szenen Handwerksgeräte der Textilverarbeitung beigegeben. Auch in der Buchmalerei finden sich immer wieder Abbildungen dieser Tätigkeit.

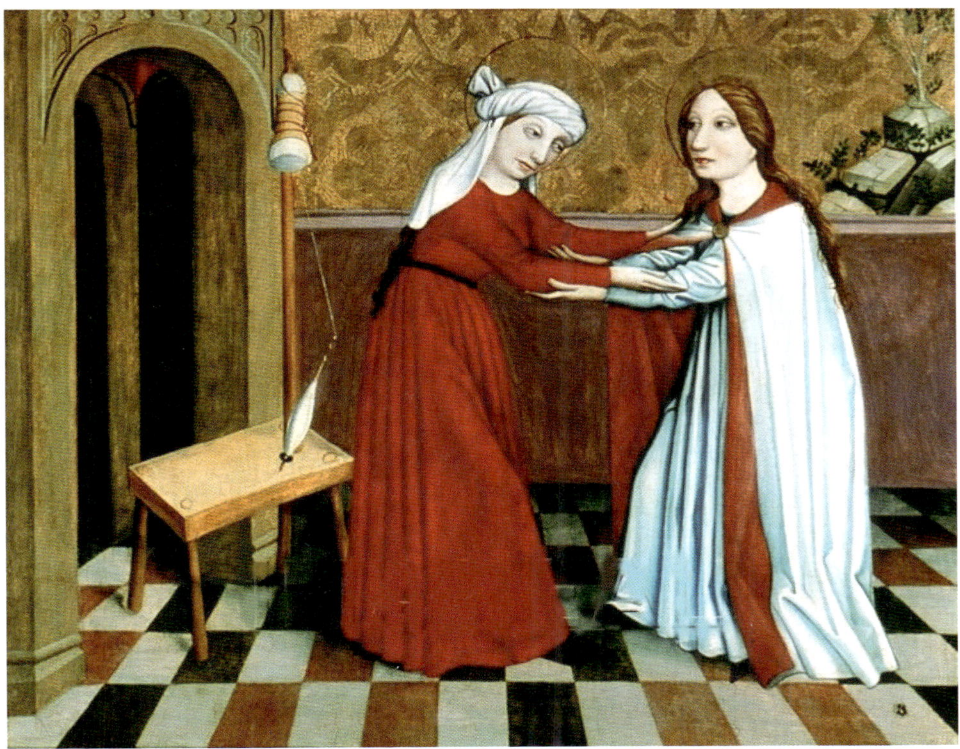

MEISTER DES FASTENTUCHS (1460 – 1470), STIFTSGALERIE ST. LAMBRECHT/STEIERMARK.

Maria wohl im roten Leinen-Gewand besucht ihre Cousine Elisabeth. Daneben ist auf einen Sitz ein Spinnrocken montiert, von dem eine Handspindel herunter hängt. Damit wird die hausfrauliche Tätigkeit der Elisabeth symbolisiert.

Frau aus dem Vallée de Campan in den Hochpyrénnéen von Marie Alexandre Alophe (1811–1883) (Bibliothèque municipale de Toulouse).

In blass-grünes Leinen-Gewand mit rotem Oberrock gehüllt, hat die junge Trachtenträgerin einen Spinnrocken unter dem Arm eingeklemmt, mit der Hand dreht sie eine Spindel an.

# SPINNEN IN DER LITERATUR

Auch das Spinnen findet in der deutschen Literatur seinen Platz. Als typische Alltagsbeschäftigung schlägt es sich somit auch in der mündlichen Erzählung, insbesondere dem Märchen nieder.

## Märchen

Märchen heißt nichts anderes als „kleine Geschichte". Kennzeichen des Märchens ist bereits der Anfang. Denn die Märchen beginnen typisch mit der Anfangsformel „Es war einmal …", also das, was hier erzählt wird, soll sich so auch abgespielt haben. Dabei sind aber Handlungsort und Zeit unbestimmt, denn das Geschehen kann sich überall abgespielt haben. Auch die Schlussformel hat üblicherweise einen festgelegten Charakter „… und wenn sie nicht gestorben sind …". Die Figuren haben keine spezifischen Namen, sondern sind nur typisiert: König, Prinzessin, Hexe, Schweinehirt usw. Oft werden die Figuren im Kontrast dargestellt: arm und reich, gut und böse. Der Handlungsablauf zeigt menschliche Nöte und Probleme auf und zielt meist auf die Prüfung des Helden, der am Ende belohnt wird. Gegenstände haben Symbolcharakter: die Farbe Gold, Zahlen sind magisch, Tiere können sprechen, Menschen verwandeln sich in Tiere.

GRIMMS MÄRCHEN, BERTELSMANN LESERING 1954 (ARCHIV FEGERT).

Dies sind Kennzeichen der „Volksmärchen". In der Zeit der literarischen Epoche der Romantik schreibt der Dichter Ludwig Tieck „Kunstmärchen", also Märchen, die nicht der Überlieferung geschuldet sind, sondern von einem Autor erdacht werden. Georg Büchner schreibt in seinem „Woyzeck" gar ein „Antimärchen", das zwar die Großmutter erzählt, aber mit der deprimierenden Armut des kleinen Mädchens endet:
„GROßMUTTER: Kommt, ihr kleinen Krabben! – Es war einmal ein arm Kind und hatt' kein Vater und keine Mutter, war alles tot, und war niemand mehr auf der Welt. Alles tot, und es is hingangen und hat gesucht Tag und Nacht. Und weil auf der Erde niemand mehr war, wollt's in Himmel gehn, und der Mond guckt es so freundlich an; und wie es endlich zum Mond kam, war's ein Stück faul Holz. Und da is es zur Sonn gangen, und wie es zur Sonn kam, war's ein verwelkt Sonneblum. Und wie's zu den Sternen kam, waren's kleine goldne Mücken, die waren angesteckt, wie der Neuntöter sie auf die Schlehen steckt. Und wie's wieder auf die Erde wollt, war die Erde ein umgestürzter Hafen [= Topf]. Und es war ganz allein. Und da hat sich's hingesetzt und geweint, und da sitzt es noch und is ganz allein."

In der Zeit der literarischen Romantik kommt es zur Rückbesinnung auf das Mittelalter, die „gute alte Zeit". Die Brüder Jacob und Wilhelm Grimm, 1785 und 1786 im hessischen Hanau geboren, studieren in Marburg Literatur und deutsche Sprache. Sie gehen davon aus, dass in den mündlich überlieferten „Märchen" der geistige und kulturelle Schatz des deutschen Mittelalters zu finden sei. Deshalb beginnen die Märchen auch mit der Anfangsformel „Es war einmal …", also das, was hier erzählt wird, ist die Realität! So fangen sie 1806 an, Volkslieder. Sagen und Märchen zu sammeln. Meist werden die von den Erzählern mündlich überlieferten Geschichten von den Gebrüdern Grimm geschärft und zugespitzt. Im Jahr 1812 erscheint die erste Auflage ihrer „Kinder- und Hausmärchen".

Wilhelm und Jacob Grimm, Daguerretypie 1847.

Wie der Name schon sagt, sind die Adressaten nicht nur Kinder, sondern auch das „Haus", also die Erwachsenen. Auch sie sollten über moralisches Handeln nachdenken.

## Jacob und Wilhelm Grimm: Kinder- und Hausmärchen

Die Gebrüder Grimm haben sich ihre Märchen von Viehhirten im Taunus und Frauen aus dem Bürgertum, wie etwa ihren Schwägerinnen Amalie und Marie Hassenpflug, erzählen lassen. Sie sammelten auf Anregung der romantischen Dichter Clemens Brentano und Achim von Arnim die Märchen, die diese in ihrer Liedersammlung „Des Knaben Wunderhorn" veröffentlichen wollten.

Bereits im Märchen von Dornröschen, das sie in ihren „Kinder- und Haumärchen" im Jahr 1812 veröffentlicht haben, kommt das Spinnen als zentrale Beschäftigung vor. Die Grundlage für die mündliche Überlieferung dieses Märchens an die Gebrüder Grimm bildet das Märchen „La belle au boi dormant" („Die schlafende Schöne im Wald") von Charles Perrault.

Als der lang gehegte Kinderwunsch eines Königspaars glücklich in Erfüllung geht und dies mit einer Festgesellschaft von zwölf Feen gefeiert werden soll, spricht eine weitere, übergangene Fee aus Verärgerung einen Fluch über dem Königskind aus, das sich im fünfzehnten Lebensjahr mit einer Spindel zu Tode stechen soll. Glücklicherweise kann eine Fee den Fluch auf einen hundertjährigen Schlaf abmildern. Obwohl der König alle Spindeln im Reich verbrennen lässt, trifft das junge Mädchen dann auf eine alte Frau, an deren Spindel sie sich sticht und in den hundertjährigen Schlaf fällt. Viele Prinzen als Heiratsanwärter stechen sich an den das Mädchen umgebenden Dornen. Nachdem hundert Jahre vorbei sind, gelingt es jedoch einem Prinzen, durch die Dornen zu gehen, die jetzt Blumen sind. Mit seinem Kuss weckt er die Prinzessin aus ihrem Todesschlaf auf und sie feiern Hochzeit.

GEBRÜDER GRIMM: DORNRÖSCHEN.
In der Illustration von Alexander ZICK (1845–1907) wird die Schlüsselszene des Stichs an der Spindel dargestellt.

Auch im Märchen „Frau Holle“ kommt das Thema Spinnen vor. Eine Mutter bevorzugt ihre faule Tochter, während die fleißige, die sie nicht liebt, die ganze Arbeit machen muss:

> „Das arme Mädchen mußte sich täglich auf die große Straße bei einem Brunnen setzen, und mußte soviel spinnen, daß ihm das Blut aus den Fingern sprang. Nun trug es sich zu, daß die Spule einmal ganz blutig war, da bückte es sich damit in den Brunnen und wollte sie abwaschen; sie sprang ihm aber aus der Hand und fiel hinab.“

Da ihr keine Aufgabe zu viel ist, wird sie von Frau Holle mit einem reichen Goldsegen belohnt und der Hahn kräht: „Kikeriki, unsere goldene Jungfrau ist wieder hie.“ Als die Mutter des faulen Mädchens dies erfährt, soll diese in gleicher Weise von dem Reichtum profitieren und also auch spinnen:

> „Sie mußte sich an den Brunnen setzen und spinnen; und damit ihre Spule blutig ward, stach sie sich in den Finger und stieß sich die Hand in die Dornhecke. Dann warf sie die Spule in den Brunnen und sprang selber hinein."

Auch hier kräht der Hahn über dem faulen, dann mit Pech bedeckten Mädchen: „Kikeriki, unsere schmutzige Jungfrau ist wieder hie." Die Lehre ist klar: Fleiß wird belohnt und Faulheit bestraft.

In dem Märchen „Spindel, Nadel und Weberschiffchen", das die Brüder Grimm in ihrer 5. Auflage ihrer „Kinder- und Hausmärchen" veröffentlicht haben, geht es um ein Waisenmädchen, das rechtschaffen erzogen worden ist und nun fleißig am Spinnrad sitzt.
Als ein Prinz vorbei reitet, senkt dieses Mädchen beschämt ihre Augen, spinnt weiter und singt: *„Spindel, Spindel, geh du aus, bring den Freier in mein Haus."* Die Spindel kullert dem Prinzen vor die Füße. Als das Mädchen webt und singt: *„Schiffchen, Schiffchen, webe fein, führ den Freier mir herein."*, rollt das Schiffchen vor das Haus und webt einen wertvollen Teppich. Sie näht wiederum fleißig vor sich hin und singt: *„Nadel, Nadel, spitz und fein, mach das Haus dem Freier rein."* Dann springt die Nadel davon und gestaltet ein edles Leinentuch. So wird das fleißige Mädchen letztlich die Braut des Prinzen.

„Mährchen von der Spindel, der Nadel und dem Weberschiffchen" Illustration von Edward von Steinle um 1900.

Beschämt senkt das fleißige Mädchen den Kopf vor dem Prinzen, neben sich das Spinnrad.

Im Grimm'schen Märchen „Die drei Spinnerinnen" trifft eine Königin auf ein faules Mädchen, von dem ihre Mutter behauptet, ihre Tochter wolle nie mit Spinnen aufhören. Darauf meint die Königin: „Ich höre nichts lieber als spinnen, und bin nicht vergnügter als wenn die Räder schnurren: gebt mir Eure Tochter mit ins Schloß, ich habe Flachs genug, da soll sie spinnen so viel sie Lust hat." Doch das faule Mädchen engagiert drei missgestaltete Frauen, die dann ihre Arbeit tun. „Die eine zog den Faden und trat das Rad, die andere netzte den Faden, die dritte drehte ihn und schlug mit dem Finger auf den Tisch, und so oft sie schlug, fiel eine Zahl Garn zur Erde und das war aufs feinste gesponnen."
Das faule Mädchen kann sich also als fleißig darstellen und so soll es zur Hochzeit mit dem Prinzen kommen.

> „Als nun das Fest anhub, traten die drei Jungfern in wunderlicher Tracht herein, und die Braut sprach: ‚Seid willkommen, liebe Basen.' ‚Ach, sagte der Bräutigam, ‚wie kommst du zu der garstigen Freundschaft?' Darauf ging er zu der einen mit dem breiten Platschfuß und fragte: ‚Wovon habt Ihr einen solchen breiten Fuß?' ‚Vom Treten,' antwortete sie, ‚vom Treten.' Da ging der Bräutigam zur zweiten und sprach: ‚Wovon habt Ihr nur die herunterhängende Lippe?' ‚Vom Lecken,' antwortete sie, ‚vom Lecken.' Da fragte er die dritte: ‚Wovon habt Ihr den breiten Daumen?' ‚Vom Faden drehen,' antwortete sie, ‚vom Faden drehen.' Da erschrak der Königssohn und sprach: ‚So soll mir nun und nimmermehr meine schöne Braut ein Spinnrad anrühren.' Damit war sie das böse Flachsspinnen los."

SCHERENSCHNITT GERTRUD W. RICHTER (ARCHIV FEGERT)

In diesem Märchen wird deutlich, welche körperliche Anstrengung die Tätigkeit des Spinnens mit sich brachte. Auch in weiteren Märchen, die die Gebrüder Grimm als „Kinder- und Hausmärchen", also als erzieherische Texte gedacht hatten, kommt immer wieder das Spinnen als elementare häusliche Tätigkeit vor, so in: „Rumpelstilzchen", „Die faule Spinnerin", „Die Schlickerlinge", „Die sechs Schwäne" und „Die Nixe im Teich".

## Johann Wolfgang Goethe: Faust

Goethe hat sich lebenslang auch mit dem Spinnen auseinandergesetzt, etwa im Spätwerk „Wilhelm Meisters Wanderjahre“:

> „In die verschiedenen Häuser eintretend fand ich Gelegenheit, meiner alten Liebhaberei nachzuhängen und mich von der Spinnertechnik zu unterrichten. […] Ich ward aufmerksam auf Kinder, welche sich sorgfältig und emsig beschäftigten, die Flocken der Baumwolle auseinanderzuzupfen und die Samenkörner, Splitter von den Schalen der Nüsse nebst andern Unreinigkeiten wegzunehmen; sie nennen es *erlesen*. Ich fragte, ob das nur das Geschäft der Kinder sei, erfuhr aber, daß es in Winterabenden auch von Männern und Brüdern unternommen werde. […] Man zeigte mir dabei den Unterschied zwischen links und rechts gedrehtem Garn; jenes ist gewöhnlich feiner und wird dadurch bewirkt, daß man die Saite, welche die Spindel dreht, um den Wirtel verschränkt […]“ (Wilhelm Meisters Wanderjahre, 3. Buch, Kapitel 5).

GOETHES FAUST: GRETCHEN AM SPINNRAD (ARCHIV FEGERT).

In seinem bekanntestem Werk, „Faust“, an dem er lebenslang geschrieben hat, wird auch das Spinnen thematisiert. Als die weibliche Hauptfigur, das wohlerzogene Gretchen, auf den sich weltmännisch gebenden Wissenschaftler und Charmeur Faust trifft, kann dieser sie mit Schmeicheleien umgarnen:

> „Mein schönes Fräulein, darf ich wagen, / Meinen Arm und Geleit Ihr anzutragen?“ Seinen teuflischen Helfer Mephisto herrscht er an: „Hör, du mußt mir die Dirne schaffen! […] Schaff mir ein Halstuch von ihrer Brust, / Ein Strumpfband meiner Liebeslust!“ Der Teufel Mephisto besorgt Faust nun ein betörendes Schmuckstück, das Gretchen tief beeindruckt: „Schau, / So was hab ich mein Tage nicht gesehn! / Ein Schmuck! Mit dem könnt eine Edelfrau / Am höchsten Feiertage gehn.“

Gretchens Stube.

Gretchen (am Spinnrad, allein)

Gretchen:

Meine Ruh ist hin,
Mein Herz ist schwer;
Ich finde sie nimmer
und nimmermehr.

Wo ich ihn nicht hab,
Ist mir das Grab,
Die ganze Welt
Ist mir vergällt.

Mein armer Kopf
Ist mir verrückt,
Meiner armer Sinn
Ist mir zerstückt.

Meine Ruh ist hin,
Mein Herz ist schwer,
Ich finde sie nimmer
und nimmermehr.

Nach ihm nur schau ich
Zum Fenster hinaus,
Nach ihm nur geh ich
Aus dem Haus.

Sein hoher Gang,
Sein edle Gestalt,
Seines Mundes Lächeln,
Seiner Augen Gewalt,

Und seiner Rede
Zauberfluß,
Sein Händedruck,
Und ach! sein Kuß!

Meine Ruh ist hin,
Mein Herz ist schwer,
Ich finde sie nimmer
und nimmermehr.

Mein Busen drängt
Sich nach ihm hin,
Ach dürft ich fassen
Und halten ihn,

Und küssen ihn,
So wie ich wollt,
An seinen Küssen
Vergehen sollt!

Gretchen verfällt Fausts Umgarnung, lässt ihn heimlich in ihre Kammer, wird schwanger, verursacht den Tod ihrer Mutter, den ihres Bruders und ihres Kindes. Dieser Teil des Faust I, die „Gretchen-Tragödie“ fußt auf dem Kindsmord-Prozess der Susanna Margaretha Brandt 1771, dessen Hintergründe Goethe in seiner Heimatstadt Frankfurt hautnah erfahren hat (Siegfried BIRKNER: *Das Leben und Sterben der Kindsmörderin Susanna Margaretha Brandt. Nach den Prozeßakten dargestellt.* Frankfurt 1973). Doch Gretchen erkennt letztlich ihre Schuld, sagt sich von Faust los und übergibt sich der Hand Gottes: „Dein bin ich, Vater! Rette mich!“

## SPINNEN TECHNIK

In der Frühzeit der Menschheitsgeschichte hat man entdeckt, dass sich Grashalme und Haare zusammendrehen und somit längere Fäden und Seile herstellen lassen. Es ist naheliegend, dass die Menschen zunächst die Fäden auf dem Oberschenkel gerollt haben, bis ihnen die Idee kam, eine Astgabel zu benützen. In Grabungen der Jungsteinzeit finden sich bereits die ersten Handspindeln als „Fallspindeln“.

### Handspindel

Die älteste Technik ist die Handspindel, die aus dem Mittelalter stammt und wie ich sie als Fallspindel aus dem 19. Jahrhundert im Jahr 2005 in einem alten Krämerladen in Rigolab in den Friulischen Alpen entdeckt habe. Um die Bewegung zu beschleunigen, wird oft ein sogenannter Wirtel aufgesteckt, der aus Stein, Ton, Glas, Knochen oder Metall hergestellt war. Dieses Schwunggewicht stabilisiert die Drehbewegung. Diese Handspinngeräte sind auch aus dem Mittelalter belegt, wie sie etwa im Museum auf der Veste Oberhaus in Passau zu sehen sind.

WIRTEL UND SPINDELN 15. JHDT.(VESTE OBERHAUS/PASSAU).

Der Wirtel wird auf die Spindel aufgesteckt, um die Drehbewegung zu beschleunigen und zu stabilisieren.

(SAMMLUNG FEGERT).

Rumänische Sintiza 19. Jhdt. (Archiv Fegert).

Spinnerin in Boğazköy/Türkei (bibelwissenschaft.de).

Mit der Hand, wie man auf dem Bild rechts sieht, wird die Spindel mit dem Wirtel angedreht. Dann lässt man sie in der Drehung fallen, um den Faden zu verdrehen. Die Handspindel hat zwei Hauptfunktionen: Erstens mehrere Fäden miteinander zu verdrehen, indem sie sich eine Zeitlang von selbst weiterdreht, wenn man sie einmal in Schwung versetzt hat. Zweitens die Aufbewahrung fertig gedrehten Garns, das auf den Spindelschaft aufgewickelt wird.

Der nächste technologische Fortschritt liegt in der Erfindung des Handspinnrades, das bereits in einer 1298 erstellten „Chronik von Speyer“ genannt (In: Bohnsack 1981, 67) wird. Die Spindel wird horizontal gelagert und erhält durch das Spulrad eine kontinuierliche Drehbewegung, was die Produktivität erhöht.

## Spinnrad

Der erste schriftliche Beleg für das Spinnrad datiert ins Jahr 1268, in dem in Paris ein Verbot ausgesprochen wird. Vermutlich haben Handspinner um ihre Existenz gebangt und wollten deshalb diese technische Neuerung verhindern. Eine Handwerksordnung von Speyer aus dem Jahr 1298 lässt das Spinnrad ausdrücklich zu, allerdings nur zur Herstellung von Schussgarn (BOHNSACK 1981,67). Das Problem war wohl, dass das feste Kettgarn mit dieser Technologie noch nicht erzeugbar war.

SPINNRAD AUS IRLAND 1900 (LIBRARY OF CONGRESS LLC-DIG-PPMSC-09892).

Es handelt sich hier um ein „liegendes Spinnrad", das aus gedrechselten Harthölzern zusammengebaut wurde.

SPINNROCKEN AUS DEM BAYERISCHEN WALD (SAMMLUNG FEGERT).

Der Flachsknoten wird auf dem mit ornamental geschnitztem Querholz versehenem Spinnrocken mittels Spinnrockenband befestigt und zum Verspinnen bereit gehalten.

Bereits in der Bronzezeit hat die Spinnerin auf dem Rockenstab, den sie wohl unter den linken Arm eingeklemmt, die Fasern bereitgehalten.

Später steht der Spinnrocken als Dreifuß auf dem Boden oder wird auf das Spinnrad aufgesteckt. Mit der linken Hand lassen sich einzelne Fasern herausziehen. Um die Finger geschmeidig zu halten, werden sie immer wieder mit Wasser angefeuchtet, das man in einem am Spinnrad befestigten „Leckhaferl" bereithält.

## Flügelspinnrad

In dem mittelalterlichen Hausbuch der Familie Waldburg-Wolfegg aus der Zeit um 1480 findet sich die erste Abbildung des „Flügelspinnrades", was wohl eine innereuropäische Erfindung ist. Dieses frühe Flügelspinnrad ist wie das Handspinnrad auf einer Bank liegend aufgebaut. Somit könnte es sich um eine Weiterentwicklung handeln, wobei der Antrieb mit der Hand erfolgt. Die dann erfolgte Weiterentwicklung des Flügelrads zum „Tretspinnrad" wird einerseits im Jahr 1530 in Watenbüttel bei Braunschweig lokalisiert, andererseits in seinem Ursprung in England gesehen (BOHNSACK 1981, 141). Die Bauformen des Flügelspinnrads sind sehr landschaftsgebunden, wie auch die unterschiedlichen Zierformen.

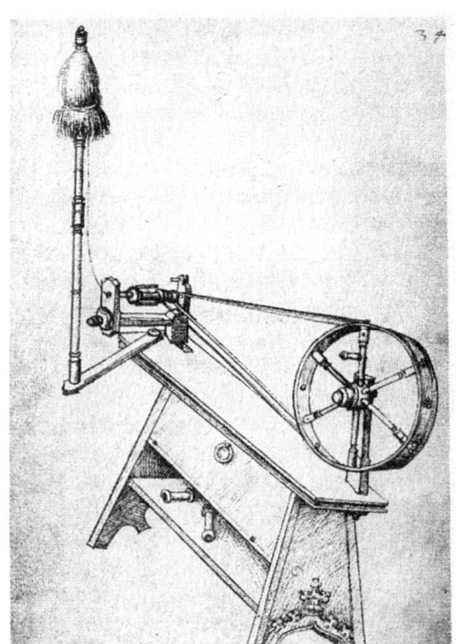

FLÜGELSPINNRAD UM 1480 (HAUSBUCH WALDBURG-WOLFEGG, IN: BOHNSACK 1981, 140).

Das Flügelspinnrad überzeugt durch die namensgebende „Flügelspindel“:

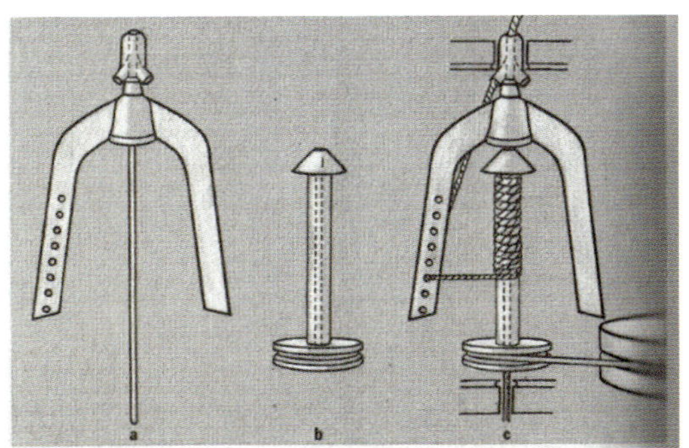


„Die Flügelspindel besteht in ihrer einfachen Form aus zwei Teilen: aus einer Achswelle mit Flügel (Abb. a) und einer Spule (Abb. b). Die Spule wird auf die Achswelle des Flügels aufgesteckt, und die fertige Flügelspindel wird im Spinnradgestell gelagert (Abb. c). Die Spule kann sich zunächst frei auf der Achswelle des Flügels drehen.

Wenn die Treibschnur vom Antriebsrad über das Schnurrädchen der Spule gelegt wird, dreht sie sich allerdings entsprechend der Geschwindigkeit der Treibschnur. Der Flügel wird in dieser Konstruktion nicht direkt angetrieben. Allerdings kann man sich vorstellen, daß er mit der Spule mitläuft, wenn die Treibschnur fest gespannt ist. Da durch die Spannung aber keine feste Verbindung zwischen Achswelle des Flügels und Achswelle der Spule hergestellt wird, kann es sich höchstens um eine sogenannte Rutschkupplung handeln.

Um die Funktion der Flügelspindel zu verstehen, müßte also zunächst geklärt werden, ob der Flügel mitlaufen oder feststehen soll. Das soll mit Hilfe eines Versuchs geschehen: Herstellung der Versuchsbedingungen: Auf einen gebogenen Draht wird eine Garnrolle gesteckt, beides in eine Flasche gestellt und der auf der Garnrolle aufgewickelte Faden in den Drahtbügel eingezogen. Wenn die Rolle mit einem gefachten Fadenstrang bewickelt ist, der aus verschiedenfarbigen Fäden besteht, kann man die Funktion dieser provisorischen Flügelspindel gut beobachten.

Mit dieser provisorischen Flügelspindel kann man die Funktion der im 15. Jhdt. neuen Spinnspindel nachvollziehen: Bei angetriebener Spule und zögernd gegebenem Faden wird der Flügel etwas nachgeschleppt. Dadurch kann Faden sowohl gedreht als auch gleichzeitig (entsprechend dem Nachschleppen des Flügels) aufgewickelt werden.

A) Fixpunkt für den zu verdrehenden Faden

B) Provisorischer Flügel

C) Provisorische Spule

D) Provisorisches Lager entspricht dem Spinnradgestell).

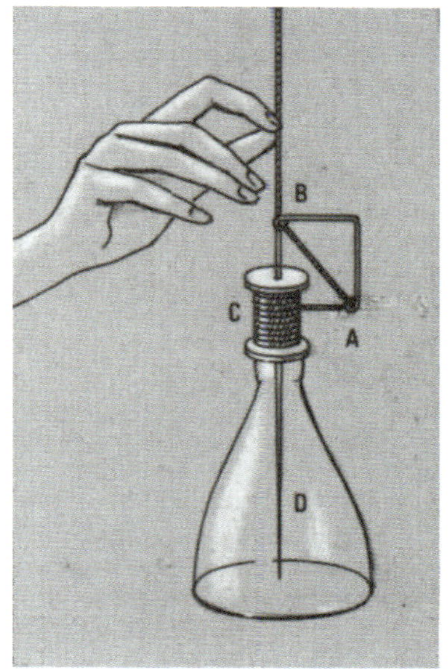


1. Versuch: Der Faden wird in der Öse A mit einer Wäscheklammer festgeklemmt und wie in der Abbildung 95 angegeben festgehalten. Die Garnrolle wird mit der anderen Hand so gedreht, daß der Faden eigentlich aufgewickelt werden müßte.

Ergebnis: Da der der Spule zugeleitete Faden festgehalten und nicht zum Aufwickeln freigegeben wird, spannt sich das Fadenstück zwischen linker Hand und Spule, der Drahtflügel läuft mit der Spule mit, und die Drehung von Spule und Flügel bewirkt, daß die Drehung auf den Faden geht und der Faden verdreht (bei gefachten Fäden verzwirnt) wird.

2. Versuch: Der Faden wird in A gelockert und nicht mehr wie vorher festhalten. Die Garnrolle wird wieder so gedreht, daß der Faden eigentlich aufgewickelt werden müßte.

Ergebnis: Der Flügel bleibt auf Grund seines Gewichts stehen, und da der Faden zum Aufwickeln freigegeben ist, wird er auch aufgewickelt.

Bei der richtigen Flügelspindel (Abb. c) wird der von außen zugeführte Faden, der bei Materialzuführung und Drehung der Spindel entsteht, in folgender Weise gedreht und aufgewickelt: Hält die Spinnerin den schon entstandenen Faden relativ straff, wird der Flügel an der angetriebenen Spule gehalten, sozusagen angekuppelt, und Spule und

Flügel laufen gemeinsam mit etwa gleicher Geschwindigkeit. Beim Antreten des Spinnrades wirkt der Flügel auf Grund seines Gewichtes zunächst als Bremse, und der Faden wird stark belastet.

Wenn der Flügel nach Ingangsetzen des Spinnrades mit der Spindel etwa gleich schnell mitläuft, wird der Faden immer um die Arbeitsachse herumgeführt, der Faden kann sich deshalb kaum aufwickeln, und die Drehung wird so auf den entstehenden Faden geleitet. Der Faden wird also verdrillt. Lockert die Spinnerin die Fadenspannung im Folgenden etwas, ist der Flügel nicht mehr so stark an die Spule angekuppelt. Der Flügel müßte eigentlich nachschleppen, und der Faden könnte sich dann immer so viel aufwickeln, wie die Spule vorauseilt. Bei laufender Spindel muß das dazu notwendige gleichmäßige Nachschleppen allerdings durch leichtes Abbremsen des Flügels gewährleistet werden, weil der Flügel ohne äußere Einwirkung auf Grund des Trägheitsgesetzes zunächst in gleichbleibender Geschwindigkeit weiterlaufen würde. Wieder wird der Faden durch Abbremsen belastet.

Bei entsprechendem Geschick der Spinnerin können diese beiden Phasen mehr und mehr ineinander übergehen, so daß nahezu gleichzeitig verdrillt und aufgewickelt wird. In diesem Fall wird in der Konstruktion die sogenannte Rutschkupplung wirksam, allerdings wird nicht die Spule durch den Treibriemen an die Achswelle des Flügels angekuppelt, sondern der Flügel durch den entstehenden Faden an die Spule. Dieses Konstruktionsprinzip der Flügelspindel bedingt, daß der erst entstehende Faden von Anfang an unter ziemlich hoher Spannung steht, so daß mit der Flügelspindel nur feste Fäden aus Fasern mit möglichst längerer Stapellänge versponnen werden können“ […] (Bohnsack 1981, 134 ff.).

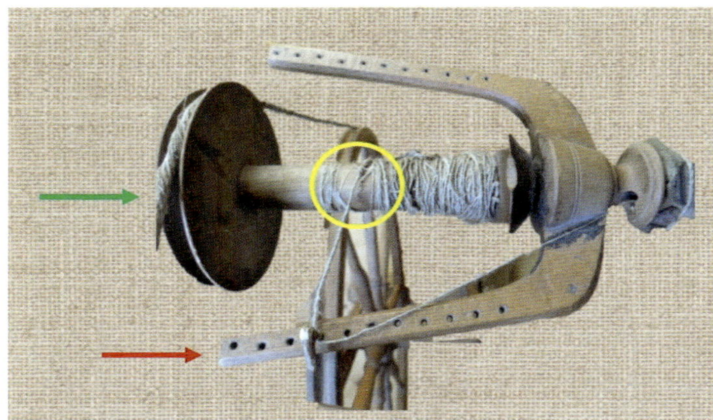

Spinnrad aus dem Bayerischen Wald (Ausschnitt) (Sammlung Fegert).

Auf den Flügel mit einer feststehenden eisernen Achse ist die frei drehende Spule aufgesteckt.

Die Spule auf dem Flügel (grüner Pfeil) ist frei drehbar, unabhängig von der Spulenachse. Dadurch, dass der Faden auf dem Flügel (roter Pfeil) einen weiteren Weg zurücklegt als der aufzuwickelnde Faden auf dem Kern der Spule, kommt es zur Verdrehung der Fäden (gelber Kreis). Anders als bei Wolle und anderen tierischen Fasern wird Flachs mit einer Linksdrehung versponnen.

> „Der Vorteil der weiterentwickelten Flügelspindelkonstruktion liegt darin, daß Flügel oder Spule nicht nachgeschleppt werden müssen. Die Fadenbelastung im Spinnprozeß reduziert sich im Vergleich zur einfachen Form der Flügelspindel deshalb auf den Aufwickelzug, der durch das Drehmoment der Spule und das Festhalten der Spinnerin bestimmt ist.
>
> Ein anderer Vorteil der weiterentwickelten Flügelspindel besteht darin daß die Drehgeschwindigkeiten von Flügel und Spule genau festgelegt sind, dadurch ist auch die Verdrehungszahl pro Längeneinheit des Fadens festgelegt. Der Faden wird durch den festliegenden Vor- oder Nachlauf der Spule immer gleichmäßig aufgewickelt und kann deshalb immer nur mit so viel Drehungen pro Längeneinheit versehen werden, wie Spule und Flügel in der Aufwickelzeit dieser Längeneinheit gemeinsam umgelaufen sind. Der entstehende Faden wird notwendigerweise gleichmäßiger als bei Verwendung der einfachen Flügelspindel.
>
> [Die Flügelspindel hat den Vorteil,] daß Fasergut durchgängig, ohne Unterbrechung, immer in der gleichen Richtung zugeführt werden kann. Zum erstenmal in der Geschichte des Spinnens wird so ein ununterbrochener, kontinuierlicher Spinnprozeß möglich. Dadurch kann ein ziemlich gleichmäßiger Faden entstehen, und die Aufwickelzeiten der Absetzspindel können eingespart werden. Flügelspinnräder eignen sich aber auch mit der weiterentwickelten Spindel nur für solche Spinnverfahren, in denen längere Fasern zu festen und gleichmäßigen Garnen versponnen werden sollen, z. B. für das Verspinnen von Leinen und Wolle und für das Spinnen von Kammgarnen, oder zum Verzwirnen, weil der erst entstehende Faden immer durch die Aufwickelung belastet ist.
>
> Anzumerken ist noch, daß der Flügel dieser Spindel meistens mit kleinen Drahthäkchen [oder mit kleinen, aus einer kleinen Astgabel geschnitzen Häkchen] besetzt ist. Sie dienen dazu, den Faden an unterschiedlichen Stellen einhängen zu können, damit die ganze Spule gleichmäßig bewickelt werden kann. Im Flügel der Spindel […] haben die deutlich sichtbaren Löcher dieselbe Funktion“ (Bohnsack 1981, 138 f.).

UNTERSCHIEDLICHE WINKELGESCHWINDIGKEITEN, DEMONSTRIERT ANHAND EINER WEIHNACHTS-PYRAMIDE. (AUFNAHME FEGERT).

Wir können diesen Vorgang der verschiedenen Winkelgeschwindigkeiten am besten mit der Weihnachtspyramide demonstrieren.

Dabei zeigt sich: Auf der untersten Etage ist der Weg am weitesten, also müssen sich die Figuren mit höherer Geschwindigkeit drehen, um einmal eine Kreisbewegung von $360^0$ zu vollführen, auf der obersten Etage ist der Weg am kürzesten, also sind die Figuren für eine Weg von $360^0$ langsamer unterwegs.

Kippt man die Achse der Weihnachtspyramide in die Waagrechte, so entspricht dies der Spindel mit Flügelachse. Durch die unterschiedlich schnellen Bewegungen der Fäden auf den unterschiedlich weiten Wegen um die Achse kommt es zur Verdrehung der Fäden gegen einander, also damit der Verhängung der Fäden ineinander. Dadurch entsteht aus den ca. 1 Meter langen Fasern ein kontinuierlicher, langer Faden!

FLACHSFÄDEN (ARCHIV FEGERT).
Deutlich ist die Verdrehung der einzelnen Fasern zu einem kontinuierlichen Faden zu erkennen.

Die Form des senkrecht stehenden Flügelspinnrads ist kennzeichnend für den Hinteren Bayerischen Wald. Im Freilichtmuseum Finsterau sind diese genauso anzutreffen, wie im Niederbayerischen Landwirtschaftsmuseum in Regen oder dem Schramlhaus in Freyung.

## Der Sammler Josef Schmöller

Zweifädiges Spinnrad aus dem Bayerischen Wald (Sammlung Fegert).

Besonders begabte Spinnerinnen konnten gleichzeitig mit zwei Spindeln spinnen.

In den 1980er Jahren gab es den Josef Schmöller, der, früher im Straßenbau tätig, als Rentner in dem stattlichen, alten Walmdach-Eckhaus Grafenauer Str./Mittermühlweg im alten Kern von Freyung gelebt hat. An Sperrmülltagen zog er mit seinem alten, grünen Traktor über die Dörfer am Goldenen Steig, um zu sammeln, was es zu sammeln ab. In seinem ganzen Haus gab es von Keller bis zum Dachboden von 20 Quickly-Moped-Tanks bis altem, rostigem Werkzeug alles. Aber auch dieses seltene zweiflügelige und damit zweifädige Spinnrad und natürlich auch „Flachszöpfe".

## Emma Stadlers „Leckhaferl"

„Leck-Haferl" der Emma Stadler (Archiv Hildegarde Clemens, Leihgabe im Auswanderermuseum Schiefweg, Foto: Fegert).

Emma Stadler hat sich dieses Spinnrad-Glas nach Amerika als Erinnerung aus der Erbmasse ihrer Eltern erbeten. Es ist mit Blumen und einer Schleife bemalt und hat die Aufschrift „Glück 1857". Es stammt aus dem Erbe ihrer Großeltern in Herzogsreut im Bayerischen Wald.

Emma Stadler aus Herzogsreut ist als Auswanderin am 15. April 1925 in Chicago angekommen. Sie hat dort mit ihren beiden Schwestern gelebt. Die Kinder Hildegarde Clemens und Charles Hackl leben noch heute dort. Ihre Lebensgeschichte findet sich in meinem Buch „Wie hinh mein Schiksal führt…" Von Herzogsreut nach Chicago – Auswanderung der Stadler-Schwestern nach Amerika (2018).

Spinnrocken aus Wegscheid (Sammlung Fegert, Geschenk von Handweberei Moser).

Der Vorteil des stehenden Tretspinnrades besteht darin, dass die Spinnerin durch den Fußantrieb beide Hände zur gleichmäßigen Zuführung der Flachsfasern zur Verfügung hat. So kann sie vom Spinnrocken kontinuierlich Fasern herunterziehen. Mit dem anderen Fuß steht die Spinnerin auf dem runden Teller des Spinnrockens und stabilisiert ihn damit. So gewährleistet das stehende Tretflügelspinnrad eine sehr feine, und damit qualitätvolle Fadenerzeugung. Bohnsack hat zwar festgestellt, dass das Flügelradspinnrad mit Tretantrieb trotz hoher Umdrehungszahl, aber aufgrund niedrigerer Übersetzungsverhältnisse im Vergleich zum Handspinnrad keine höhere Arbeitsleistung erzielt. Dennoch ist geeindruckend: In 18 Sekunden wird 1 Meter Faden erzeugt, d. h. in 1 Stunde wird eine maximale Länge von 200 Metern erreicht (Bohnsack 1981, 147)! So garantiert das Flügelspinnrad zum erstem Mal eine kontinuierliche Fadenerzeugung, ohne dass der Faden, im Vergleich zur Handspindel, immer wieder aufgewickelt werden muss. Goethe beschreibt dies als ästhetischen Vorgang in „Wilhelm Meisters Wanderjahre“, 3. Buch, 5. Kapitel:

> „Die Spinnende sitzt vor dem Rade, nicht zu hoch; mehrere hielten dasselbe mit übereinandergelegten Füßen in festem Stande, andere nur mit dem rechten Fuß, den linken zurücksetzend. Mit der rechten Hand dreht sie die Scheibe und langt aus, so weit und so hoch sie nur reichen kann, wodurch schöne Bewegungen entstehen und eine schlanke Gestalt sich durch zierliche Wendung des Körpers und runde Fülle der Arme gar vorteilhaft auszeichnet; die Richtung besonders der letzten Spinnweise gewährt einen sehr malerischen Kontrast, so daß unsere schönsten Damen an wahrem Reiz und Anmut zu verlieren nicht fürchten dürften, wenn sie einmal anstatt der Gitarre das Spinnrad handhaben wollten.“

## SPULEN UND HASPELN

Wenn nun die Spule auf dem Spinnrad in fleißiger Arbeit gefüllt ist, muss der nächste Schritt erfolgen, dass nun der erzeugte, endlose Faden von der Spule auf dem Spinnrad auf die etwas größere Spule im Spulrad umgespult wird.

Dieses Beispiel aus dem Freilichtmuseum Finsterau ist als liegendes Spulrad in seiner schlanken Konstruktion typisch für den Hinteren Bayerischen Wald. Über die große Achse des Handantriebs wird die kleine Achse der Spule mittels Schnurriemen angetrieben. In der Mitte ist auch ein Schraubgewinde zu sehen. Damit kann die Spannung des Antriebs erzeugt und bei Nichtgebrauch wieder entspannt werden. Allein diese sehr kunstvollen Schraubgewinde, gedrechselt aus Holz, zeugen von der hohen Kunst der Geräte-Drechsler.

SPULRAD AUS DEM BAYERISCHEN WALD (FREILICHTMUSEUM FINSTERAU, FOTO U. ERGÄNZUNG: FEGERT).

HASPEL MIT FÜNF STRÄNGEN AUS DEM BAYERISCHEN WALD (SAMMLUNG FEGERT).
Die Fadenstränge werden nach einer vollständigen Drehung des Zeigers um 360 Grad jeweils gebündelt, damit die Fadenlänge festgelegt ist.

Von den größeren Spulen des Spulrades wird das Garn mittels hölzernem Gelenk-Handantrieb der Haspel (im Foto rechts) auf große Stränge gewickelt. Um dabei Stränge bilden zu können, wird der Faden über einen Drahthaken geführt, der auf der Waagrechten in verschiedenen Positionen einsteckbar ist (unten). Über eine Schnecke (links hinten) ist die Achse mit einem Zahnrad verbunden. Von dort wird auf ein weiteres Zahnrad (vorne) übersetzt, das mit einem Zeiger verbunden ist. Dieser läuft über einem hölzernen Zifferblatt mit Ziffernstrichen von I bis IIII. Nach jeder Drehung des vorderen Zahnrades um 360 Grad, das den Zeiger bedient, wird ein hölzerner Schnäpper ausgelöst. Dieser signalisiert der Hasplerin, dass eine ganze Fadenbahn auf dem sechseckigen Gestell aufgewickelt ist, also immer eine gleichbleibende Länge. So werden durch dieses Zählwerk die Umdrehungen und damit die Fadenlänge gemessen.

Neben der treffenden Beschreibung des Haspels bei Goethes Wilhelm Meisters Wanderjahre, 3. Buch, 5. Kapitel findet man in der „Hochfürstliche Passauische

Haar- Gespunst-Leinwad- und Beschau-Ordnung vom 20. Decembr Jahrs 1762", die Fürstbischof Joseph Maria von Thun und Hohenstein verordnet hat:

> „Die Schnalzhaspel wollen wir zwar ferners verstatten, jedoch sollen solche sechseckig sey, und auf das genaueste Fünf Viertel Wiener-Ellen im Umfang enthalten; Sie müssen auch solchergestallten verfertiget werden, daß die sechs Stäbe, woraus solche bestehn, in der Achse befestiget seynd; immassen mit denjenigen, welche sich zusammen legen lassen, der größte Betrug gespielet werden kann.

6 Achsstäbe, Zahnräder und der Schnäpper am Zahnrad (Archiv Fegert).

> Zu dem Ende sind die solchergestalten abgeänderten Haspel von der Obrigkeit eines jeden Orts in Gegenwart eines Beschaumeisters ordentlich zu *cimeti*ren, und sodann mit dem Amtzszeichen zu brennen. Für solche Bemühung erlauben wir von jeden neuen Haspel, welchen der Dächsler vor dessen Verkauf zu seiner Obrigkeit zu bringen hat, 3 kr. einzufordern; wovon 1. Theil dem Beamten, der zweyte dem Beschaumeister, und der dritte Theil dem Gerichtsdiener zugehören sollen, bei den abgeänderten Haspeln aber, welche zur *Cimenti*rung gebracht werden, wollen Wir die Unterthanen mit irgend einer Aufoderung nicht beschweren lassen, sondern die drey Kreutzer für jeden von Unsern Amtsgeldern jeden Orts in Rechnung pr. Ausgab *passier*en.

> Dahingegen haben die Beamten und Obrigkeiten nach Verlauf 3. Monath von *Publici*rung dieser gegenwärtigen Verordnung ab jeden antreffenden ungebrannten Haspel Drey Reichsthaler Strafe einzubringen, das auf dergleich unrichtigen Haspeln abgehaspalte Garn aber ohne weitern zu *confisci*ren ist." (Hochfürstliche Passauische Haar=Gespunst=Leinwad= und Beschau=Ordnung, vom 20. Decembr. Jahrs 1762)

## Der Holzbitzler „Wanger Hansei"

DER „WANGER HANSEI" AUS FINSTERAU 1991 (HALLER 1993, 83).

Der Holzhauer mit seinen 10 Tagwerk Grund hat neben den Pferdl und Wagerl beschädigte Geräte im Freilichtmuseum repariert und an Museumstagen Rechen aus den jeweils geeigneten Hölzern hergestellt. Seine Frau hat dann „Auszogne" gebacken und sein Sohn Albert war die Seele des Museums. Nach einem Schlaganfall ist Hansei wieder gehfähig geworden und wir haben uns im Juli 1994 im Museum erneut getroffen.

Meine langjährige Verbundenheit mit dem Freilichtmuseum Finsterau hat mich zu Johann Dirndorfer, seiner Frau und seinem Sohn Albert geführt, die für das Museum gelebt haben. Mit Schülern konnte ich ihn zuhause besuchen und wir haben gesehen, dass er alle Arten von Holzgeräten und Holzspielzeug gemacht hat. In der Wohnstube stand auch das schöne Holzpferd und an Museumstagen hat er gezeigt, wie Holzrechen zu machen gehen. Für die Zähne, das Haupt und den Stiel brauchte er das jeweils geeignete Holz. Reinhard HALLER hat dem Hansei, der 1906 in Finsterau geboren wurde, auch ein Denkmal gesetzt: „Bereits als Kind hat Dirndorfer, Sohn eines Wagners, viel mit Holz und Werkzeug hantiert. Er und sein Bruder Franzi stellen ‚als Junge' Spielzeugpferde mit Leiterwagen her, die sie um das Jahr 1920 für 2 Mark verkaufen. ‚Einmal', so erzählt der Hansei, ‚haben wir ein Wagerl gemacht und die Katze eingespannt. Sie ist von der Tür aus damit und über den Gartenzaun gesprungen. Da hat es das Wagerl zerrissen. Und der Vater hat geschimpft!' Unter der Anleitung des Vaters schreinert, wagnert und schnitzt Dirndorfer 70 Jahre lang für die Kinder von Finsterau und Umgebung Pferdegespanne, ‚Hutscherroß' (= Schaukelpferde), Holzpuppen, Wiegen, Hampelmänner (‚angemalt wie ein Zirkusmann' und auf einer Stange turnend), die als Weihnachtsgaben ‚in der schlechten Zeit' um 1930 und nach dem Zweiten Weltkrieg (1939–1945) ‚gut gegangen sind' (HALLER 1993, 83).

## SPINNEN ALS HÄUSLICHE TÄTIGKEIT

Der Volkskundler und Genealoge Karl von Leoprechting (1818–64), der durch einen Freund seines Großvaters das Interesse am Leben der Menschen auf dem Land gewann und Geschichten wiedergab, die er in Wirtshäusern erzählt bekam, hat 1855 mit *Bauernbrauch und Volksglaube in Oberbayern* ein bedeutendes Werk zur Volkskunde verfasst. Darin gibt er sehr lebendig das Leben in der Spinnstube wieder:

> „In der Spinnstube
>
> Mit dem November beginnt das Spinnen. Da wird denn gesponnen den ganzen Tag bis neun Uhr auf die Nacht. Wenn die Drischelhenket vorbei ist, geht man mit der Kunkel aus in Rockenstuben, wo Viele zusammen kommen. Dazu wählt man am liebsten Häuser, wo es nicht viel streng zugeht, wo man Vene und Schwung hat (Begünstigung größerer Ungebundenheit). Da versammeln sich gern auch die Ledigen des andern Geschlechts und nach lustigem Plaudern und Singen kommt oft noch ein Tanzl aus. Die Redensart ~ ne réhhte Gunkelfuer will eben den Lärm bedeuten, wie er in den Rockenstuben leichtfertiger Häuser vorkommt. Es sind diese Zusammenkünfte schon vor vielen Jahrhunderten mit steten Wiederholungen bis in die neueste Zeit verboten worden, allein was so nothwendig natürlich ist, läßt sich nur auf dem Papier verbieten. D'Spinnerinne~ müess'n auf d'Gunkl ge~ und die Náderinne~ auf d'Ster. In ordentlichen Häusern leidet man die Rockenstuben nicht länger als bis nach neun Uhr, in den andern wird es oft spät nach Mitternacht. Auf die Nacht haspelt der Bauer das Garn ab, denn das thut weder die Bäurin noch die Dirn. Jede freut sich am meisten zu spinnen; sagt man das ist die brävere Dirn, die bekommt die erste Heirath" (In: GEBHARD/SPERBER 1978, 112)

Eine eindrucksvolle Beschreibung liefert auch der Volkskundler Josef Blau aus dem Böhmerwald:

> „Obwohl die Arbeit der beste Zeitvertreib sein soll, erfüllt sie bei jungem Blut diesen Zweck denn doch nicht ganz. Jedes arbeitet lieber in Gesellschaft. Die Dienstboten treten aus dem besten Platze, wenn sie da allein arbeiten sollen. Je größer die ‚Herd', desto lieber. Das gilt sogar vom Vieh: ‚Poorwäs [= paarweise] fressnds lejwa [= lieber]', hat dersell Bauer gesagt und hat noch eins getrunken. So mag auch die Magd nicht allein zu Hause sitzen und spinnen. Das schwermütige Lied ‚Mägdlein am Spinrad wacht' mag in den traurigen Einöden des fernen Schwedens möglich sein; bei uns singt man anders:"

TANZLIED AUS DEM BAYERISCHEN WALD UND DEM MITTLEREN BÖHMERWALD (GOLDSCHMIDT 1966, AUCH BEI BLAU 1918, 53; ABSCHRIFT GUNTER SCHAUMANN, CA. 1980).

„Nach dieser Melodie wird der ‚Spinnradltanz' oder das ‚Spinnradl' getanzt. Der erste Teil wird gegangen, der zweite gedreht. Das Paar faßt sich bei den gleichen Händen; der Tänzer legt seinen rechten Arm um die Schulter der Tänzerin, die die rechte Hand hinauf entgegenreicht. […] Dieser alte Tanz war 1890 bis 1900 in der Umgebung von Neuern wieder sehr in Schwung gekommen" (BLAU 1918, 53 f.).

> „Und wo sich eine daheim beim Spinnen langweilen müßte, nimmt sie Rad und Rocken und geht der Herde nach zu einer Kameradin oder in den nächsten Hof in den Rocken, in die Rockenreise. Angekommen, werden die Spinnerinnen von der Hausfrau mit den feststehen Worten begrüßt: ‚So, ejtz spinnts und singts und sads gern do bon u's!' Es wird nicht nur heiter gesungen; auch der Mund spinnt sein Garn: Die Spinnerinnen ‚reden vil den Leuten nach'. ‚Wan wir pey dem rokhen saßen,/wie oft wir der spindl vergaßen!'
>
> Die vom Hause muß jeder Fremden Wasser ins Leghäferl bringen, das am Rocken hängt, damit diese sich beim Spinnen die Finger befeuchten kann. Auch muß diese dafür sorgen, daß den Spinnerinnen das Rad eben stehe, was bei den bäuerlichen Fußböden oft nicht so schnell abgetan, aber ein schöner Zug von Gastfreundschaft ist.
>
> In der großen Bauernstube sitzen sie nun ihrer sechs oder acht beisammen. Die Räder schnurren um die Wette und die Plappermäuler rühren sich nicht minder fleißig. Da sitzt die kleine Dirn, die Mena, die neulich am Samstag ihre sechs Strähn nicht fertig gebracht hatte und deshalb viel verspottet worden war. Sie will heute recht schnell spinnen. Da brummt sie in einem fort zur Arbeit: ‚Spinnhradl, hren, hren, / Alle Drahra an Strähn!'
>
> Die Hauswirtin, über den zahlreichen Besuch erfreut, kocht den Rockereiserinnen dürres Obst und bringt ihnen wohl auch grünes (ungekochtes) Kraut aus dem Fasse. […].
>
> Im Laufe des Nachmittags machen die Spinnerinnen ab und zu einen ‚Ausrenn', d. h. sie entfernen sich einzeln aus der Stube und bleiben ein Weilchen aus und kommen nach Verübung irgend einer Schalkheit wieder herein" (Blau 1918, 55 f.).

Blau beschreibt auch die Spinnstube in den südlichen Bezirken des Böhmerwaldes, die jenseits des Gebirgskammes um den Lusen liegen:

> „Die Spinnerinnen sitzen bei ihrer Arbeit auf den längs der Mauer laufenden Bänken, während die Burschen, welche abends zu Besuche kommen, um den Tisch sitzen und sich die Zeit mit Kartenspiel vertreiben oder die Ofenbank einnehmen. […] Das Spinnen dauert von 1–5 Uhr nachmittags; dann geht die Gesellschaft unter Zurücklassung der Spinnräder heim, um die häuslichen Abendarbeiten zu verrichten und erscheint nach dem Abendessen wieder.
>
> Während des Spinnens wird gesungen, erzählt und gelacht. Heiterkeit ist ein beständiger Gast in der Spinnstube. Die Alten erzählen Erlebnisse aus ihrer Jugend, von Räubern, Gespenstern, schlechten Zeiten, früherer Billigkeit und strenger Sitte; dann vom Leben in der Fremde, alte Schul=, Tanzboden=, Wanderschafts= und Heiratsgeschich-

ten. Immer aber sind die Mädchen geneigt, gewisse dörfliche Vorkommnisse und Verhältnisse zu besprechen und breitzutreten; dann verdient auch unsere Spinnstube den Titel, den der alte Johannn Praetorius seiner Beschreibung der schlesischen Spinnstube gab [...]

Gegen Abend kommen die Burschen nach; sie rauchen, handeln Pfeifen und Uhren, und spielen Karten. Am Abend wird ‚Holwi' (Halbe) gemacht und zwar tritt nach der Hälfte der Spinnzeit eine Ruhe= oder Erholungspause ein, die darin besteht, daß sich die ganze weibliche Spinngesellschaft ins Freie begibt, Schneeballen macht und sich gegenseitig damit bewirft oder Bockschlitten, deren es in den Dörfern fast in jedem Hause einen gibt, fährt. Die Burschen laden sich ein, die Schlitten zu lenken. Während der Fahrt singen und lachen die Spinnerinnen, während die Lenker der Schlitten auf die Gelegenheit passen, die Gesellschaft abzuwerfen, was ihnen oft erst nach langem Umherfahren gelingt. Unter großem Geschrei und Gelächter kollert dann alles kopfüber, kopfunter durcheinander. [...]

SPINNERIN IN WAREN AN DER MÜRITZ IN MECKLENBURG UM 1900 (ARCHIV FEGERT)

Häusliches Spinnen mit liegendem Spinnrad, Spulrad und Spulenständer (rechts unten). Dazu links auf dem Tisch ein Klöppelgestell.

Nach dieser ‚Erholung' gehen die Mädchen wieder in die Spinnstube, um sich zu wärmen und weiter zu spinnen. Aber während ihrer Abwesenheit haben sich die Burschen eingeschlichen, ihnen die Rupfen geschupft oder gar versteckt oder angebrannt und die Spinnräder in den Bock gespannt, d. h. die Spinnradschnur ausgenommen und sie an den Radspeichen und an das Trittbrett derart verwickelt und verknüpft, daß lange Zeit nötig ist, um das Rad wieder in Gang zu setzen. Dann wird aber nicht mehr lange gesponnen, denn die Gesellschaft macht sich, Spinnrad und Rocken in der linken Hand haltend, reisefertig" (BLAU 1918, 61 f.).

Die Bayerwalddichterin Emerenz Meier hat zum Thema Spinnstube ein Gedicht geschrieben, das eine schaurig-schöne Atmosphäre erzeugt.

Spinnabend

Die Stub ist warm, der Span loht auf,
Nun laßt die Räder kreisen!
Der Bube legt die Zither auf
Und singt die alten Weisen.

Singt von der toten Müllermaid,
Vom jungen Königssohne,
Von scheuer Schmuggler Lust und Leid
Und von der Schlangenkrone.

Die Stube wird zum Märchenland,
Das Spinn zum Zauberrädchen,
Dran spinnen sich ein Feengewand
Die traumbefangnen Mädchen.

Die Zither klingt, das Lied erschallt,
Die Spinnerinnen lauschen.
Und um das Haus der Nordsturm hallt,
Im Schnee die Wälder rauschen.

EMERENZ MEIER (STA WALDKIRCHEN).

Emerenz Meier arbeitet hier mit gegensätzlichen Bildern: die Mädchen und Buben des Dorfes, die tote Müllerstochter und der Königssohn, die wärmende Stube und der kalte Nordsturm. Durch die Musik verwandelt sich die Spinnstube und am Spinnrad spinnt das Mädchen im übertragenen Sinn ein Feengewand. Diese Idylle glaubt man bei Emerenz Meier kaum zu finden, wenn man die oben genannte tragische Geschichte „Der Brechlbrei" im Ohr hat.

## SPINNSTUBENORDNUNGEN

Das Spinnen ist ein wesentliches Element der Dorfkultur. So fasst dies MEYERS KONVERSATIONSLEXIKON von 1888–1890 prägnant zusammen:

> „Licht- oder Spinnstuben sind Orte einer sehr lebendigen dörflichen Kultur, die darauf abzielte, Arbeit und Leben miteinander zu versöhnen. Die Spinnstube wird abwechselnd auf dem einen oder anderen Hof abgehalten, die Frauen und Mädchen spinnen, die Burschen machen Musik, oder es werden Volkslieder gesungen, Hexen- und Gespenstergeschichten erzählt und allerlei Kurzweil dabei getrieben. Die Spinnstuben dienten nämlich nicht nur dem Broterwerb, sondern waren Nachrichtenbörsen und kritisches Forum sowie Ort für jugendliche Sexualkultur und feuchtfröhliche Ausgelassenheit. Wegen der dabei vorkommenden Ausschreitungen in sittlicher Beziehung mussten in verschiedenen Ländern Spinnstubenordnungen, d. h. polizeiliche Regelungen bezüglich der Zeit und Dauer des Beisammenseins, erlassen werden, im Bereich des ehemaligen Kurhessen wurden sie bereits 1726 gänzlich verboten. […]".

WESTFÄLISCHE SPINNSTUBE UM 1920 (ARCHIV FEGERT).

Eine gestellte Idylle in einer bürgerlichen Wohnstube mit allen notwendigen Arbeitsgeräten: liegendem Spinnrad, Spinnrocken und Spulrad. Die Frauen in reicher Tracht haben zum Treten der Räder die Holzschuhe ausgezogen, die Männer machen es sich mit Pfeifen gemütlich.

Aus der lebendigen Schilderung aus dem Böhmerwald, die Josef Blau gibt, lässt sich leicht folgern, dass sich das Leben bei der „Rockeroas“ [= Spinnabend] auch rauh und, wie wir heute sagen, manchmal übergriffig abspielen konnte. Die Burschen bringen die Mädchen oft heim und auf dem Weg kommt es zu Liebesbegegnungen und Vergewaltigungen.. So ist aus dem Bayerischen Wald auch der Begriff der „Brechelkinder“ überliefert, also der Herbstkinder, die möglicherweise im Rahmen der Spinnstubenabende gezeugt worden sind. Deshalb kommt es im 16. Jahrhundert auch zum Verbot der Spinnstuben. Im Gegensatz zu dem idyllischen Postkartenmotiv mit lauter „gesetzten“ Dorfbewohnern ist in den „Solinger Nachrichten“ 1894 zu lesen:

-e. **Offensen**, 29. Nov. In Folge der Anregungen der letzten Bezirkssynode zu Uslar wurde hierselbst am 27. November eine Gemeindeversammlung abgehalten zwecks Beschlußfassung über das Spinnstubenwesen und wurde von 31 Hausvätern an dem Abend der Zusammenkunft und von 14 Hausvätern, die nicht erschienen waren am folgenden Tage nachstehendes Protokoll unterschrieben: „In Anbetracht der großen Gefahren für Leib und Seele, welche den jungen Leuten aus dem unbeaufsichtigten Verkehr in den Spinnstuben erwachsen und der damit verbundenen sittlichen Schädigung und Entartung der ganzen Gemeinde verpflichten sich die unterzeichneten Hausväter unter eigenhändiger Namensunterschrift eine unbeaufsichtigte Spinnstube in ihrem Hause nicht dulden zu wollen.“ Möge der tiefe Ernst der Angelegenheit, sowie die treue Sorge für das Wohl und Heil der Jugend alle Hausväter eifrig machen, ihr gegebenes Wort einzulösen und ihr Haus zu einer auch in der Fröhlichkeit und Geselligkeit dem Herrn geweihten Stätte zu machen.

SOLINGER NACHRICHTEN, 1. DEZEMBER 1894 (ARCHIV FEGERT).

BLAU schreibt zu dieser Thematik:

„Ihrer unsittlichen Auswüchse halber wurden in den vergangenen Jahrhunderten die Spinnstuben von den Obrigkeiten verboten. Ich habe über Spinnstubenverbote aus früherer Zeit, wie sie uns z. B. aus den Egerer Proklambüchern vermittelt wurden, nur einen einzigen urkundlichen Beleg aus Eisenstein gefunden“ (BLAU 1918, 60).

## VERDIENST

Das auf dem Land erzeugte Garn dient bis ins 19. Jahrhundert der Versorgung der ländlichen Weber mit Rohstoffen von verschieden feiner Qualität des Fadens. Entweder hat man die Garne direkt an den Weber verkauft oder an einen Garnhändler. Dabei ist zu bedenken, dass zur Versorgung eines Webers mit Garn durchschnittlich vier Leinengarnspinner arbeiten mussten, um die kontinuierliche Versorgung zu gewährleisten (KAUFHOLD 1978, 97). Dies führt bereits um 1800 zum „Garnhunger", da gerade im städtischen Bereich die Nachfrage nach Kleidung, bedingt durch Bevölkerungswachstum und höhere Kaufkraft, zunimmt. Das wiederum hat aber nicht zu höherer Entlohnung der Spinner geführt.

So lesen wir vom Königreich Hannover 1833:

> „[...] von 5 Personen, unter denen 2 kleine Kinder und 3 Erwachsene, täglich jede 3 Stück Moldgarn spinnt, welche nur ein geschickter Spinner liefern kann, jährlich in 300 Arbeitstagen im Ganzen höchsten 32 Gulden 18 Groschen, wovon also auf jede der 5 Personen jährlich 6 Gulden 18 Groschen, oder täglich 6 1/4 (Pfennige) kommen. Damit müssen Hausmiethe, Landpacht, Feuerung, Licht, Kleidung, Salz, Fett, Schulgeld und Abgaben bezahlt werden, vorausgesetzt, daß man Kartoffeln und einige andere Nahrungsmitte[l] auf 1 bis 2 Morgen Landes baut" (von REDEN 1838, 18 ).

Wenn in dieser Zeit 1 Brot 14 Pfennige kostet, dann bedeutet das, die 5 Personen können sich von ihrer Tagesarbeit 2 Brote kaufen!

## GARNHANDEL

Josef Blau berichtet vom ausgedehnten Garnhandel in Südböhmen in der Zeit vor 1900:

> „In früheren Zeiten wurde das grobe (wergene oder rupfene) Garn verkauft und es gab viele Garnhändler im Böhmerwalde, welche Woche für Woche alle Bauernstuben, Inwohner= und Kleinhäusel in ihrem Gäu nach Garn abhausierten. Ein großer Schnalz (S) kostete noch um 1890 35–40 Heller; er erfordert eine Tagesarbeit und der Preis des Wergs ist dabei auch noch inbegriffen! 1763 wurde in Eisenstein der Strähn Garn auf 4 ¼ und Werggarn auf nur 3 kr. geschätzt. Zwei Schnujz (Schnalz) Garn bilden einen Buschen. Für zwei Buschen Garn hatte der Überlieferung nach der Großvater des Wirts Franz Ilg in Kuschwarda eine ausgedehnte, aber damals wertlose Moorwiese gekauft.

Flachsgarn wurde gern auch gezwirnt. Es mußte aber feines sein. Zwirn wurde durch verkehrtes oder ‚aimisches' Zusammendrehen zweier (M) oder dreier (S) Fäden erzeugt. Dazu wurde das Garn in Knäuelform abgewickelt, hierauf in kaltes Wasser gelegt und dann durch verkehrte (aimische) Drehung des Rades die Faden durch die Finger laufend gezwirnt. Dazu gehörte ein eigenes Geschick und ein sicherer, gleichmäßiger Tritt. Der Zwirn wurde dann wieder abgehaspelt und in Strähne gebracht. Aus solchem Hauszwirn ließen die Bäuerinnen um Neuern für die Ausstattungen ihrer Töchter Betteinsätze und andere Spitzen klöppeln. [...]

Von Bedeutung ist der Garnhandel im südlichen Böhmerwald und im angrenzenden Bayerwald. Hier finden eigene Garnmärkte, namentlich auf bayerischer und oberösterreichischer Seite statt. Seit langem blüht hier auch das Gewerbe des Garnhändlers.

WALDKIRCHEN IM BAYERISCHEN WALD, UM 1900 (STA WALDKIRCHEN).

An einer der alten Passstraßen des „Goldenen Steiges" liegt der Zentralort mit seinem großen, langezogenen Straßenmarkt, auf dem regelmäßig verschiedenen Märkte abgehalten wurden.

So lesen wir in einer bayerischen Zeitschrift über den Garnmarkt in Waldkirchen (Der Bayerische Wald 1913, S. 30): ‚Zum ersten Garnmarkt im November 1912 war eine ziemliche Partie des Winterproduktes der Waldbewohner zu Markte gebracht worden.

Schwere und große Bündel Garn auf dem Kopfe kommen die Frauen zum Markte und bieten den als Käufern erschienenen Webern ihr Garn an. Ein Handeln und Feilschen beginnt, das für den stillen Beobachter von Interesse ist. Die Weber bezahlen je nach der Güte des Gespinstes gute und annehmbare Preise. In großen Ladungen wird das Webgarn in die Stuben der Weber verbracht, von wo es zu Leinen verarbeitet, wieder auf den Markt kommt.‘

Hier deckten namentlich auch die Weber von Deutsch=Reichenau, von denen weiter unten noch ausführlich die Rede sein wird, ihren Bedarf an Garnen“ (BLAU 1913, II, 65 f., runde Klammern sind Ergänzungen von BLAU).

## Goldener Steig

Der Goldene Steig gilt mit seinen drei Ästen, ausgehend von Passau nach Bergreichenstein, Winterberg und Prachatitz, als die bedeutende hochmittelalterliche Handelsroute nach Böhmen. Hinein ins salzarme Böhmen wurde auf Lastpferden Salz in runden Scheiben geliefert, heraus brachte man Getreide, Malz, Hopfen, Wolle, Felle, Bier und Prachatitzer Branntwein. Das auf dem Inn transportierte Reichenhaller Salz wurde in Passau auf Saumpferde umgeladen. Das Kloster Niedernburg und später das Bistum Passau wurden vom böhmischen König mit der Maut, also dem Straßenzoll, beschenkt. Nach einem Tagesmarsch von 25–30 km führte der östliche Steig seit 1010 von Passau über den Marktort Waldkirchen, in dem das Salz über Nacht gestapelt werden musste, bei Bischofsreut über die Grenze nach Wallern und dann in die königliche Salzhandelsstadt Prachatitz in Böhmen.

Weiterführende Literatur: PRAXL, Paul (1976); KUBŮ/ZAVŘEL (2001)

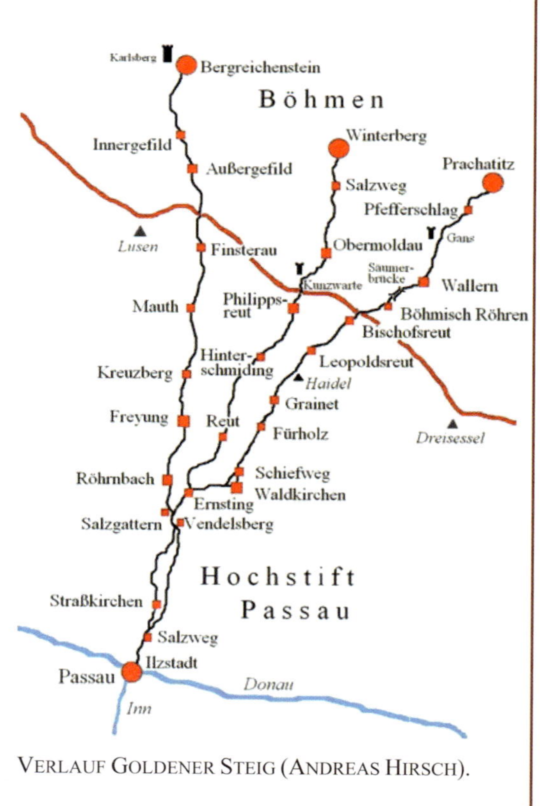


VERLAUF GOLDENER STEIG (ANDREAS HIRSCH).

## WEBEN

Weben bedeutet grundsätzlich, zwei verschiedene Fadensysteme wechselweise miteinander zu verkreuzen. Dies geschieht durch parallel gespannte Fäden, in die im rechten Winkel weitere Fäden „eingeschossen“ werden. Die Längsfäden werden abwechselnd angehoben und in den Zwischenraum werden dann die Querfäden eingelegt („eingeschossen“). Diese Verkreuzung von „Kettfäden“ und „Schussfäden“ nennt man „Fachbildung“.

T-Shirt des sechsjährigen Emil Valentin 2022 (Archiv Fegert).

Auf die Frage, was er male, erklärt der Kindergartenbub: „Das ist ein T-Shirt“. Intuitiv stellt er dabei mit den Buntstiften ein Gewebe aus Kett- und Schussfäden her.

## FRÜHE FORMEN

Wie die frühen Formen des Webens aussehen, wird im Webereimuseum Haslach in Oberösterreich eindrucksvoll dargestellt.

### Vertikaler Gewichts-Webstuhl

So sieht das erste bekannte und von der Archäologie nachgewiesene Webgerät der Kulturgeschichte aus. Diese Webtechnik kam vermutlich mit Ackerbau und Viehzucht aus dem Osten nach Europa. Der erste Nachweis für das Vorhandensein dieses Webgerätes fand sich bei den Ausgrabungen der süddeutschen und schweizerischen Pfahlbausiedlungen aus der Jungsteinzeit (ca. 3000 v. Chr.). Wie die Abbildung zeigt, werden die Kettfäden mittels Steingewichten gespannt und durch den verstellbaren „Litzenstab" (in der Mitte) jeweils als wechselweise oben- und untenliegenden Kettfaden fixiert.

VERTIKALER GEWICHTSWEBSTUHL, NACHBAU (WEBEREIMUSEUM HASLACH/OÖ., FOTO: FEGERT).
Steingewichte spannen die senkrechten „Kettfäden".

GEWICHTSWEBSTUHL DER ADOUMA IN LASTOURSVILLE, MITTLERER OSTEN GABUNS 1918 (ARCHIV FEGERT).

Die Kettfäden sind oben an der Decke befestigt, während sie unten mit Gewichten beschwert sind. Gewoben wird offenbar nicht Flachs, sondern wohl die Faser von Raffia-Palmen.

## Raffia-Fasern

Gewebe aus den Fasern der Raffia-Palme (Sammlung Fegert).

Aus den Fiederblättchen der Raffia-Palme werden Fasern gewonnen, die zu Geweben mit Dunkel-Hellbraun-Kontrast verwoben werden.

Herstellung von Seilen aus Raffia-Fasern (Nick Hobgood).

Außer den Geweben werden aus Raffia-Fasern Körbe und Seile hergestellt. Sie werden auch als Gartenschnüre und als Webmaterial exportiert.

Die Blattstiele einiger Arten werden wie Bambus im Haus- und Möbelbau verwendet. Die Blattspreiten dienen zum Dachdecken. Wegen ihrer Festigkeit und Elastizität werden etwa in Kamerun aus den Blattstielen Lamellen für Lamellophone, also Musikinstrumente, die gezupft werden, hergestellt.

Aus der Raffia-Palme wird auch Palmwein und Palmöl erzeugt.

## Yörüken – Nomadismus als traditionelle Lebensform

Dies oben beschriebene Form des senkrechten Gewichtswebstuhls gibt es bis heute, wie man etwa bei Yörüken-Nomaden in der Türkei sehen können.

Zeltlager der Yörüken im Taurus/Anatolien um 1875. (Archiv Fegert).

In diesem felsigen, südanatolischen Mittelgebirge haben die Nomaden ihre Zelte aus Ziegenhaar aufgeschlagen. Vor einem dieser Zelte haben die Frauen einen roten, gewobenen Kelim ausgebreitet, während andere gewobene Textilien an Schnüren zum Trocknen aufgehängt sind. Das Haar ihrer Ziegen dient als Rohstoff für die Herstellung der dunkelbraunen Zeltbahnen für ihre Zelte.

Die Yörüken, d. h. „die umherziehen", sind ab dem 11. Jahrhundert aus Zentralasien nach Anatolien eingewandert. Ursprünglich handelt es sich um nomadische Clans, die mit ihren Viehherden im Sommer in die Gebirge ziehen, auf die „yayla", die kühler sind, aus der Winterzeit genügend Wasser haben und damit saftige Weiden aufweisen.

Der Geograph Hütteroth zeigt mit schematischen Abbildungen den Verlauf der Nomadenwanderungen am Beispiel des Taurus-Gebirges in Süd-Anatolien.

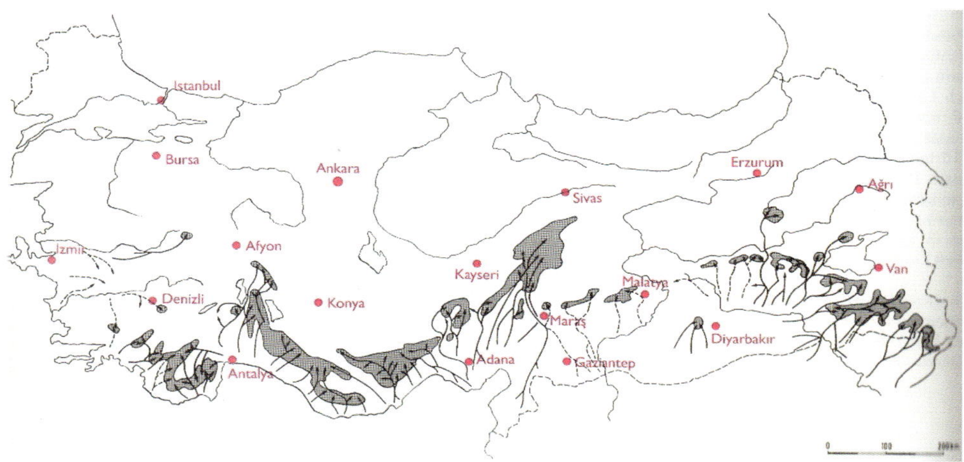


Sommerweide-Gebiete (türkisch „Yayla") und Wanderwege nomadischer Gruppen in Anatolien (Hütteroth 1982, 53).

Aus den Winterweidegebieten in den Tieflagen ziehen die Viehnomaden im Sommer auf die saftigen Matten des Taurusgebirges mit einer Höhenlage zwischen 3000–4000 m.

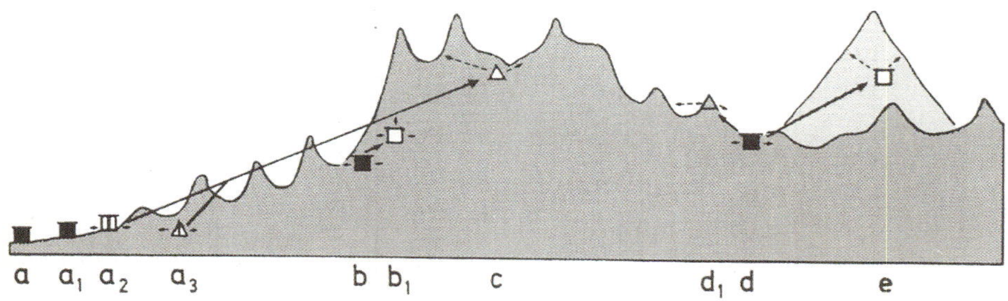


Wanderungen und feste Siedlungen der Nomaden (Hütteroth 1982, 125).

Neben der historisch vorherrschenden permanenten Wanderweide-Wirtschaft ist heutzutage „die Mehrzahl der Nomaden fest angesiedelt (a, $a_1$, b, d), von den Ansiedlungen im Gebirge aus wird jedoch die sommerliche Wanderung zu den Yaylas von vielen Familien beibehalten (b–$b_1$, d–e), wobei auf den Yaylas zunehmend die Zelte durch Sommerhäuser ersetzt werden. Nur einzelne Familien setzen die große Wanderung fort ($a_3$–c), wobei sie auch im Gebirgsvorland zu festen Behausungen übergehen ($a_2$)" (Hütteroth 1982, 125).

Im Herbst ziehen diese Nomaden aus dem Gebirge herunter in die wärmeren Tieflandsgebiete, auf Türkisch „kışlak“ genannt. Als Nutztiere halten sie Ziegen und Schafe, während sie als Lasttiere Kamele benützen. Da die Nomaden mobil sein müssen, müssen auch ihre Webstühle für gewobene Teppiche, d. h. Kelims, und Knüpfteppiche leicht auf- und abbaubar sein. Nach DREY und WARTH weben bei den Yörüken nur die Frauen. Die Mustertradition bleibe in der Familie.

VERTIKALER WEBSTUHL DER YÖRÜKEN 1985 (ARCHIV FEGERT).
Unter dem Schutz des braunen Zelts aus Ziegenhaar mit eingewobenen Emblemen entsteht gerade ein Kelim, also ein gewobener Teppich.

Die „Webteppiche dienen als Unterlagen unter Matratzen, als Schlafdecken und zum Zudecken von Säcken.

Zu den Flachgeweben der Yörük-Frauen gehören: Gebetsteppiche sowie Webstücke, die zum Einwickeln und Aufbewahren des Brotes und bei den Mahlzeiten als eine Art Tischdecke dienen, Säcke, die auch die Funktion von Schränken haben, in denen Lebensmittel, Haushaltsgegenstände und Kleider verwahrt werden sowie Sattel- und Schultertaschen“ (DREY/WARTH 1994, 136).

YÖRÜKEN AUF DER WANDERUNG IM TAURUS/ANATOLIEN (ÜZEYIR ÖZYURT, KONYA).
In gewobenen Packtaschen wird der gesamte Hausrat verstaut und auf Dromedaren transportiert, hier von der Sommerweide im Gebirge hinab zur Winterweide.

Die vollnomadische, auch heute noch vorkommende Lebensweise der Yörüken und anderer Stämme, wie der Gashghai im Iran, als wandernde Viehzüchter bedeutet, dass diese Nomaden ganzjährig unterwegs sind. Ihre ganzen Habseligkeiten müssen beweglich sein. Damit wird verständlich, dass gerade Zelte und Sitzdecken als gewobene Textilien von großem Vorteil sind, da sie leicht transportabel sind. Diese werden in ebenfalls gewobene Packtaschen und Säcke verstaut.

> Manzar Soltani, Nomadin vom Stamm der Ghashghai im Iran, erklärt: „Freiheit hat für uns eine besondere Bedeutung. Sie ist sehr wichtig. […] Nomaden sind freier als andere Menschen, sie leben in der Natur, es geht ihnen rundum gut, und sie sind frei. Wir sind mit der gegenwärtigen Situation zufrieden. Warum sollten wir nicht zufrieden sein, was könnten wir anderes tun, als wir jetzt tun? […] Unsere Kinder sollen studieren und eine normale Arbeit bekommen, in einem Büro, und gut leben. Wenn sie nicht zur Schule gehen und keine Ausbildung machen, können sie immer noch diese Art des Lebens lernen und wieder nomadisch werden. Mein ältester Sohn will Nomade sein, er will Vieh besitzen. Migrieren liegt uns im Blut“(SOLTANI 2005, 113–116).

Heute haben viele als „Halbnomaden“ in ihren Sommerweidengebieten die Zelte durch stationäre Steinhäuser ersetzt, andere sind inzwischen sesshaft geworden. Nur noch eine Minderheit ist als „Vollnomaden“ anzusprechen (vgl. HÜTTEROTH 1982, 125).

BUCHMALEREI AUS PERSIEN 19. JHDT. (SAMMLUNG GUNTER SCHAUMANN).

Nomaden auf der Sommerweide im Gebirge. Die idealisierte Darstellung zeigt prunkvolle Zelte und Gewänder mit Goldstickereien. An einer Quelle bereitet eine Frau Essen vor, während ein älterer Mann mit Bart und weitere fünf jüngere Männer die Ziegen und ein Yak versorgen.

Der türkische Autor Yaşer Kemal hat in seinem Roman „Das Lied der Tausend Stiere“ die dramatischen Konflikte der Nomaden mit den Ackerbauern geschildert, die inzwischen die fruchtbare Çukurova-Ebene, die bisherigen Winterweidegebiete der Yörüken, mit ihren Dauerkulturen der Landwirtschaft besetzt haben:

> „Wieviele Tage, wieviele Nächte hatten sie ihre Lasten nicht mehr abladen können, wie lange schon irrten sie so durch di Çukurova, von einem Ende zum anderen? Es gab kaum ein Dorf mehr in der Ebene, gegen das sie im Lauf der letzten Jahre nicht hatten kämpfen müssen wegen eines Winterquartiers oder eines Weideplatzes, kein einziges Dorf, in dem nicht ihr eigenes oder das Blut der Bauern geflossen war. Bald wanderten sie zur Mittelmeerküste, bald ins Nurhak-Gebirge, dann wieder zum dürren Ödland von Lece. Und ständig regnete es. Die Schafe, Kamele, Hunde, Esel und Pferde, Tiere und Menschen versanken im Schlamm. Die durchweichten Kleider klebten ihnen am Körper und dampften vor Nässe. [...] Gegen Mittag zogen sie an Telkubbe vorüber. Der Regen, der an Heftigkeit nachgelassen hatte, legte sich. Die nasse, glitschige, spiegelnde Straße zog sich vor ihnen in die Ferne, war befahren von Autos, Lastwagen und Traktoren, unter deren Rädern nach allen Seiten das Wasser hervorspritzte. Am Fuß der Toprakkale-Festung trafen sie auf die Nomaden vom Stamm der Horzumlu. Auch sie waren schlammbedeckt. Die Begegnung dieser beiden Stämme, beide von altem ehrwürdigem Adel, war bedrückend wie der Tod. Alle machten auf der Ebene halt, standen einander schweigsam gegenüber. Kein Ton wurde laut, weder von der einen, noch von der anderen Seite . . . Wie ein verklungenes Lied, verloren für alle Zeiten, so standen sie erschöpft, starrten sich an, und keiner konnte den Anblick fassen, der sich ihm gegenüber bot.
>
> Schließlich führte der Bey des Horzumlu-Stammes sein Pferd auf Süleyman den Vorsteher zu. ‚Friede sei mit dir, Süleyman‘, sagte er zu ihm. Er hatte eine heisere Stimme und konnte nicht weiterreden. Er schien zu bereuen, daß er etwas gesagt hatte.
>
> ‚Sei willkommen, Bey‘, antwortete Süleyman der Vorsteher. Auch er ließ sein Pferd einige Schritte vortreten. Sie sahen sich an. Sie prüften sich von Kopf bis Fuß. Und im gleichen Augenblick begannen sie bitter und müde zu lächeln.
>
> ‚Sie haben uns fertiggemacht in dieser Çukurova‘, sagte der Bey der Horzumlus mit tonloser Stimme. ‚Sie haben uns fertiggemacht, Süleyman.‘
>
> ‚Sie haben uns fertiggemacht‘, antwortete Süleyman der Vorsteher. Noch ein Wort, und er wäre in Tränen ausgebrochen, hätte geweint wie ein Kind.
>
> ‚Unser Ende nähert sich, Süleyman‘, sagte der Bey. ‚Allen anderen Stämmen geht es gleich. Alle sind zerschlagen, erschöpft. Die Menschen sterben wie Fliegen. Es sind keine Kinder mehr da, bei den Turkmenen und den Aydinlis. Keine Schafe mehr. Sie haben uns alle zugrunde gerichtet in dieser Çukurova. Süleyman, sie haben unsere Wurzeln abgeschnitten in diesem grausamen Land. Was tun? Ich weiß keinen Rat mehr. Ich bin jetzt seit zehn Tagen im Sattel. Wir haben keinen Fußbreit Land finden

können, um unsere Zelte darauf zu errichten, nicht einmal für eine Nacht. Die ganze Çukurova haßt uns, auch ihre Pferde, ihre Hunde, sogar ihre Wölfe, Vögel, Ameisen‘.

Fig. 99 Jürüken-Zelt im unteren Xanthos-Thal

„JÜRÜKEN-ZELT IM UNTEREN XANTHOS-THAL“ 1889 (PETERSEN/VON LUSCHAN).

„Nur der Mann in der Mitte und die alte Frau sind Jürüken; der Mann rechts ist ein sesshafter Türke". Das schwarze Zelt ist aus Ziegenhaar gewoben. Die Abbildung stammt aus „Reisen in Lykien Milyas und Kibyratis" von Felix von Luschan 1889.

‚Sie hassen uns . . .‘ Das war alles, was Süleyman der Vorsteher sagen konnte. Und er begann ganz leise zu weinen, stumme Tränen rannen ihm die Wangen hinunter und netzten seinen Bart. Auch der Bey der Horzumlus war aufgewühlt und nahe daran zu weinen. Mit großer Mühe beherrschte er sich, und unter dieser Anstrengung zitterte sein ganzer Körper.

‚Was sollen wir tun, Süleyman?‘

Süleyman der Vorsteher konnte ihm nicht antworten, ihn nicht einmal ansehen. Er weinte, die Augen auf den Hals seines Pferdes gerichtet.

So standen sie lange Zeit auf dem schlammigen Weg im Dunst des Morgens. Sie sprachen kein Wort, sie dachten an die Vergangenheit, an die alten glorreichen Tage. Erinnerungen an Größe und Glück zogen wie ein Strom an ihren Augen vorüber.

‚Lebe wohl, Vorsteher Süleyman‘, sagte schließlich der Bey. ‚Lebe wohl . . .‘“ (KEMAL 1985, 132 ff.).

## Einfache Horizontal-Webstühle

Gerade die nomadische Lebensweise erfordert eine kontinuierliche Mobilität, gerade bei der Herstellung gewobener Textilien. Neben den vertikalen Webstühlen für flächige Gewebe findet sich, um lange Textilbahnen herzustellen, der einfache Horizontalwebstuhl in Algerien und Kamerun genauso, wie er noch in Zentralasien anzutreffen ist.

Horizontaler Webstuhl in Algerien nach 1900 (Archiv Fegert).

Auf dem am Boden aufgespannten Webstuhl wird ein Streifenmuster gewoben. Die Verwendung solcher fertiggestellter Gewebe sieht man an der auf das Webgerät aufgeschlagenen Decke, die gegen die scharfe Sonneneinstrahlung schützt und im Hintergrund das „schwarze Zelt“, das aus Ziegenhaar-Webbahnen zusammengenäht ist.

Der in der aufgedruckten Bildunterschrift genannte Begriff „Douar“ bezeichnet in Nordafrika und insbesondere im Maghreb zunächst eine feste oder bewegliche, vorübergehende oder dauerhafte Ansammlung von Wohnstätten, in denen Menschen zusammenkommen, die durch eine Verwandtschaft verbunden sind, die auf einer gemeinsamen Abstammung in väterlicher Linie beruht. Historisch gesehen ist ein „Douar“ eine Art Nomadensiedlung, die kreisförmig angelegt war und es ermöglichte, die Herden auf dem freien Platz in der Mitte um die Zelte unterzubringen. Im französisch verwalteten Algerien war das „Douar" eine ländliche Verwaltungseinheit mit einer ständigen Sondervertretung der Nomaden, der Djemaâ, und umfasste ursprünglich einen Stamm oder einen Teil eines Stammes.

HÜFTWEBSTUHL IN INDONESIEN, UM 1910 (ARCHIV FEGERT).

Hier wird die Spannung der Kettfäden über einen Hüftgurt hergestellt. Die Weberin selbst sitzt auf dem Fragment eines Webteppichs.

Bereits in China war der Rückenband- oder Hüftwebrahmen vermutlich das erste Webgerät, das auch zu der horizontalen Webtechnik gehört. Dabei wurden die Kettfäden zwischen zwei parallel angeordneten Holzstäben gespannt. Der „Kettbaum" wurde an einem Pfosten oder Baum fest gemacht, der „Warenbaum" war an einem Gurt, den die Weberin um die Hüfte gelegt hatte, befestigt. Durch die Bewegung des Körpers konnte die Kette gelockert oder gespannt werden. Diese Technik der Webgeräte findet sich heute noch etwa in Indonesien, Bali und Thailand.

Webtuch vom Hüftwebstuhl aus Bali, detail (Sammlung E. und H. Nägele).
Fein gewobenes Baumwolltuch mit Menschenpyramiden und Drachen.

Webtuch vom Hüftwebstuhl aus Bali, Detail (Sammlung E. und H. Nägele).
Die Muster werden mit weißer, roter und lila Baumwolle als Schuss gewoben.

Horizontaler Webstuhl in Sierra Leone, nach 1900 (Archiv Fegert)

Das Foto zeigt eine interessante Methode des Webens: Der Weber sitzt seitlich neben dem Fach und bewegt die beiden Schäfte mit der linken Hand, während er mit der rechten das Webblatt führt.

Auch heute noch wird der horizontale Webstuhl in Zentralasien zur Herstellung von Webbahnen genützt, da er sehr praktikabel schnell auf- und abgebaut werden kann.

KIRGISIN IN NORD-AFGHANISTAN 1984, GHADSCHARI (ARCHIV FEGERT).
Diese „Ghadschari“ genannten Streifen werden mit „flottierender“ Rückseite gewoben, d. h. die Schussfäden liegen offen bzw. sind nicht eingebunden. Das heißt, sie bilden auf der Rückseite kein Muster.

Längsfäden sind zwischen zwei Querbalken endlos hin und hergehend ausgelegt, die dann entlang der Erde an vier Pflöcken mit Stricken gespannt werden. So kann die Weberin lange Bahnen erzeugen. Diese im Iran „Gadschari“ genannten Webbahnen werden dann auf eine bestimmte Länge abgeschnitten und nebeneinander genäht. So wird ein Boden-Webteppich hergestellt.

## FRÜHE FLACHGEWEBE

Es gibt in der Menschheitsgeschichte schon frühe Zeugnisse von sogenannten Flachgeweben, also nicht geknüpften, sondern gewobenen Textilien.

Bereits um 2500 v. Chr. finden sich in Ägypten Wandbilder und Grabbeigaben mit Nahrung, aber auch Leinengewebe, das hier von Falken symbolisiert wird.

WEBTEXTILIEN IM ALTEN ÄGYPTEN, 2500 V. CHR. (VORLAGE FÜR BEARBEITUNG: ROEMER- U. PELIZAEUS- MUSEUM HILDESHEIM).

Hier sitzt der „Vorsteher der Arbeitermannschaften von Oberägypten, Königssohn" mit Nahrungsmitteln. Die vom Autor rot umrandeten Falken symbolisieren Leinengewebe.

Ein Großteil der alten ägyptischen Kleidung bestand aus fein gewebten rechteckigen Stücken, die über den Körper gewickelt und oft vorne gebunden waren, sowie aus Tuniken, Kleidern und Hemden mit und ohne Ärmel. In Grabungen geborgene Leinenstoffe datieren in die Zeit um 5000 v. Chr.

Die Umhüllungen der Mumien selbst waren mit Harzen und Konservierungsmitteln getränkte Leinenstreifen. Mumienhüllen wurden nicht speziell für diesen Zweck gewebt, sondern aus wiederverwendeten Laken und Kleidungsstücken hergestellt. Im Grab einer wohlhabenden Frau, die um 1500 v. Chr. lebte, bargen die Archäologen drei Truhen, in denen 76 Leinenstücke mit Fransen lagen. Die Länge betrug 1,80 m. Die Laken waren abgenutzt und einige waren repariert worden. Sie waren gewaschen, gepresst und sorgfältig gefaltet worden, um ins Jenseits zu gelangen. Das Grab eines 17-jährigen Mädchens aus der Römerzeit Ägyptens enthielt einen Trauerkranz aus gebundenem Leinen, also Fasern, die einen Kranz zerbrechlicher Blumen überdauerten.

Männerportrait (Ausschnitt 48 x 52 cm), Sampul 3.–2. Jhdt v. Chr. (Urumqi Xinjiang Museum).

Dieses aus Wolle gewobene Flachgewebe zeigt sehr deutlich die Struktur einer Leinenbindung von Kett- und Schussfaden, ein Beweis dafür, dass die Technik des Webens schon damals in hoher Blüte stand.

Das hier abgebildete Fragment gilt in der Forschung als ein sehr früher Beweis künstlerischer Gestaltung von Weberzeugnissen:

> „Der Wandteppich von Sampul ist ein antiker Wandbehang aus Wolle, der in der Siedlung Sampul im Tarim-Becken im Kreis Lop, Präfektur Hotan, Xinjiang, China, in der Nähe der antiken Stadt Khotan gefunden wurde. [...] Es könnte einen Yuezhi-Soldaten in roter Jacke und Hose aus dem 1. Jahrhundert nach Christus darstellen. [...]
> Er ist aus Wolle gefertigt und besteht aus 24 Fäden in verschiedenen Farben.
> Der Wandteppich zeigt einen Mann mit kaukasischen Zügen (einschließlich blauer Augen) und einen Zentauren. Wenn man den verlorenen Stoff berücksichtigt, wäre der Soldat etwa sechsmal so groß wie der Zentaur. Der Dargestellte ist durch den Speer, den er in der Hand hält, und den Dolch, den er an der Hüfte trägt, als Krieger zu erkennen. Er trägt eine Tunika mit Rosettenmotiven. Sein Stirnband könnte ein Diadem sein, ein Symbol des Königtums in der hellenistischen Welt – und auf makedonischen und anderen antiken griechischen Münzen abgebildet. [...] Es wird auf das 3. Jahrhundert v. Chr. bis zum 4. Jahrhundert n. Chr. datiert [und] wurde 1983–1984 in einem antiken Gräberfeld in Sampul (Shanpula), 30 km östlich von Hotan (Khotan), im Tarim-Becken ausgegraben.
>
> Es ist ungewiss, wo der Wandteppich hergestellt wurde, obwohl das griechisch-baktrische Königreich in Zentralasien als möglicher Ort genannt wurde. Die für den Wandteppich verwendete Technik mit mehr als 24 verschiedenfarbigen Fäden ist eine typisch westliche Technik. Der Umhang und die Kapuze des Zentauren sind eine zentralasiatische Abwandlung des griechischen Motivs. Die Tatsache, dass er ein Horn spielt, unterscheidet ihn ebenfalls von den griechischen Vorbildern. Das Motiv der Blumenraute auf dem Revers des Kriegers ist zentralasiatischen Ursprungs. Bestimmte Motive, insbesondere der Tierkopf auf dem Dolch des Kriegers, lassen vermuten, dass der Wandteppich aus dem Königreich Parthien im Norden Irans stammt.
>
> Auch Rom wurde als mögliche Quelle vorgeschlagen. Ein anderer Vorschlag ist, dass er vor Ort hergestellt wurde, da das Tang-Annalenbuch New Book of Tang erwähnt, dass die Einwohner von Khotan gut in der Textil- und Tapisseriearbeit waren, als Kaiser Wu von Han (reg. 141–87 v. Chr.) im ersten Jahrhundert v. Chr. die Seidenstraße nach Khotan öffnete. [...]“ (WIKIPEDIA 2022: Sampul_tapestry (Übersetzung FEGERT).
>
> Offensichtlich bezeugt dieses Textil bereits die früh angelegte Technik des Webens in Zentralasien.

Im Raum des heutigen Ägypten, 200 km nördlich von Luxor, hat der Schweizer Archäologe, Sammler und Kunsthändler Robert Forrer im ausgehenden 19. Jahrhundert Ausgrabungen von koptischen Friedhöfen vorgenommen. So sind im oberägyptischen Achmim, dem griechischen Panopolis, Reste von gewobenen Textilien aus der zweiten Hälfte des 7. Jahrhunderts n. Chr. gefunden worden.

KOPTISCHES TEXTILFRAGMENT 7. JHDT. N. CHR. AUS ACHMIM – PANOPOLIS; ÄGYPTEN (HESSISCHES LANDESMUSEUM DARMSTADT).

Auf dem gewobenen Textilfragment sind ein Engel und ein Hase dargestellt, die als Symbole für Glück, Fruchtbarkeit und Unsterblichkeit galten.

Dargestellt sind ein Engel und ein Hase, Symbole für Glück, Fruchtbarkeit, Unsterblichkeit. Der „Springende Hase“ gehört zu einem orientalisierenden Typenkanon und ist möglicherweise durch eine aus Unverständnis entstandene Umdeutung eines springenden Steinbocks entstanden. Das fein gewirkte Textilfragment wird begrenzt von einer Bordüre einer hellen Randlinie und des „Laufenden Hundes“. Neben den Tieren sind florale Motive dargestellt: ein Dreiblatt (links) und Lotosranken mit gelb-grünen Kapseln.

Gegenstücke dieses Fragments werden in Brüssel und Florenz aufbewahrt (RENNER 1985, 5 ff.).

Doch auch in Deutschland können frühe gewebte Bildteppiche nachgewiesen werden. Möglicherweise kam die Technik aus dem alten Orient im Zuge der Kreuzzüge nach Mitteleuropa.

ABRAHAMTEPPICH IM DOM HALBERSTADT, UM 1150 (ARCHIV FEGERT).

Der aus Leinen als Kettfäden und Wolle für die Schussfäden gewobene Bildteppich ist der früheste Wirkteppich nördlich der Alpen. Hier ist links der Gang Abrahams mit seinem Sohn zur Opferstätte dargestellt, die Opferung Isaaks (rechts) wird von einem Engel Gottes verhindert.

KOPF DES ABRAHAM (AUSSCHNITT)

KARLSTEPPICH IN HALBERSTADT

Deutlich ist in beiden Webteppichen die Schlitztechnik zu erkennen. Bei Abraham ist die Reliefierung der Wangen durch kreisrunde Schlitztechnik plastisch hervorgehoben.

Ein weiterer Höhepunkt der frühen mittelalterlichen Bildgestaltung ist der Teppich im Domschatz von St. Severius in Quedlinburg. Es handelt sich zwar um einen Knüpfteppich aus Wolle, doch die Kettfäden sind aus Leinen.

Knüpfteppich im Domschatz St. Servatius in Quedlinburg 12. Jahrhundert (Foto: Fegert).
In der Mitte des zweiten von mehreren Fragmenten stehen sich in den Armen liegend Pietas und Justitia. Auf der linken Seite weist die Gestalt des Imperiums in Gestalt Karls des Großen und von rechts die Gestalt des Sacerdotiums mit einer Geste der Hand auf die beiden hin.
Bei den Bildteilen geht jeweils ein Woll-Knoten über zwei Leinen-Kettfäden. Nach jeder Knüpfreihe folgt ein Einschlag mit einem starken Leinenfaden (Nickel 1970, 54).

Der Quedlinburger Teppich besteht aus fünf Fragmenten und ist der größte romanische Bildteppich in Deutschland. An ihm ist, nachweislich der Widmungsinschrift, in der Zeit um den Tod von Äbtissin Agnes von Meißen 1203 von mehreren Knüpfern über zwei Jahrzehnte gearbeitet worden (Nickel 1970, 54). Er sollte ursprünglich an Papst Innozenz III. in Rom gehen. Die Teile 1 und 2 zeigen byzantinische Stilelemente in der Darstellung der Gewänder. Die goldenen Sterne vor dem blauen Himmel lassen an byzantinische Mosaiken erinnern. Obwohl der Teppich ursprünglich als Wandteppich gedacht war, ist er im 16. Jahrhundert als Fußteppich im Hochchor des Doms verwendet worden. In den folgenden Jahrhunderten ist seine Bedeutung verkannt worden und so hat man ihn willkürlich zerschnitten, sodass man 1855 lediglich diese fünf Teilstücke als Fußmatten auf der Empore gefunden hat.

## Die Jurte

Aufbau einer Jurte der Kirgisen in Nord-Afghanistan (Archiv Fegert).

Da Nomaden ganzjährig unterwegs sind, muss grundsätzlich die ganze Habe beweglich sein. Das Wichtigste ist hier die Behausung, in Zentralasien die Jurte. Dafür werden Zeltbänder gewoben, um die hölzerne Tragkonstruktion der Jurte zusammenzuhalten.

Die Holzkonstruktion der Jurte besteht in der Regel aus mehreren, schulterhohen Scherengittern als Wandkonstruktion, die auseinander gezogen und aneinander festgebunden werden. Der Türrahmen wird auf der sonnenzugewandten Südseite eingebaut.

Der Dachkranz wird in der Mitte aufgesetzt und in die Scherengitter der Wand eingebunden. Mehrere Lagen von Textilien bilden die Dachbedeckung: Über einem dünnen Baumwolltuch dient eine dicke Lage Filz, meist aus Kamel- bzw. Ziegenhaaren zur Abdichtung gegen Wasser und zur winterlichen Wärmedämmung. Die Öffnung der Dachkrone kann mit einem Segeltuch, das mit einem Seil gezogen wird, verschlossen werden. Zentral in der Mitte steht heute statt der offenen Feuerstelle ein kleiner Herd mit Ofenrohr durch die Dachkrone nach draußen, daneben ein niedriger Esstisch und rundum das mit gewobenen und bestickten Dreieckstüchern verzierte Bettzeug, das als Rückenlehne dient.

Die Einrichtung der Jurte ist praktisch angeordnet. Denn in der Jurte spielt sich nahezu das ganze Leben ab: Wohnen, Schlafen, Kochen, Arbeiten, Kindererziehung. Jedes Familienmitglied hat seinen festen Platz. Dies verdeutlicht die soziale und die spirituelle Ordnung der in der Jurte zusammenlebenden Familie.

Umfassende Literatur: Kunze 1994.

## KELIM UND TÜCHER AUS ANATOLIEN UND ZENTRALASIEN

Zwar gilt der sog. Pazyryk-Teppich, auch Gorny-Altai-Teppich, genannt, als der älteste erhaltene Teppich der Welt, der in Knüpftechnik hergestellt ist. Er wurde im 5./4. Jahrhundert v. Chr. hergestellt und ist heute in der Eremitage in St. Petersburg zu bewundern. Der hohe Standard des Pazyryk-Teppichs zeugt möglicherweise von einer jahrhundertelangen Entwicklung, denn heute geht die Textilforschung davon aus, dass sich die Knüpfkunst aus der Webtechnik heraus entwickelt haben muss, da das Knüpfen als Vorbedingung Kettfäden braucht. Dazu ist das Weben für die Nomaden auch arbeitstechnisch leichter und erheblich schneller, was auch wichtig ist, wenn der Wechsel der Viehweidefläche ansteht.
Weiterhin haben die Vieh-Nomaden in Zentralasien aus dem Haarfell ihrer Tiere sehr früh auch die Herstellung von Filzteppichen entwickelt.

„Mafrasch"-Seitenteil der Schahsawan, NW-Persien, Mitte 19. Jhdt. (Sammlung Fegert).
Dieses Seitenteil einer gewobenen, rechteckigen Transporttasche erhält seinen Glanz durch die Verwendung von Seidenfäden.

Gerade was die nomadisierenden Wanderhirten in den Mittelgebirgen Vorderasiens und den Hochgebirgen Zentralasiens angeht, ist es naheliegend, dass sie autonom, die Dinge selbst herstellen, die sie für das Leben in ihrer Behausung und auf ihren Wanderungen brauchen. Deshalb weben sie Teppiche, Vorratssäcke und Transporttaschen und gestalten sie mit den traditionellen Mustern ihres Stammesverbandes. Die gewebten Teppiche werden als „gelim" oder „Kelim" bezeichnet. Am noch existierenden Beispiel des viehzüchtenden Stammesverbandes der „Shahsawan" im Nordwesten Persiens und Südwesten Azerbaidjans lassen sich die Voraussetzungen für das Weben von Textilien der zentralasiatischen Nomaden darstellen. Ein Haushalt mit 7–8 Mitgliedern verfügt über etwa 10 Ziegen und an die 100 Schafe. Schafe und Ziegen geben Milch und ihre Häute finden Verwendung. Für den Transport verfügt die Familie über 3-4 Kamele.
Da sie als Viehnomaden über keine Ackerflächen verfügen und somit allein auf ihren Viehbestand angewiesen sind, unterscheiden sich ihre Webtextilien von den Leinen-Textilien in Mitteleuropa dadurch, dass sie – abgesehen von Baumwolle – ausschließlich Wolle sowohl für die Kett- als auch die Schussfäden verwenden.

TURKMENISCHER GEBETSTEPPICH IN „CICIM"-TECHNIK, ENDE 19. JHDT. (SAMMLUNG FEGERT).
Die „Broschierung" (= erhabene Muster) wird bereits beim Webvorgang mit eingebracht. Abgenutzte Stellen (links) sind durch Hände und Gesicht bei der Gebetshaltung hervorgerufen.

## Webvorgang bei den nomadischen Yörüken

„Bis in die jüngste Zeit sind die Flachgewebe des Orients im Gegensatz zu den Knüpfteppichen sowohl in der Literatur als auch von Sammlern und Händlern zweitrangig behandelt worden. Das zunehmende Interesse für diesen Bereich, das in den letzten Jahren zu beobachten ist, setzt zu einem Zeitpunkt ein, an dem das Ende [= 1994] der noch lebendigen Volkskunst bereits abzusehen ist. Die Flachgewebe entsprechen vor allem den Anforderungen des Nomadenlebens und werden von der städtischen Bevölkerung eher als ärmlich abgetan.
Bei den Yörük weben nur die Frauen. Schon die kleinen Mädchen lernen durch Zuschauen und Ausprobieren das Weben und beginnen sehr frühzeitig, ihre Aussteuer anzufertigen.

FRAGMENT ZENTRALANATOLISCHER KELIM, MITTE 19. JHDT. (ARCHIV FEGERT).

Durch den Korrosions-Verlust von braunen Schussfäden ist an den 2–4-fach verzwirnten, naturfarbenen Kettfäden, wohlgemerkt aus Wolle, gut zu erkennen, dass es sich bei Kelims um gewobene Flachgewebe handelt.

Sie verwenden ihr Leben lang dieselben Muster, doch kommt es auch vor, daß eine Weberin zusätzlich fremde Muster nacharbeitet — zu diesem Zweck werden Webteppiche gelegentlich für eine Weile ausgeborgt. Auch durch die Heirat von Angehörigen verschiedener Stämme können Muster weitergetragen werden. Tausch und Kauf von Webteppichen ist dagegen unter den Yörük wenig üblich, es gilt als Schande. Begehrt eine Frau unbedingt einen bestimmten Webteppich oder kann sie selbst keinen arbeiten, so bekommt sie ihn geschenkt oder ein gleicher wird für sie als Geschenk gearbeitet.

Die Webstühle werden in der Regel vor dem Zelt, ab und zu im Zelt, aufgestellt. Gewebt wird, wenn ein neues Stück erforderlich ist oder von der Familie gewünscht wird und Zeit dazu ist. Dies ist meist im Sommer der Fall, wenn die Yörük mit ihren Herden auf der Sommerweide sind. Der vorherrschende Arbeitsbereich ist dort jedoch die Viehhaltung, sie erfordert die ständige Bereitschaft, auch in ungeeigneten Augenblicken die Webarbeit zu unterbrechen.

Eine meist große Kinderzahl auf engem Raum und sämtliche, durch sehr einfache Verhältnisse erschwerte Hausfrauen-Verpflichtungen lassen eine gedankliche und zeitliche Konzentration auf die Webarbeit nicht zu. Allein aus diesem Grund sind die Gewebe oft unordentlicher gearbeitet und können deshalb durch gelegentliche, unbeabsichtigte Musterverzeichnungen phantasievoller als dörfliche Webereien erscheinen.“ (DREY/WARTH 1994, 133).

Dies zeigt, dass die Webarbeiten bei den Yörüken und den Nomaden im allgemeinen nicht Zierobjekte, sondern als verzhierten Zweckobjekte

WEBEN GETREIDESACK 1985 (KUNZE 1994). Weberin von Stamm der Günzelbeyli, Provinz Aydin/Türkei, im Vordergrund liegt ein gewalkter Filzteppich.

## Webmuster der Yörüken

Der türkische Autor Irfan Orga (1908–1970), der für seine authentische Autobiographie „Portrait of a Turkish Family" bekannt geworden ist, hat auch im Roman „Die Karawane zieht weiter" tiefgründige Einblicke in das Leben der Yörüken gegeben:

„Auch die Teppiche haben ihre symbolische Bedeutung. Webart und Fadendichte bleiben gleich, aber die Motive wechseln; sie drücken ganz bestimmte Gefühle ohne erläuternde Umwege aus. Begehren, Sehnsucht, Erwartung, Enttäuschung, Liebe, Kummer, Freude, Beschneidung, Feind- und Freundschaft mag der Kundige daraus lesen. Eine Folge farbiger Motive könnte die Lebensgeschichte eines Yürüken darstellen.
Jahr um Jahr, Jahrhundert um Jahrhundert werden dieselben Teppiche gewoben, das Muster wird nie verändert; die Auswahl der Striche bleibt immer gleich, stets werden die gleichen Farben verwandt. Die Teppiche haben hübsche Namen, diese aber gebraucht niemand im Gespräch – nur der Teppich selber spricht. So heißt ein Teppich ‚Goldener Pantoffel', und dieser wird, ein merkwürdiger Anklang an das Märchen vom Aschenbrödel, zur Begrüßung einer Braut neben die Feuerstelle gelegt. Ein anderer heißt ‚Die Turteltauben sind böse', und wenn der auf dem Zeltboden liegt, hat kein Gast Zweifel an den zwischen Mann und Frau herrschenden Gefühlen. Der Teppich ‚Eine Hand und ein Platz' bedeutet treue Liebe. Als ich das Muster erkennen gelernt hatte, bemerkte ich gerührt, wie häufig dieser Teppich in den Zelten älterer Leute lag. ‚Weiße Wolke' war nicht so eindeutig. Nicht einmal Osman [eine der Romanfiguren] konnte etwas über die genaue Bedeutung sagen, sondern wußte nur, daß dieser Teppich aufgelegt wurde, wenn zwischen Eheleuten ein wenig Streit oder Unstimmigkeit herrschte, nicht schlimm genug, als daß bereits ‚Die Turteltauben sind böse' am Platz gewesen wäre. […] Ist die ‚Herzensangel' ausgelegt, so weiß man, daß sich ein junger Mann verliebt hat und beim Vater des Mädchens um sie anhalten will.
Am häufigsten sieht man ‚Lachende Mutter' liegen, als ein sehr hübsches Kompliment für die geduldige, arbeitsame Yürükin, die mit dem Frohsinn ihres Herzens die Familie glücklich macht. ‚Einem Liebhaber nachlaufen' spielt auf eine heiratsfähige Nachbarstochter an. Der Teppich bleibt dann liegen, bis sich das Mädchen verlobt, es sei denn, daß infolge von Streitigkeiten oder sonstigen kleineren Mißgeschicken vorübergehend ein anderer passender Teppich aufgelegt wird. ‚Das Nest des Verrückten' ist kein glückliches Zeichen; liegt dieser Teppich im Zelt, dann hat entweder ein Mitglied der Familie den Verstand verloren, oder ein abgewiesener Freier ist verrückt genug, seinen Liebeskummer trotz der Ablehnung zu nähren. Dieser Teppich zeigt auf schwarzem Grund ein nach allen Seiten auslaufendes wildes Linienspiel" (ORGA 1960, 186 ff.).

## Webkunst in der städtischen Türkei

In der Türkei hat sich aus der traditionellen Webkultur der Nomaden die hohe Fertigkeit der Leinen-Weberei in die bürgerliche Kultur der Städter übertragen. So entstanden im 19. Jahrhundert durchsichtige Leinenwebereien. Das hier vorliegende Badetuch, „Yaglik" genannt, aus der Mitte des Jahrhunderts belegt, dass diese Gewebe noch sehr fein mit Seiden- und Metallfäden bestickt wurden.

YAGLIK, TÜRKEI, MITTE 19. JAHRHUNDERT (ARCHIV FEGERT).

So zeigt diese Stickerei auf Leinen (oben) Granatäpfel auf Schalen mit roten Blüten. Der Besuch des städtischen Bades war ein soziales Ereignis. Städtische Frauen besuchten die Bäder in Begleitung ihrer Dienerinnen. Diese edlen Tücher wurden nicht zum Abtrocknen genutzt, sondern dienten der Repräsentation.

STICKEREIEN (AUSSCHNITTE) MIT METALLFÄDEN UND SEIDE AUF LEINEN, ANATOLIEN, 19. JHDT. (SAMMLUNG SCHAUMANN U. FEGERT).

Türken in Anatolien, 19. Jahrhundert (Sammlung Fegert).

Die Frau trägt sowohl Gewand und Hose als auch den Schleier aus Leinengewebe. Der Mann wiederum zeigt unter dem wollenen Mantel aus Kamelhaar (*'abaya*) ein besticktes Leinengewand (*qumbăz*).

## WEBKUNST DER NOMADISIERENDEN BEDUINEN

Bereits im Alten Testament der Bibel finden sich Hinweise, auf die Webtechnik im Hinblick auf die Fertigung von Zelten der Nomadengruppen für die Hitze des Tages und die Kälte der Nacht:

> „Die Herstellung der Stiftshütte
> **8** So machten alle kundigen Männer unter den Arbeitern die Wohnung aus zehn Teppichen von gezwirntem feinem Leinen, blauem und rotem Purpur und Karmesin, und Cherubim waren eingewebt, wie es ein Kunstweber macht. **9** Die Länge eines Teppichs war achtundzwanzig Ellen und die Breite vier Ellen, und alle waren von ein und demselben Maß. **10** Und er fügte je fünf Teppiche zu einer Bahn zusammen, einen an den andern. **11** Und er machte blaue Schlaufen an beiden Bahnen jeweils an dem Rand, an dem sie zusammengeheftet werden, **12** fünfzig Schlaufen an jeder Bahn, dass eine Schlaufe der andern gegenüberstünde. **13** Und er machte fünfzig goldene Haken und heftete die Teppiche mit den Haken einen an den andern zusammen, auf dass die Wohnung ein Ganzes sei. **14** Und er machte elf Teppiche von Ziegenhaaren zum Zelte über die Wohnung, **15** dreißig Ellen lang und vier Ellen breit, die alle dasselbe Maß haben; **16** und fügte fünf aneinander und die sechs andern auch. **17** Und er machte fünfzig Schlaufen an jeder Bahn am Rand, wo die Bahnen zusammengeheftet werden, **18** und machte je fünfzig Haken aus Bronze, damit das Zelt zusammengefügt werde und ein Ganzes sei. **19** Und er machte eine Decke über das Zelt von rot gefärbten Widderfellen und darüber noch eine Decke von Leder“ (2. Buch Mose 36, **Verse 8–19**, Sperrungen im Text vom Autor).

Auch in der Neuzeit haben die nomadisierenden Beduinen dieser Region die alten Techniken nicht verlernt. Diese sind Nomadenstämme auf der arabischen Halbinsel, die in der Halbwüste und Wüste unterwegs zu Weideflächen und Wasser für sich und ihre Tiere sind. Sie züchten Dromedare, Ziegen und Schafe. Ihre „schwarzen Zelte“ werden aus Ziegenhaar als lange Bahnen gewoben, sind 3 bis 12 Meter lang und werden aus den Stoffbahnen zusammengenäht. Das schwarze Ziegenhaar ist strapazierfähiger als Wolle und hält auch die Spannung der Zeltschnüre aus, die bei Sandstürmen kräftig beansprucht werden. An den Stellen, an denen die Spannseile befestigt werden, wird der Stoff zur Erhöhung der Festigkeit dupliziert.

BEDUINENZELT IM NEGEV (ARCHIV FEGERT).
Mit Stangen wird das viereckige Zeltdach aufgestellt. Die Zeltöffnung liegt auf der windabgewandten Seite. Im Innern wird an der Rückwand Hausrat aufbewahrt, zum Teil bedeckt mit gewobenen Kelims als Schmuck.

Die Zeltbahnen werden auf dem Flachwebstuhl in Kettrips gewoben, dessen Fachbildung über die Hebung und Senkung eines einfachen Litzenstabes, auch Schlingenstab genannt, gesteuert wird. Gewebt wurde bei den Beduinen mittels eines einfachen horizontal auf der Erde liegenden Webrahmens, dem *natu*. Er bestand eigentlich nur aus verschieden dicken Holzstöcken und erhielt seine charakteristische Form erst durch das Aufspannen der Kettfäden:

> „Der Prozeß des Aufbauens [vergl. Abbildung nächste Seite] verlief folgendermaßen: man spannte die Kettfäden in der benötigten Länge (bei Zeltbahnen z. B. ca. 7 Meter) und Breite zwischen zwei runden Holzstäben auf, die dann ihrerseits mit Stricken an den auf der Erde festgepflockten Endbäumen befestigt wurden. Die aufgespannten Kettfäden wurden dann durch den Trenn- und den Schlingenstab (Litzenstab) in zwei voneinander abgehobene Lagen getrennt. Der Schlingenstab hielt immer dieselbe Kettfadenschicht hoch; der zum Weben erforderliche Wechsel der beiden Lagen von oben

nach unten und umgekehrt geschah durch einzelnes mühevolles Hochholen der jeweils unteren Fäden mit der Hand. Ein sog. Holzschwert hielt die wechselseitig getrennten Lagen auseinander.

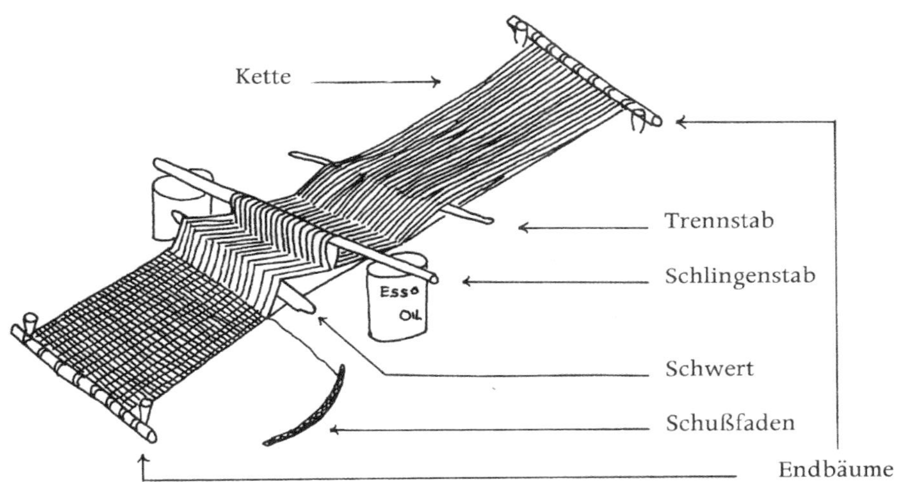


ZEICHNUNG EINES WEBSTUHLS (NATU). VEREINFACHT NACH WEIR (1976) ZEICHNUNG: F. KORSCHING (IN: STAATLICHES MUSEUM FÜR VÖLKERKUNDE 1980, 101).

> Der Schußfaden wurde dann mittels eines länglichen Stabes, um den er gewickelt war, durch die Kette geschoben. Zum ‚Festschlagen' des Schusses gegen das bereits gewebte Stück benutzte man ein Gazellenhorn oder einen eisernen Haken. Mit dem gebogenen Ende dieses Instruments fuhr man unter 4 bis 5 Kettfäden der obenliegenden Schicht und zog kraftvoll in Richtung auf das Gewebte an. Dieses ‚Festschlagen' war vor allem bei der Herstellung von Zeltbahnen wichtig, da dieses Gewebe sehr fest sein mußte" (STAATLICHES MUSEUM FÜR VÖLKERKUNDE 1980, 99 ff.).

Besondere Mühe wenden die Weberinnen bei der Herstellung des Trennvorhangs von Männer- und Frauenabteil im Zelt auf. Hierbei wird meist ein rot-weiß-schwarzes „Pyramidenmuster" eingewoben.

BEDUINE VOR 1900 (IN: ENDRES 1916 B, 93).

Das Männergewand besteht aus einem sehr weiten Mantel (*'abaya*) aus Kamelwolle in einer nach Jahreszeit leichteren oder schwereren Ausführung. Darunter trägt der Stammesangehörige ein gestreiftes Leinengewand (*qumbăz)*.

Im Westjordanland und Gazastreifen leben Bevölkerungsgruppen, die nach dem Ersten Weltkrieg von den Briten in ihrem Mandatsgebiet als Palästinenser bezeichnet wurden. Diese blicken auf eine lange Tradition des Webens und Stickens zurück. In der Gegend von Ramallah sind auch heute noch „Roumi“, ein Gewebe aus handgewebtem Leinenstoff, bekannt. Dieses wurde von den Frauen für ihre Sommerkleider als weißes, naturbelassenes Gewebe bestickt. Für die Winterkleider verwendeten sie denselben Stoff, den sie aber schwarz gefärbt haben. Da die Leinenbindung ein quadratisches Raster darstellt, konnten die Stickerinnen sehr praktisch in Kreuzstichtechnik, „Fallahi“ genannt, geometrische Muster in akkurater Symmetrie anlegen. Heute gibt es Projekte der „United Nations Relief and Works Agency for Palestine Refugees in the Near East“ (UNRWA), die den Frauen die alte Tradition des Stickens und der Muster wieder vermitteln, um somit die alte Kulturtechnik zu erhalten.

Kissenbezug aus der Gegend von Ramallah bzw. Hebron 1992 (Sammlung Fegert).
Auf dem Raster der Leinenbindung sticken die Frauen im Kreuzstich vorwiegend Quadrate in Rot mit Blumen im Zentrum und Zypressen an den Ecken, vergleiche Kamel Kawar /Tamari Nasir.

Webdecke aus dem Westjordanland 1990er Jahre (Sammlung Ch. und G. Schaumann).

Durch die Fransung der Fäden erkennt man den Wechsel von dunkelblauen und violetten Kettfäden und die Vielzahl der unterschiedlichen, horizontalen Schussfäden in Orange, Rot, Dunkelblau, Violett, Grün und Hellgrau.

Als Bildmotive stechen der „achteckige Stern“ und die „Hand Fatimas“ heraus. Damit wird deutlich, dass das Stück von einer muslimischen Weberin erzeugt worden ist. Die Hand Fatimas, auch *Hamsa* genannt, gilt als Abwehrzeichen gegen böse Geister und den bösen Blick, zum anderen aber auch als eine Segen spendende Hand, ein Symbol für Kraft und Glück.

Der islamische Stern mit acht Zacken wird *Rub al-hizb* oder auch *Khatim* genannt. Rub bedeutet ein Viertel und Hizb ist eine Gruppe. Rub al Hizb ist also ein Viertel einer Gruppe. Khatim ist der Abschluss von etwas, im übertragenen Sinne, z. B. *Khatim an-Nabuwwah*, also das Siegel der Propheten.

## WEBKUNST IN WEST- UND ZENTRALAFRIKA

In Afrika finden sich grundsätzlich zwei Arten von Kettfadenführung, der „single-heddle loom“, also der Webstuhl mit einer Litze, und der „double-heddle loom“, also „Doppellitzenwebstuhl“.

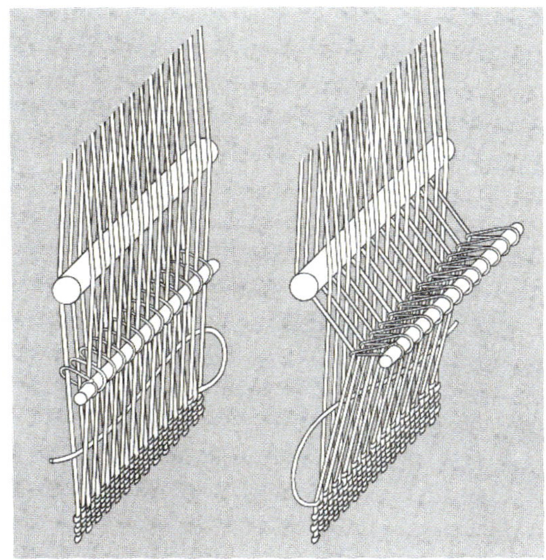

Das „single-heddle loom“ findet sich bei Vertikal-Webstühlen in Nord-, West- und Zentralafrika genauso wie bei Horizontal-Hüft-Webstühlen in Zentral- und Südasien.
(vergl. das obige Kapitel „Einfache Horizontal-Webstühle“)

WEBEN MIT EINER LITZE („SINGLE-HEDDLE LOOM“-PRINZIP) (PICTON/MACK, 1989, 47).

Der einzige Litzenstab wird zur Fachbildung vom Weber an sich gezogen.

ANZIEHEN DES NUR EINEN LITZENSTABES, EBIRA /NIGERIA (PICTON/MACK, 1989, 70).

Das Prinzip des „double-heddle loom", also das Weben mit mehreren Schäften, ist die in Mitteleuropa gängige Technik der Fachbildung.

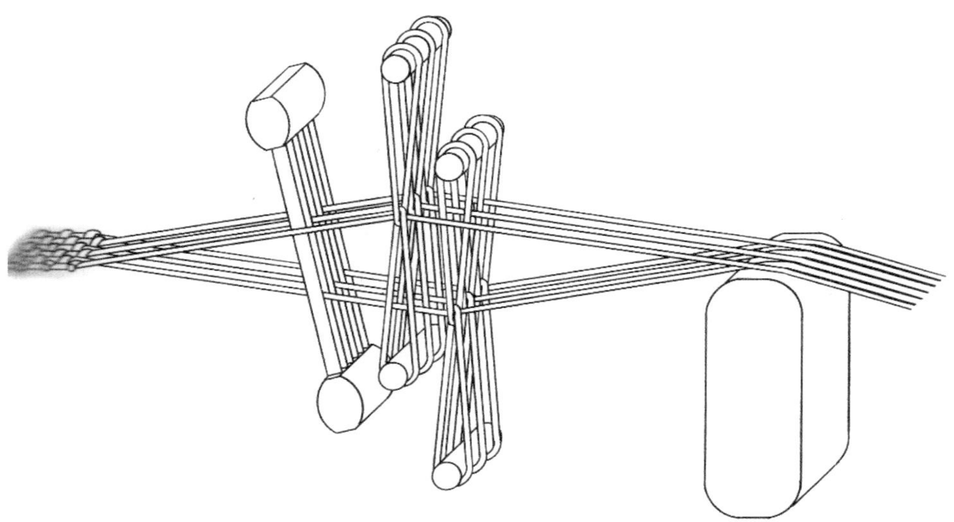

WEB-PRINZIP MIT ZWEI LITZEN („DOUBLE-HEDDLE LOOM") (PICTON/MACK, 1989, 49).
Beide Litzenststäbe werden zur Fachbildung vom Weber wechselweise angehoben.

Das Handwebmuseum Rupperath, einem Ortsteil von Bad Münstereifel zeigt eine interessante Sammlung von Webgeräten aus aller Welt, u. a. einen „Zehenwebstuhl" aus Westafrika, der auch nach dem Prinzip des „single-heddle loom" bedient wird. Auf seiner Homepage wird auf eingängige Weise die Struktur und Funktion erläutert:

> „Der afrikanische Zehenwebstuhl, auch Schmalbandwebstuhl genannt, ist in ganz Westafrika verbreitet. Traditionsgemäß weben auf diesem Webstuhl ausschließlich Männer. Durch seine Bauweise lässt er sich leicht in seine einzelnen Bestandteile zerlegen und transportieren.
> Aufbau und Funktion
> Vor dem Aufbau muss der Weber vier Löcher im Boden für die Pfosten ausheben. In jedes Loch legt er einen Baumwollsamen, bevor er die Pfosten einsetzt.

Zehenwebstuhl Westafrika 1934 (British Museum)

Mit den beiden Fußtritten, deren Schnüre zwischen den Zehen nach oben führen, wird auf einfache Art die Fachbildung hergestellt.

Bei den Dogon, einer Volksgruppe, die im Osten von Mali und Nordwesten von Burkina Faso lebt, wird der Webstuhl entsprechend den wichtigsten vier Punkten der Erde aufgestellt. Die Kette verläuft dabei immer in Nord-Süd-Richtung, wobei der Weber im Norden sitzt und die Kette nach Süden gespannt wird. Der Norden ist die bevorzugte Richtung des Schöpfergottes Amma und seines Sohnes Nommo. Der Schlussfaden kreuzt die Kettfäden in Ost-West-Richtung. Über dem Weber ist eine Querstange angebracht, an der das Webgeschirr hängt. Dieses besteht aus der Lade mit dem Webkamm sowie zwei Schäften.

„Kente"-Gewebe der Ashanti/Ghana, 20. Jhdt. (Archiv Fegert).

WEBSPULENHALTER KONGO (SAMMLUNG FEGERT, AUS KAMERUNER DIPLOMATEN-BESITZ).

Dieser Webspulenhalter ist Bestandteil des Schmalband-Webstuhls. Er dient der Verankerung der Rolle, durch deren Mittelrille die Verbindungsschnur zweier sog. Litzenstäbe verläuft, mit deren Hilfe man die Kettfäden heben und senken kann. (Vergl auch: PICTON/MACK, 1989, 129.)

Die Schäfte mit den Litzen, durch die die Kettfäden verlaufen, sind oben über einen Lederstreifen, eine Rolle oder einen reich verzierten Webspulen- bzw. Schafthalter miteinander verbunden. Dieser Webspulenhalter hat eine zentrale Bedeutung. Er sitzt über dem Kopf des Webers und gibt ihm die Ideen ein. [Aber der dient mit seiner Rolle zugleich dazu, die Verbindungsschnuraufhängung der Litzenstäbe im Wechsel nach oben und unten zu bewegen und damit die Fachbildung zu ermöglichen (Anmerkung Autor)]. Unten sind die Schäfte mit Schnüren versehen, an die jeweils ein Tritt oder ein Querholz angebracht ist. Auf diesen Tritt stellt der Weber seine Füße, wobei die Schüre zwischen seinen Zehen durchlaufen (daher der Name „Zehenwebstuhl").

Die Kette, die oft 30 m und länger ist, wird um einen großen Stein gewickelt und auf diese Weise straff gespannt. Der Stein wiederum liegt auf einem hölzernen Schlitten und kommt mit Fortschreiten der Webarbeit immer näher.

Das Gewebe
Gewebt werden auf diese Weise Bänder („finimugu“) unterschiedlicher Breite, meist zwischen 10-18 cm. Die Bänder können jedoch auch breiter oder schmaler sein. Auf dem Webstuhl aus Nordkamerun in der Sammlung des Museums können nur 6-8 cm breite Bänder gewebt werden. Die fertigen Bänder werden dann zurecht geschnitten und zu Decken oder Kleidungsstücken zusammengenäht.

Das ist zwar aufwändig, da die Nähte sorgfältig ausgeführt werden müssen, um haltbar zu sein, aber auch praktisch.

GEWEBE NORD-KAMERUN (HANDWEBMUSEUM RUPPERATH).
Das Hemd ist aus einzelnen senkrechten Leinenstoffbahnen zusammengenäht.

Eine defekte Webbahn in einer Decke oder Hemd kann herausgetrennt, möglicherweise auch durch eine neue ersetzt werden. Je breiter die Bahnen sind, umso schneller ist ein Stück fertig. Umgekehrt ist die Arbeit des Webens und Zusammennähens bei schmalen Bahnen umso größer und aufwändiger, das fertige Stück daher teurer. Solche Stücke zeugen von großem Prestige der TrägerInnen. Werden die Bänder nicht gleich verarbeitet, wickelt man sie zu großen Rollen. Sie werden auf dem Markt verkauft oder dienen als Zahlungsmittel“ (HANDWEBMUSEUM RUPPERATH).

# HÜFTWEBGERÄT AUS GUATEMALA

In Mittelamerika finden sich auch interessante Hüft-Webtechniken:

> „Dieses mobile Webgerät wird am oberen Endholz ( Kettbaum ) an einem Haken oder einem Baum befestigt. Mit einem Gurt am unteren Endholz (Warenbaum) wird das Webgerät um die Hüften gebunden. So können die Weberinnen mit ihrem eigenen Körper die Spannung der Kette regulieren. Wenn die Webarbeit unterbrochen werden muss, kann das Webgerät einfach abgenommen, eingerollt und zusammengebunden werden.

HÜFTWEBGERÄT AUS GUATEMALA (HANDWEBMUSEUM RUPPERATH).

Mit dem Rückenbandwebgerät arbeiten fast ausschließlich Frauen und stellen so Teile ihrer bunten Trachten her, die sich in Farben, Motiven und deren Anordnung oft von Ort zu Ort unterscheiden. Die Muster (z. B. Blumen, Tiere, menschliche Gestalten oder geometrische Formen) werden mit Hilfe von zusätzlichen Muster- und Lesestäben in die einfarbige oder gestreifte Kette eingelesen ( broschiert ), bevor der Schuss in der Grundfarbe erfolgt. Dabei sind die Musterfäden oft stärker als die Kettfäden und werden oft auch zu mehreren eingelegt, was eine reliefartige Struktur erzeugt.

Die Techniken
Es gibt im wesentlichen drei verschiedene Einwebtechniken:
1. Die Broschierfäden werden bei geöffnetem Fach nur in die obere Kettfadenlage eingeschlungen und sind nur auf der Vorderseite zu sehen. Auf der Rückseite sieht man nur das Grundgewebe, oder es schimmern kleine Farbflecken durch, wenn der Musterfaden, der auf der Vorderseite flottiert, in bestimmten Abständen durch einzelne Kettfäden eingebunden wird.

2. Das Muster ist zweiseitig sichtbar, wobei der Musterfaden abwechselnd über und unter Gruppen von Kettfäden verläuft, und so auf der Rückseite das Negativ des Musters erscheint.
3. Bei dieser Technik werden die Musterfäden um die betreffenden Kettfäden geschlungen, sodass auf Vorder- und Rückseite das gleiche Muster zu sehen ist“ (HANDWEBMUSEUM RUPPERATH)

WEBDECKE (HUIPIL) AUS SAN JUAN COTZAL, GUATEMALA (GEWEBE ZUGUNSTEN UNICEF, KINDERHILFSWERK VEREINIGTE NATIONEN, POSTKARTE).

Das Gewebe ist mit flottierenden Flächenfäden verziert, die auf der Rückseite das Negativ abbilden, also Schussfäden, die über mehrere Kettfäden liegen.

Die noch heute lebendie Webkunst in Guatemala ist durch die Kultur der Maya geprägt worden. Zur Tracht der Frau gehört neben der hell gemusterten Bluse der bunte Rock, der dann allerdings von Männern auf dem Trittwebstuhl gewoben wird. Die Rocklänge und Musterung der Gewebe variiert von Dorf zu Dorf.

Decke (Huipil) aus Tecapán, Guatemala (Gewebe zugunsten UNICEF, Kinderhilfswerk Vereinigte Nationen)

Das durchgewobene Kettfaden-Gewebe ist mit kurzen musterbildenden Spannfäden verziert.

Decke (Huipil) aus Tecapán, Guatemala (Gewebe zugunsten UNICEF, Kinderhilfswerk Vereinigte Nationen)

Das Gewebe ist mit kurzen Spannfäden (unten) und flottierenden Flächenfäden (oben) verziert.

Gefärbt wird mit dem Rot der Cochenille-Schildlaus oder Farbhölzern, wie Gelbholz bzw. Brasilholz. Die bunten, farbenfrohen und broschierten Muster sind das Charakteristikum der Textilien aus Guatemala.

## WEBKUNST IN MEXICO

Die Webkunst Mexikos lässt sich bis in die Zeit 1400 v. Chr. nachweisen. Zu den Fasern der vorspanischen Zeit, gehörten die Fasern aus Yucca-Palmen und als magisch bekannte Pflanzen sowie die Verwendung von Baumwolle im klimatisch heißen Tiefland des Südens.

DER WEBER ELIGIÓ LÓPEZ BERNAL IN TEMASCALTEPEC, MEXICO. (FILM-AUFNAHME ISABEL VELÁSQUEZ-LÓPEZ, 8.9.2022).

Auf dem von den Spaniern eingeführten Webstuhl werden u. a. auch sog. „Gabán" gewoben. Der 80-jährige Weber auf diesem Bild, der in Carbonaras, Temascaltepec geboren wurde, schießt nicht eine Garnspule durch die Kettfäden, sondern hebt bzw. senkt mit den Tritten die Kettfäden, während er steht, um dann die verschiedenfarbigen Garnspulen mit der rechten Hand durchzuschieben. Ab und an schlägt er das Gewebe an.

Webteppich aus Oaxaca/Mexico um 2013 (Sammlung Fegert).

Alle mittelamerikanischen Stämme verehrten einen Gott des Webens. Frauen wurden auch in den Stoffen beerdigt, die sie gewoben hatten. Nachdem die Spanier das Reich der Azteken zerschlagen hatten, kam es auch zu einem Kulturbruch des Webens, denn die Spanier sahen die Textilkultur der Indigenen als unzivilisiert an. So kam es zur Einfuhr spanischer Tritt-Webstühle, um breitere Stoffbahnen zu erzeugen. Auch die Rohstoffe veränderten sich. Denn die Spanier verwendeten statt der einheimischen Baumwolle Wolle und Seide. Zu Beginn der spanischen Kolonialzeit wurden Woll- und Seidenstoffe eingeführt, doch zum Ende der 1530er Jahre importierten die Spanier Schafe und Seidenraupen und ihre spanischen Fußpedalwebstühle. Bis etwa 1580 wurde Mexiko dadurch zum besonders produktiven Raum für die Erzeugung von Wolle und Seide. Der Schwerpunkt der Produktion lag damals in den heutigen heutigen Bundesstaaten Oaxaca, Tlaxcala und Puebla. Anfangs dominierten spanische Weber, die dann durch indigene Weber ersetzt wurden, die billiger arbeiteten. Während den einheimischen Webern wenig bezahlt wurde, verdienten die spanischen Besitzer gutes Geld. Diese Werkstätten produzierten schließlich genug Stoff sowohl für den Verbrauch vor Ort als auch für den Export nach Spanien, auf die Philippinen, nach Mittelamerika und nach Peru. Die Wollstoffe wurden damals in kleinen Werkstätten oder zuhause gewoben, bis um 1900 die Mechanisierung des Webens hauptsächlich von den Franzosen in Mexiko eingeführt wurde.

„GABÁN", AUCH „JORONGOS" GENANNT, EIN HIRTENUMHANG AUS CHINCONCUAC BEI TEXCOCO/MEXICO (SAMMLUNG FEGERT, GESCHENK VON BONIFACIO GAONA PONCE).

Dieser Woll-Umhang ist in Schussripsbindung, einer Leinenbindung, gewoben, bei der die Schussdichte, d. h. die Anzahl der Schussfäden pro Zentimeter so stark erhöht wird, dass die Kettfäden vollkommen darunter verschwinden (vergl. Ausschnittvergrößerung).

Heute werden Stoffe, Kleidung und andere Textilien sowohl von Handwerkern als auch in Fabriken hergestellt.

BESTICKTES LEINENGEWEBE DER MAZAHUA/MEXICO (SAMMLUNG FEGERT, GESCHENK M. CH. TH. I. 2. 8.2015).

Dieser indigene Stamm umfasst heute 137.000 Menschen und lebt besonders im Ixtlahuaca-Tal bei Toluca an der Grenze der Bundesstaaten Mexico und Michoacán.

Zu den handgefertigten Waren gehören vorspanische Kleidung wie *Huipils* und *Sarape*s, die als Leinen häufig bestickt werden, oder Hirtenumhänge, *gabán* genannt. Die meisten Handarbeiten werden von Indigenen hergestellt, deren Gemeinden sich im Zentrum und Süden des Landes in Staaten wie dem Bundesstaat Mexiko, Oaxaca und Chiapas konzentrieren. Die Textilindustrie bleibt für die Wirtschaft Mexikos wichtig, obwohl sie heute aufgrund des Wettbewerbs durch billigere Waren, die in Ländern wie China, Indien und Vietnam hergestellt werden, einen Rückschlag erlitten hat.

## WEBKUNST IN NORDAMERIKA

Im Südwesten der heutigen USA ist die indigene Bevölkerungsgruppe der Navajo bekannt sind für ihre geometrisch strukturierten Wollteppiche.

NAVAJO-HÄUPTLING EDWARD S. CURTIS, UM 1907 (LIBRARY OF CONGRESS).

Die Navajos sind heute das zweitgrößte indigene Volk in den USA und sie leben als „First Nations People of America" im Nordosten Arizonas, im Nordwesten von New Mexico und im Südosten Utahs. Die auf Ackerbau und Viehhaltung spezialisierten Navajos waren auch für ihre Beutezüge gegen andere Stämme bekannt. Andererseits verübten der Volksstamm der Comanchen im Verbund mit den Ute zahlreiche Überfälle auf die wohlhabenden Navajo mit ihren Schafherden, Feldern, Pferdeherden und ihren begehrten Navajo-Decken.

In der Zeit nach 1770 wurden dann die Navajos von den Spaniern blutig unterdrückt. Die Spanier versuchten das Territorium der Navajos zu besetzen und nahmen Stammesangehörige als Gefangene.

Im Jahr 1786 zwangen die Spanier die Navajos, ihr Bündnis mit den Apachen aufzugeben und mit den Spaniern gegen die Apachen zu kämpfen.
Der „Kit Carson" genannte U.S.-amerikanische Oberst Christopher Carson bekam 1863 den Auftrag, die Navajos gewaltsam in das „Indianer-Reservat" am Pecos River umzusiedeln. Ein staatliches Ultimatum wurde den meisten Navajo-Clans aber nicht bekannt gegeben. So beschloss Kit Carson kurzfristig die wirtschaftliche Grundlage dieser „Indianer" zu zerstören, indem er mit 300 Soldaten und Pueblo-Indigenen sowie Freischärlern aus New Mexico Maisvorräte, Obstgärten, Viehherden, ja selbst Wasserlöcher vernichtete. Im Jahr 1864 kam es zur entscheidenden Schlacht, die die Navajos verloren. Nur wenige Navajos konnten entkommen. Auf einem Gewaltmarsch der Navajos kam ein Viertel des Stammes ums

Leben. Im Jahr 1868 wurde den Navajos ein Teil ihrer alten Heimat als Reservat zugebilligt.

Navajo-Weberin, Postkarte um 1920.

Auf dem vertikalen Webstuhl mit eingelegten Litzen entsteht ein typisches Muster mit geometrischen Formen in Rot-, Schwarz- und Grautönen.

Navajo-Webteppich um 1900 in Schussripsbindung (Sammlung Fegert).

Ein Geschenk von Nancy Boxleitner, deren Großmutter eine Navajo-Indigene war.

Die Navajos sind von den benachbarten Pueblo-Indigenen maßgeblich beeinflusst worden, was sowohl die Landwirtschaft angeht als auch deren künstlerischen Ausdrucksformen: Tonwaren, Sandbilder und vor allem die Muster der Webteppiche sind von den Pueblos beeinflusst, während ihre Silberarbeiten mexikanischen Einfluss zeigen.

Navajo-Weberinnen in der Navajo Nation Reservation, Mai 1972 Ganado (Apache county, Arizona).

In den Mustern der Navajo-Frauen spiegeln sich religiöse Vorstellungen. Bis ins 19. Jahrhundert fertigten sie Webdecken, die als Ponchos wärmenden Schutz in den kalten Nächten boten. Doch die heutzutage bekannten Navajo-Teppiche (siehe oben) sind erst seit der Mitte des 19. Jahrhundert entstanden, als in der Zeit des Eisenbahnbaus Händler auftraten und die ersten Forschungsreisenden und Touristen in die Gegend kamen.

So entstand mit den „rugs“ ein bis heute bedeutender Erwerbszweig der Navajos (Weiterführende Literatur: Hecht 1991, 41 ff.).

Nizhoni Ranch Gallery, Werbeseite 2022 auf https://www.navajorug.com.

„Museum Quality Navajo Rugs
Many of the Navajo rugs for sale on our site, including many of the new pieces, have literally hung in museums. These are not merely Navajo rugs. These are works of textile art, to be collected and handed down accordingly. Whether the rug you buy at Nizhoni Ranch Gallery costs $400 dollars, $4,000 dollars, or $40,000 dollars, always remember that you are buying genuine authentic quality Navajo rug weaving in each one of these price ranges“ (Nizhoni Ranch Gallery, https://www.navajorug.com/).

## WEB-TECHNIK IN EUROPA

Auch in Mitteleuropa hat das Handwerk des Webens eine lange Tradition und zeigt Besonderheiten.

### Vorbereitung

„Wer gut webt, der gut lebt“ ist ein alter Spruch. Doch dafür braucht es viele Schritte davor: Die Garnspulen werden auf den Spulenständer gehängt, dann werden die einzelnen, zum Teil farbigen Fäden durch das Schärbrett in einer bestimmten Reihenfolge gezogen, werden dann auf den Schärrahmen aufgewunden, wie wir das und der folgenden Grafik und bei der Weberei Moser im Bayerwald (siehe unten) sehen können. Am Ende werden diese Stränge abgenommen und damit sie nicht durcheinander geraten, mit einem leicht auflösbaren Knoten gesichert.

Spulenständer, Schärbrett, Schärrahmen (Universal Magazine, London 18. Jhdt.).

Die einzelnen Fäden sind als Knäuel auf Garnspulen aufgewickelt und werden in einer bestimmten Reihenfolge durch das Schärbrett auf den sich drehenden Schärrahmen aufgewunden.

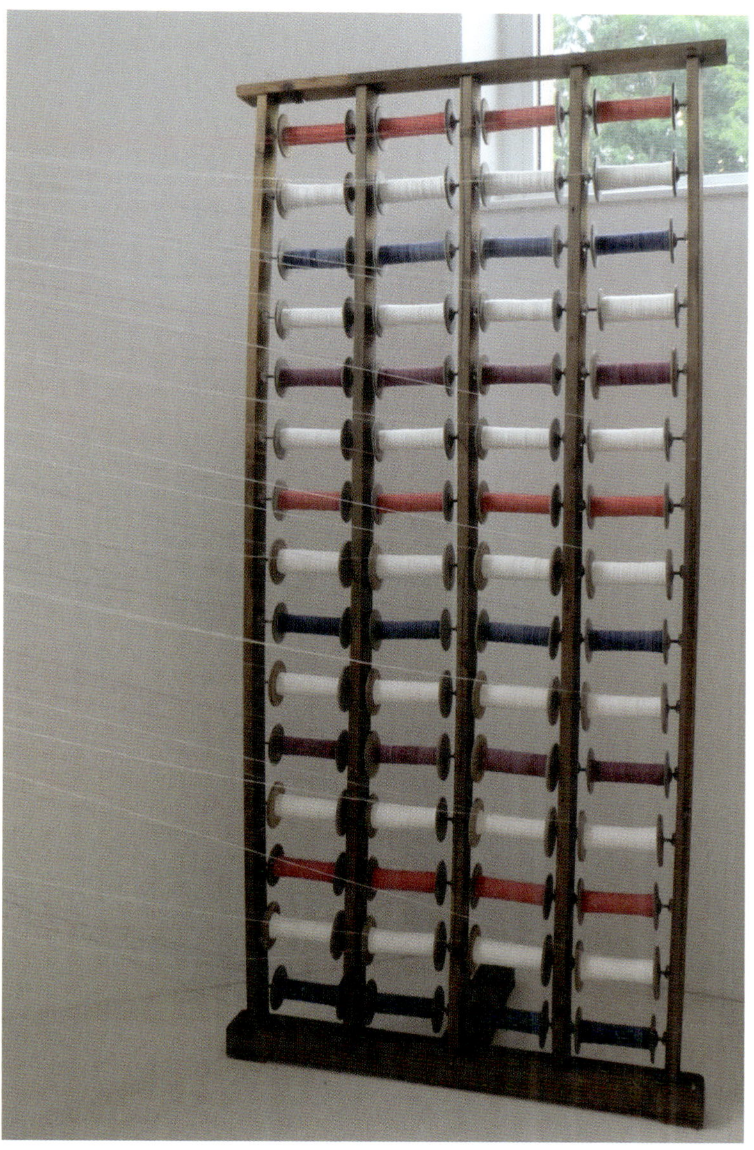

Spulenständer (Webereimuseum Haslach/OÖ., Foto: Fegert).
Die verschiedenfarbenen Fäden werden nach links zum Schärbrett abgespult.

Spulenständer, Schärbrett, Schärrahmen (Webereimuseum Haslach/OÖ, Foto: Fegert).
Die Abbildung lässt mit etwas Phantasie erkennen, dass die Fäden vom Spulenständer (rechts) durch das feststehende Schärbrett (in der Mitte) im Schärrahmen (links) aufgewunden werden.

Franz Xaver Moser Junior, Wegscheid 2020 (Foto: Moser).
Der Webermeister zieht die Fäden durch das Schärbrett und wickelt sie auf den Schärrahmen.

Sammlung von Schärbrettern (Webereimuseum Haslach/OÖ., Foto: Fegert).

Die Löcher, durch die die verschiedenfarbenen Fäden geführt werden, sind mit Glasösen versehen, damit die Fäden glatt laufen.

Franz Xaver Moser Junior beim „Abzopfen“, Wegscheid 2020. (https://handweberei-moser.de/tradition).

Der Webermeister nimmt die Kette vom Schärrahmen ab und verschlingt sie, damit die Fadenordnung nicht durcheinander kommt.

## St. Blasius – Heiliger der Weber

Basilieus war ein König, der als Bischof von Sebaste in Armenien wirkte. Seine Attribute sind Bischofsstab, Mitra und zwei gekreuzte, brennende Kerzen.

Er gilt als Helfer bei Halsleiden, als Patron der Ärzte, Schneider, Wollhändler, Wachszieher, Gerber, Blasmusiker. Er ist Vieh- und Wetterpatron. In Italien ist er der Tierpatron. Doch unter all den Handwerkern wird er auch besonders als Patron der Weber verehrt. Blasius zählt zu den „Vierzehn Nothelfern“. Sein Segen ist ein Sakramental, also ein Heilszeichen der katholischen Kirche.

Als „Bischof mit dem erbarmenden Herzen“ wurde der Heilige bekannt, was von großer Beliebtheit beim Volk zeugt.

Der Blasiussegen wird nach der Heiligen Messe am Gedenktag des Heiligen Blasius, dem 3. Februar, gespendet, traditionell oft auch schon tags zuvor im Anschluss an die Heilige Messe des Festes „Mariä Lichtmess“ und mancherorts zusätzlich am darauffolgenden Sonntag.

Der Welfenfürst Heinrich der Löwe (1173–1195) ließ in Braunschweig den Blasiusdom errichten. Reliquien des heiligen Blasius werden etwa in St. Blasien im Hochschwarzwald verehrt. Das Zentrum der Verehrung in Österreich ist das Kloster Admont in der Steiermark.

Der bayerische Dorfpfarrer Joseph Schlicht (1832–1917) nimmt die magisch gefärbte Volksfrömmigkeit aufs Korn: „Und so gehen sie alle zu ihrem Pfarrer, um sich einblasln zu lassen. Es kommt der Michlbauer mit seinenweltbekannten Räuschen und legt seinen sündigen Hals zerknirscht zwischen die Blasiuskerzen, es kommt der Spektakelschuster mit seinen tausend Krawallen, es kommt die Stel-Nazi-Schneiderin mit ihrer streitbaren Zunge und dem Beinamen ‚die Dorfratschn' und er gibt ihrem lasterhaften Hals den Blasiussegen. Alles lässt sich einblasln, gut und schlimm […] (Läpple 1996, 39).

Heiliger Blasius (Walf/Elsass, Kirche zum Heiligen Blasius).

Mit gekreuzten Kerzen spendet Blasius seinen Segen.

## Flachwebstuhl

FLACHWEBSTUHL, ZWÖLFBRÜDERSTIFTUNG NÜRNBERG 1425 (STADTBIBLIOTHEK NÜRNBERG).

Mit nackten Füßen werden die Trtte bedient, die so eine abwechselnde Fachbildung erzeugen, durch die der Weber ein Schiffchen schießt. Im Vordergrund sind Garnknäuel zu sehen.

Erst seit dem Ende des 12. Jahrhunderts entwickelte sich hier in Mitteleuropa der Flachwebstuhl, bei dem die Kette horizontal gespannt ist und im Sitzen mit Hilfe von Tritten geteilt werden kann. Bei diesem Schaftwebstühlen werden Gruppen von Kettfäden jeweils gemeinsam gehoben und gesenkt, das heißt man „Fachbildung“, sodass unterschiedliche Bindungen und geometrische Muster entstehen. Auf dem hier dargestellten Flachwebstuhl wird ein Weberschiffchen verwendet, mit dem der Faden „durchgeschossen“ und anschließend mit einem „Webblatt“ „angeschlagen“ wird.

## Prinzip Fachbildung

„Weben bedeutet, zwei verschiedene Fadensysteme miteinander zu verkreuzen. Dazu braucht man parallel zueinander gespannte Fäden, in die andere Fäden quer eingebracht werden können“ (BOHNSACK 1981, 40). Es ist zunächst auf die Kettfäden hinzuweisen, die auf dem „Kettbaum“ aufgewickelt sind. Sie werden vom „Kettbaum“ abgewickelt und zum „Warenbaum“ transportiert.

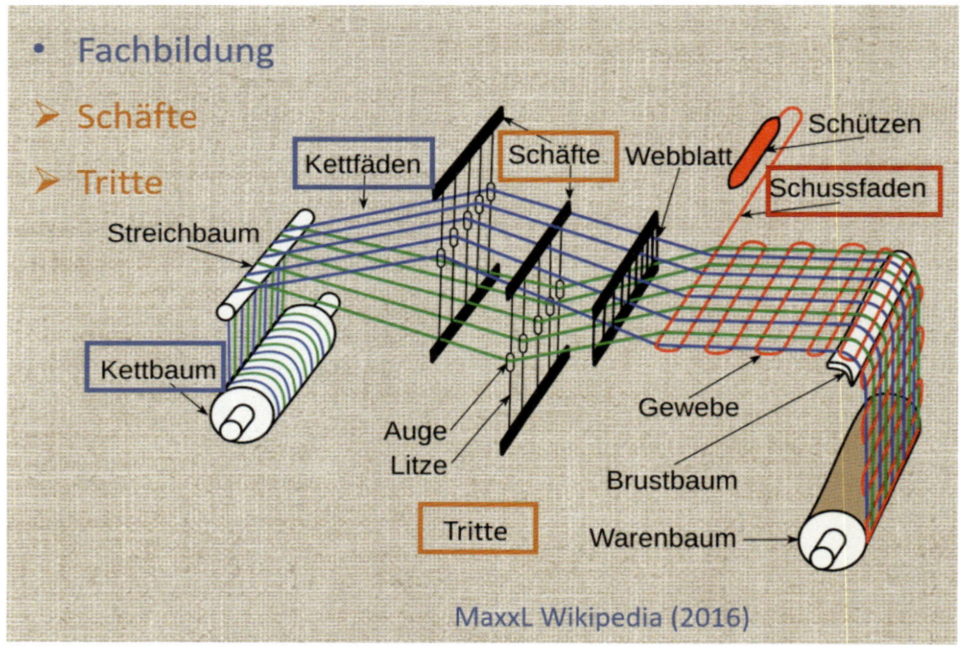


PRINZIP FACHBILDUNG (WIKIPEDIA, BEARBEITET VON FEGERT).

In der Mitte des Webstuhls sind zwei Schäfte quer zu den Kettfäden angeordnet. Jeder Schaft besteht aus einer oberen und einer unteren waagerechten Tragschiene, die mit Drähten verbunden sind. An jedem Schaft ist eine Reihe von Litzen senkrecht aufgehängt. Durch die sogenannten Augen (Öffnungen) in der Mitte der Litzen verlaufen die Kettfäden. Mit Bedienung der „Tritte“ wird jeweils ein Schaft angehoben und gleichzeitig der andere Schaft gesenkt. Mit den Schäften werden zugleich die Litzen und damit auch die Kettfäden auf und ab bewegt:

Während Kettfäden angehoben werden, werden die jeweils benachbarten Kettfäden gesenkt. Dadurch wird die Kette (Gesamtheit der Kettfäden) gespreizt und bildet ein Fach für den Schützen, auch „Schiffchen" genannt. Mit dem Auf- und Absenken der Schäfte, die mittels Drähten angehoben werden, kann der Faden in dem so entstandenen Fach im Weberschiffchen von links nach rechts und im nächsten Fach zurück von rechts nach links geschossen werden. In der Verschränkung von vertikalen Kettfäden mit den horizontalen Schussfäden entsteht also die Fachbildung.
Das Webblatt befindet sich zwischen den Schäften und dem Warenbaum. Nach jedem Schuss wird das Webblatt schwungvoll in Richtung Warenbaum bewegt. Das Webblatt drückt dadurch den neu eingetragenen Schussfaden an das schon fertige Gewebe an und presst die Fäden aneinander. Nach dem „Durchschießen" des „Schussfadens" muss jeweils das „Anschlagen" erfolgen, um das Gewebe zu festigen.

Der Webermeister Adolf Barth bei seiner Arbeit im Webereimuseum Breitenberg 2006 beim „Durchschießen" (li), beim „Anschlagen" (re) (Fotos: Fegert).

Im 1983 eingerichteten Webereimuseum in Breitenberg, das Helmut Rührl ins Leben gerufen hat, sitzt jahraus jahrein der Weber Adolf Barth am Webstuhl und zeigt den Besuchern, wie das Weben funktioniert. Dies hat er bis zu seinem Tod im Oktober 2017 getan.

Sehen Sie hier den Weber Adolf Barth vor 2017 im Webereimuseum Breitenberg (Webereimueum Breitenberg, Konzept: Dr. Winfried Helm; Aufnahme und Schnitt: Dionys Asenkerschbaumer).

Handtücher, gewebt von Adolf Barth 2015 im Webereimuseum Breitenberg (Foto: Fegert).

Besucher konnten diese traditionellen Muster direkt am Webstuhl erwerben.

## Prinzip Fadenlauf

Die Fadenführung funktioniert nach folgendem Prinzip:

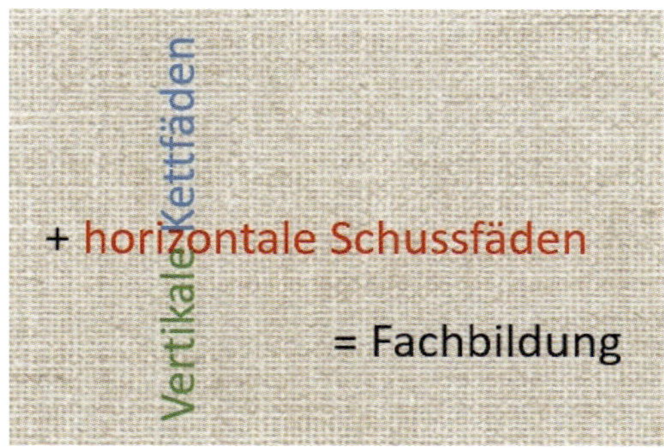


FACHBILDUNG DURCH VERKETTUNG DER FÄDEN
Die Farben beziehen sich auf Abbildung S. 148.

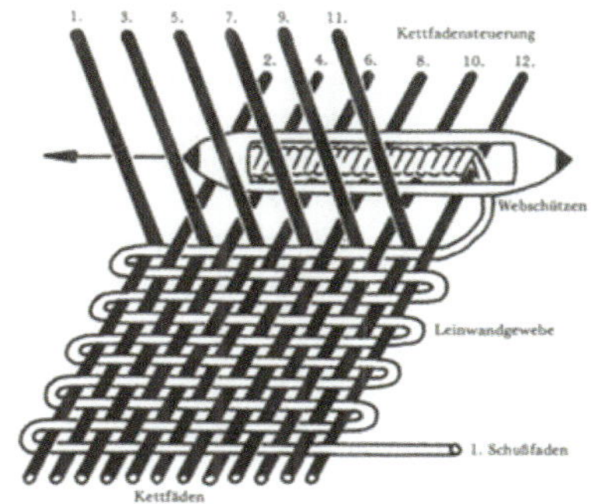


KETTE UND SCHUSS (WEBEREIMUSEUM HASLACH/OÖ.).

„Das Charakteristikum des entwickelten Webvorgangs ist die sogenannte mechanische Fachbildung. Unterschiedliche Fadengruppen der Längsfäden, der sogenannten Kettfäden, werden gleichzeitig angehoben oder gesenkt. In den dadurch entstehenden Zwischenraum, das sogenannte Fach, wird ein Querfaden eingeschossen. Der Querfaden wird deshalb als Schußfaden bezeichnet. Im Grundvorgang des Webens wird das jeweilige Gegenfach zum Fach dadurch, daß die vorher angehobenen Fäden gesenkt und die vorher gesenkten Fäden angehoben werden. Wieder wird ein Schußfaden eingebracht. Schußeintrag in Fach und Gegenfach geschieht in ständigem Wechsel.“ (BOHNSACK 1981, 40).

WEBERSCHIFFCHEN, AUCH „HANDSCHÜTZE“ GENANNT (WEBEREIMUSEUM HASLACH/OÖ., FOTO: FEGERT).
Sie sind in ihrer gebogenen Form der Handbewegung beim Schussvorgang ergonomisch angepasst.

## Prinzip Bindungsformen

Es gibt zahlreiche Bindungsformen beim Webvorgang. Hier soll auf die drei wichtigsten eingegangen werden. Am häufigsten ist die „Leinenbindung". Sie beruht darauf, dass jeder Schussfaden abwechselnd über und dann unter einem Kettfaden zu liegen kommt. Das Gewebe hat gleich viele Ketthebungen und Kettsenkungen. Gewebe in „Leinenbindung" weisen auf der Ober- und Unterseite des Gewebes ein gleiches Bild auf.

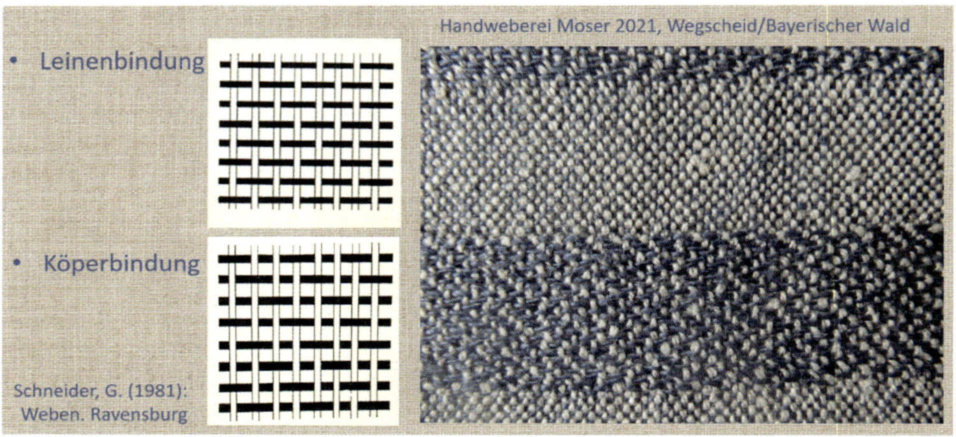


LEINEN- UND KÖPERBINDUNG, HANDWEBEREI MOSER, MUSTER MONI (COLLAGE FEGERT).

Das Prinzip der beiden Bindungsarten lässt sich auch praktisch an einem Gewebe darstellen, hier ein Ausschnitt eines Tischläufers der Handweberei Moser, Wegscheid/Bayerischer Wald.

Hingegen besteht die „Köperbindung" darin, dass der Schussfaden unter zwei Kettfäden verläuft und danach über einen weiteren Kettfaden. Beim nächsten „Schuss" läuft der Schussfaden zunächst über einen Kettfaden und dann unter zwei weiteren Kettfäden. Außerdem wird zwischen Kett- und Schussköper unterschieden, je nachdem, ob die Kett- oder Schussfäden oben überwiegen.
Köperbindungen sind am schräg verlaufenden *Grat,* also der erhöhten Laufrichtung der Fadenführung, zu erkennen. Das bekannteste Gewebe in Köperbindung ist der blau-weiße Jeansstoff, auch Denim genannt.

Bei der „Atlasbindung“ ist folgender Webrhythmus zu beobachten: Der Schuss geht unter einem Kettfaden hindurch, dann über mehr als zwei (hier vier) hinweg, wieder unter einem hindurch und so weiter. In der nächsten Schussreihe wird das Muster um mindestens zwei Kettfäden zur Seite verlegt. So entsteht ein Gewebe, an dessen Oberseite die sichtbaren Schussfäden bei weitem überwiegen. Man spricht hier von langen „Flottungen“ (also Schussfäden, die über mehrere Kettfäden liegen). Die Oberseite eines Atlasgewebes zeigt den charakteristischen zarten bis starken Glanz.

ATLASBINDUNG (WIKIPEDIA)

Satin ist eines der bekanntesten Gewebe, das in Atlasbindung gewebt wird.
Beim Atlasgewebe sehen Stoffober- und unterseite unterschiedlich aus. Man unterscheidet daher Kettatlas und Schussatlas. Durch einen Wechsel von Partien in Kett- und Schussatlas ist es auch möglich, Muster in das Atlasgewebe einzufügen. Man spricht dann von Damast oder Jacquard.

ATLASBINDUNG AM BEISPIEL EMBLEM „100 JAHRE WEBEREIFACHSCHULE HASLACH“ (ARCHIV MOSER).

Da auf der Oberseite die Schussfäden überwiegen, erscheinen die Vorderseite (links) und die Rückseite (rechts) in ihrer Farbintensität unterschiedlich und das Negativ der Rückseite spiegelbildlich zur Vorderseite.

## Muster

Rapport ist die kleinste, in sich geschlossene Einheit, aus der ein Muster (Dessin) besteht. Durch die Wiederholung und das Aneinandersetzen der Einheit ergibt sich eine flächige Musterung.

Es gibt eine Vielzahl von Mustern, die regional auch sehr unterschiedlich gestaltet sind. Diese Tradition wird in heute noch bestehenden Handwebereien fortgeführt. Oder sie sind in Textilmuseen überliefert, um so das Wissen weiterzugeben.

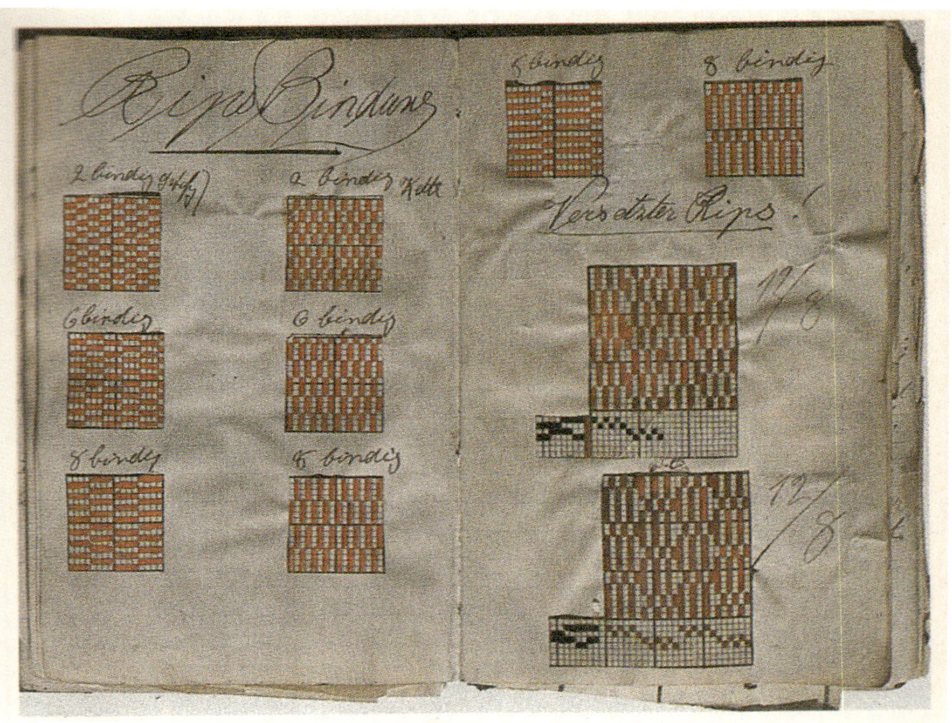


Altes Musterbuch (Textilmuseum Neumünster, in Schneider 1981, 183).
Auf den Patronenpapieren sind verschiedene Muster des „Rips", einer Variante der Leinenbindung, aufgezeichnet.

In den folgenden Kapiteln wird der Fokus auf die Mustertradition im Bayerischen Wald, speziell in Wegscheid, Breitenberg und Kasberg gerichtet.

Mustersammlung an alten Webgeschirren der Handweberei Moser (https://handweberei-moser.de/tradition/).

Solch eine Sammlung ist das Kernstück einer jeden Handweberei, bewahrt sie doch die Muster wie einen Schatz und erleichtert die Arbeit: Hängt man das alte Webgeschirr, z. B. des Musters „Schwedenstern" (s. Cover), in einen Webstuhl ein und knüpft in den 8 Schäften die Kette an, ist das in einem halben Tag erledigt. Muss ein Muster aber neu eingezogen werden, bedeutet das 10 Tage Arbeit. Soll ein Muster komplett neu entstehen, muss das Muster berechnet werden, eine „Patrone" (Schablone, siehe Abbildung S. 154) gezeichnet und danach müssen dann die Kettfäden eingezogen werden, was 14 Tage in Anspruch nimmt. Beim „Anweben" wird dann kontrolliert, ob das Muster stimmt. Die Handweberei Moser verfügt über mehr als 50 solcher Geschirre mit ihren traditionellen und neuen Mustern.

Monika Holler in Kasberg hat vor über 50 Jahren für die Webereigenossenschaft Wegscheid bis zu deren Ende 2002 gearbeitet. Sie beherrscht nach eigener Aussage über 100 Webmuster aus der Tradition der Familien Holler, Ammerl und anderer.

MUSTER DER HANDWEBEREI MONIKA HOLLER (WEBEREIMUSEUM BREITENBERG, FOTO: FEGERT).
Eine Auswahl von Mustern, die in verschiedenen Farben variieren, hat die Handweberin dem Webereimuseum Breitenberg zur Verfügung gestellt.

Muster der Webereigenossenschaft Breitenberg, vor 2002 (Sammlung Fegert, Geschenk von Blaudruckermeister Josef Fromholzer 2022, Foto: Fegert).
Dieses Zackenmuster wurde vermutlich von Monika Holler in Kasberg gewoben.

Monika Holler erklärt in der Passauer Neuen Presse: „sie sei durchaus ‚die einzige Frau in einer Männerdomäne, und zwar beim Weben mit dem Schaftwebstuhl‘. Diese Art des Webens sei außergewöhnlich aufwendig und selten. Auf dem Kontermarschwebstuhl würden durchaus viele Frauen weben, stimmt sie der Firma Moser zu. Aber der kräftezehrende Schaftwebstuhl mit über 20 Schäften sei sonst eine reine Männerdomäne.“ (Passauer Neue Presse, 11.06.2014).

Sie webe heutzutage die Muster, die sie von der Webereigenossenschaft übernommen habe. „Schöne Muster, wirklich tolle Muster“, sagt anerkennend ihr Kollege Johannes Moser in Wegscheid.

WEBMUSTER DER HANDWEBEREI MOSER (WEBEREIMUSEUM BREITENBERG, FOTO: FEGERT).
Oben ist der „Schwedenstern“ in zwei Farben zu sehen, der eine komplizierte Trittfolge erfordert, und unten das Muster „Eva“.

Johannes Moser von der Handweberei Moser in Wegscheid berichtet über den sehr beliebten „Schwedenstern“, den sein Vater vor 60 Jahren einem alten Webmusterbuch entnommen hat: „Für den vierzackigen ‚Schwedenstern‘, ein altes schwedisches Muster, setzt sich allein eine Zacke aus drei ineinander gestellten Vierecken zusammen. 2.800 Längsfäden sind für dieses komplizierte Gebilde notwendig, die vom Meister regiert und geführt werden. Dazu betätigt er mit den Füßen die von 1 bis 8 durchnummerierten Pedale, mit seinen Händen bewegt er den Treiber, der das Schiffchen mit dem waagrechten Schussfaden hin und her schießen lässt. Unhörbar zählt er die Tretfolge der Pedale mit: 1, 2, 3 – 2, 3, 4 – 3, 4, 5 – 4, 5, 6 und so weiter bis 33. Retour geht's in umgekehrter Reihenfolge.“

Die Handweberin Monika Holler aus Kasberg geht auch auf den „Schwedenstern“ ein. Sie habe sich „[…] auch mit der [von Moser] erwähnten Frau Florentine Schwarz in Verbindung gesetzt. Diese könne sich noch daran erinnern, dass sie vor vielen, vielen Jahren dem Seniorchef der Wegscheider Weberei Moser, Franz Moser, ein Webmusterbuch geschenkt habe. Auf eine Weisung dieses Seniorchefs hin, dieses Muster als Gesellenstück auszuarbeiten, habe sich Gerhard Holler, Ehemann von Monika Holler, dieser Aufgabe angenommen und so erstellte er den Einzug, die Verschnürung und das Gewebebild auf einem Patronenpapier. ‚Mein

Mann Gerhard wurde mit seinem Gesellenstück dann Landessieger', ergänzt Monika Holler" (PASSAUER NEUE PRESSE vom 11.06.2014).

EVA, BEIGE INDIGO FRANZI, GRÜN GROẞVATER, ROT

MONA, GRAU BLAU SCHWEDENSTERN, SCHWARZ KÖPER, INDIGO

HANDWEBEREI MOSER, MUSTER 2022 (HTTPS://HANDWEBEREI-MOSER.DE/PRODUKTE).

Diese Muster stellt die Handweberei jeweils in unterschiedlichen Farbzusammenstellungen her.

WEBMUSTER VON ADOLF BARTH VOR 2017 (WEBEREIMUSEUM BREITENBERG, FOTO: FEGERT).

## Bleichen

Nachdem die Webware produziert ist, ergibt sich für die weiße Haushaltswäsche eine wichtige Erfordernis: das Bleichen. Nach der jahrhundertealten Methode des Sonnenbleichens wird 1785 das erste chemische Bleichmittel, das sog. „Javelwasser“ entwickelt. So kann also das bräunliche Leinengewebe aufgehellt, ja sogar weiß gemacht werden. Somit wird der Eindruck der Reinlichkeit hervorgerufen.

BLEICHEREI IN SCHWELM VON 1789. (ZEICHNUNG VON FRIEDRICH CHRISTOPH MÜLLER).
Im Waschbottich wird das Leinen vorbehandelt und dann in der Nähe eines Baches, gekennzeichnet durch das unterschlächtige Wasserrad, auf der Wiese ausgebreitet.

Der Chemiker Sigismund Friedrich HERMBSTÄDT hat in seinem Werk *„Allgemeine Grundsätze der Bleichkunst ...“* im Jahr 1804 eine grundlegende Einführung in das Bleichen veröffentlicht. Als wichtigstes Bleichmittel nennt er die Holzasche:

## Erste Abtheilung.

### Von der Holzasche, so wie von ihrer verschiedenen Beschaffenheit und Güte.

§. 28.

Asche oder auch Holzasche nennt man, wie bekannt, den hellgrauen pulverichten, scharfschmeckenden, und mit sauern Salzen stark aufbrausenden Rückstand, welcher zurück bleibt, wenn Holzarten oder auch andere Vegetabilien, unterm Zutritt der freyen Luft vollkommen ausgebrannt werden. Jene Asche wird, nach den verschiedenen Holzarten

aus welchen sie gewonnen worden ist, in Büchenasche, in Eichenasche, in Birkenasche, in Fichtenasche u. s. w. unterschieden; aber der wahre und wesentliche Unterschied, welcher sich zwischen der Asche von verschiedenen Holzarten findet, bestehet eigentlich in ihrem oft sehr von einander abweichenden Gehalt an auflösbaren, vorzüglich alkalisch-salzigten Theilen.

§. 30.

Das alkalische Salz welches man in der Holzasche findet, bestehet in Kali. In den Holzarten selbst liegt jenes Kali theils durch Weinsteinsäure und Essigsäure, theils jedoch weniger, durch Schwefel- und Salzsäure neutralisirt vorhanden; und ist ausserdem darin noch mit vielen gummichten, harzigten, und Holzfasertheilen, verbunden.

Hermbstädt, Allgemeine Grundsätze der Bleichkunst 1804, 18 ff.

In der Folge stellt Hermbstädt die besondere Bedeutung der Pottasche und der Soda heraus. Er erläutert, dass der menschliche Harnstoff für das Bleichen von Leinen und Baumwolle keinen Wert habe, sondern nur für das Bleichen von Wolle. Eine besondere Bedeutung misst Hermbstädt dem Licht zu.

§. 230.

Eine vollkommen gleiche Zerlegung erleidet das Sonnenlicht während seiner Wirkung beym Prozeß des Bleichens. Es setzt auch hier seinen Lichtstoff an die farbigten Theile der zu bleichenden Substanzen ab, und der aus ihm entbundene Wärmestoff, bewirkt nun eine erhöhete Temperatur jener Zeuge, wodurch die Wirkung des Sauerstoffes aus der Atmosphäre, gegen die farbigten Theile jener Substanzen, in einem hohen Grade begünstiget wird: daher besitzt graue Leinewand allemal eine höhere Temperatur als weiße, wenn beyde sich in einerley Sonnenschein befinden, und eben daher erfolgt der Prozeß des Bleichens beym Einwirken der Sonne schneller als im Schatten.

BLEICHEN IN OBERHESSEN UM 1925 (MARGARETHE DIEFFENBACH 1925–35)
Diese Methode des Bleichens ist vielen noch aus den Erzählungen der Vorfahren bekannt: Mehrmaliges Auslegen der Leinenstücke und kontinuierliches Begießen bleichte die Leinwand weiß. Auch in alten Flurnamen finden sich noch Hinweise: Bleichwiese, Bleichstraße etc.

Leinen (und auch Wolle) haben eine natürliche Färbung, die durch das UV-Licht der Sonne ausgeblichen wird. Dazu wurden die Wäschestücke in den Flusswiesen der nahegelegenen Waschstellen ausgelegt und mit Holz- oder Pottasche versehen. Dies war eine langwierige und aufwändige Methode, die bis in die Zeit des industriellen Bleichens von Bedeutung war.

Ein Verfahren, das heutzutage angewandt wird, ist das „Ravensberger-Verfahren", bei dem „nach dem Brühen mit einer wäßerigen Chlordioxidlösung, woran sich eine Bleichstufe mit Wasserstoffperoxid und zum Schluß eine solche mit Hypochlorit anschließt. Das ‚LOK'-Verfahren (Degussa) kommt ohne Vorbrühen aus. Es wird zuerst mit Natriumchlorit und anschließend mit Wasserstoffperoxid gebleicht" (PETER, $^{12}$1985, 125 f.)

— 16 —

**Die Bleiche.**

Auf grünem Rasen liegt das Leinen,
Damit's die Sonne kann bescheinen,
Mariechen gießt mit vielem Fleiß,
Drum wird die Wäsche auch so weiß.

Der Illustrator, Maler, Karikaturist und Zeichner Friedrich Wilhelm Heinrich Hosemann, der von 1807–1875 lebte, hat diese idyllische Grafik für das unterhaltsame Werk „Die kleine Hausfrau in 12 Bildern“ geschaffen. Das fleißige Mädchen steht am Brunnen und begießt das zu bleichende Leinen. So hat man sich im 19. Jahrhundert das Ideal einer zukünftigen Hausfrau vorgestellt.

Die Wäschestücke haben die Leute am Dorfrand an Waschstellen ausgelegt und dem UV-Licht ausgesetzt.

In vielen Städten bildeten allerdings die Bleicher einen eigenen Beruf und damit auch eine eigene Zunft.

Die Bleiche, kolorierter Holzstich von Theodor Hosemann, aus: Gustav Holting (= C. G. Winckelmann): Die kleine Hausfrau in 12 Bildern. Berlin (1876).

Paradekissen der Emma Rommel (1879 Oberschefflenz/Baden – 1951 Karlsruhe) (Sammlung Fegert).

Dieser gebleichte, feine Leinenstoff aus der Aussteuer um 1900 ist mit ornamentaler Durchbruchsstickerei und Monogramm „ER“ versehen.

Dementsprechend war es der Stolz jeder jungen Frau, ihre „Paradekissen“ aufwändig verziert, aber auch vor allem in strahlendem Weiß zu präsentieren.

In der Mitte des 19. Jahrhunderts kommt die industrielle Herstellung des Leinens auf. Damit wird auch die rationelle Bleichung notwendig, die aber immer noch in der überkommenen Art der Besonnung, jedoch großflächig geschieht.

Leinen-Damast-Fabrik und Bleiche v. J. G. Lieske u. Häbler in Groß-Schönau (Album der Sächsischen Industrie 1856).

Großschönau ist in der Textilgeschichte Deutschlands einer der wichtigsten Standorte der Damast- und Frottierweberei. Im Jahr 1666 hat der Rat der Stadt Zittau, dem Großschönau unterstand, die zwei Leineweber Friedrich und Christoph Lange nach Holland entsandt, um die Technik der Damastweberei zu erlernen. Schon wenige Jahrzehnte später war der Leinendamast aus Großschönau weit über die Landesgrenzen bekannt. Darüber hinaus errichtete der Großschönauer Fabrikant Carl Heinrich Schiffner 1856 den ersten Frottierwebstuhl in Deutschland. Seit dieser Zeit entwickelte sich Großschönau zu einem Industrieort mit leistungsstarken Frottierwebereien, wie Lieske & Häbler, Richter & Goldberg und C. G. Hänsch. Heute, nach der Wiedervereinigung, stehen die Firmen Frottana-Textil GmbH und Damino GmbH für die jahrhundertelange Textilindustrie in Großschönau.

## LEINEN-GEWEBE

„Leinen“ kommt über das altgriechische *linon*, lateinisch *linum* zum mittelhochdeutschen *līnīn*, *linnen* und bezeichnet neben der Pflanzenfaser, *Linum usitatissimum*, das auf dem Webstuhl daraus gefertigte Gewebe, letzteres auch „Leinwand“, „Leintuch“ oder „Linnen“ genannt.

## TRADITION IM BAUERNALLTAG MITTELEUROPAS

Im Bauernalltag spielen die unterschiedlichsten Textilien aus Leinen eine Rolle. Sie waren wertvoller Besitz, der immer wieder erneuert und ausgebessert wurde.

### Kleidung

Arbeitskleidung wurde für die jeweils spezifische Arbeit angefertigt: Stallüberhosen oder Sackleinenschurz. Die Stoffe für diese Tätigkeiten mussten strapazierfähig sein: grobes Leinen, Woll- und Baumwollstoffe in dunklen Farben, blau, braun, grau.

Arbeitsschürze aus Baumwolle und Leinen aus Hintereben um 1950 (Sammlung Freilichtmuseum Finsterau, Ausstellung im Tanzerhof, Inv. Nr. F 1989/856_2, Foto: Obermeier,).

Die mit zahlreichen bunten Flicken ausgebesserte Schürze zeugt von einem langen Leben.

Frauen trugen, entgegen des stereotypen DSirndl des 20. Jahrhunderts, lediglich grobe Arbeitskittel. Altes Sonntagsgewand wurde mit Flicken weiterverwendet – ein Verständnis von Nachhaltigkeit, das erst seit kurzem wieder in den Blick gerät:

> „Kleidung ist heute ein Wegwerfprodukt. Jedes zweite Kleidungsstück besteht aus Kunststoff. Die Folgen sind Berge von Abfall und eine hohe Umweltbelastung. Früher gewann man das Garn für die Textilherstellung größtenteils aus der Flachsfaser. Die in mühsamer Handarbeit hergestellten Textilien wurden lange getragen und vielfach genutzt. Kleidung war sehr kostbar. So dienten Hemden bis noch vor 100 Jahren bei den weniger Wohlhabenden sowohl als Ober- wie auch als Unterhemd, als Nachthemd und zuletzt als Totenhemd. Abgenutzte Stücke wurden zu Arbeitskleidung. Das Gewand wurde immer wieder geflickt, durch Veränderungen der Mode angepasst, weitergegeben oder vererbt. Textilien wurden aufgebraucht bis zum letzten Flicken, den man zuletzt als Lumpen nutzte oder schließlich auf die Miststätte warf, wo er noch als Dünger diente" (FREILICHTMUSEUM FINSTERAU, Vitrinenbeschriftung Ausstellung im Tanzerhof).

ARBEITSJACKE AUS BAUMWOLLE UND LEINEN AUS HINTEREBEN BEI JANDELSBRUNN (SAMMLUNG FREILICHTMUSEUM FINSTERAU, AUSSTELLUNG IM TANZERHOF, INV. NR. F 1989/854_2, FOTO: OBERMEIER, FREUNDLICHE ÜBERLASSUNG FRANZISKA OLSMEIER).

Die blaue Leinenjacke ist mit karriertem Bauwollstoff und Zickzach-Stichen ausgebessert.

HOLZHAUERJACKE AUS IM BLAUDRUCKVERFAHREN GEFÄRBTEM UND BEDRUCKTEM LEINEN (SAMMLUNG FREILICHTMUSEUM FINSTERAU, INV. NR. F 1985/295_1, FREUNDLICHE ÜBERLASSUNG FRANZISKA OLSMEIER).

„Leinwandbindung. Schnitt: im Vorderteil gerade geschnitten; Revers; auf jeder Seite eine Tasche, auf der linken Seite zwei Knopflöcher; in Revershöhe angenähter Metallring; im Rücken zwei Wiener Nähte; Seiten- und Vorderteile in je einem Stück geschnitten; Jacke innen mit naturweißem Leinen gefüttert; an Ärmeln, Schultern und Vorderseite große Flicken vom gleichen Stoff aufgenäht, am Rücken und Ärmel sind braune Farbkleckse. Aus Waldhäuser, etwa erstes Drittel 20. Jahrhundert“ (Hintergrunddaten FREILICHTMUSEUM FINSTERAU).

Die Arbeitsbekleidung brachte auch den gesellschaftlichen Stand einer Person zum Ausdruck. Ob Hut, Hose oder Hemd – jedes Outfit war das individuelle Erkennungsmerkmal für einen bestimmten Handwerker oder die Stellung in der Hierarchie des Bauernhofes. Robuste Arbeitskleidung war eine wichtige Voraussetzung im Bauernalltag.

Die Farbwahl war regional bedingt und man konnte daran auch die Stellung des Einzelnen ablesen. Die Farbe Blau etwa ist ein Kennzeichen in der bäuerlichen Welt im Bayerischen Wald oder auf der Schwäbischen Alb. Durch das viele Waschen haben sich diese Farben oft ins Blaugrau verschoben.

KLEID, BLAU-WEIẞES WEBKARO AUS HINTEREBEN BEI JANDELSBRUNN (SAMMLUNG FREILICHTMUSEUM FINSTERAU, INV. NR. F 1991/247_4, FREUNDLICHE ÜBERLASSUNG FRANZISKA OLSMEIER).

„Kleid, blau-weißes Webkaro, tailliert; Umlegekragen; vordere Mitte bis Taille und versetzt bis 25 cm in den Rock mit Druckknöpfen zu schließen; Vorderteil gesteppte Falten; Rock in vier Bahnen, Saum wurde herausgelassen; über die ehemalige Saumkante (verschlissen) wurden diverse Stoffstreifen aufgenäht – überall Flickenauf- oder -einsätze; ebenso wurden die Ärmel (ca. 3/4 lang) aus Stoffstreifen neu eingesetzt. Aus Pötzerreut, Originalausstattung des Petzi-Hofes, etwa zweites Drittel 20. Jahrhundert" (Hintergrunddaten FREILICHTMUSEUM FINSTERAU).

## Leinen im Vintage-Look des 21. Jahrhunderts

Nachdem heute immer weniger Menschen mit der konkreten Arbeitswelt in der Landwirtschaft zu tun haben, sich aber in eine natürliche Welt als Idylle hineinfühlen wollen, trägt die Mode dem Rechnung. Sie produziert z. B. Stoffe aus Leinen oder Leinen-Anteil und gibt dem Aussehen mit unterschiedlichem Webcharakter, groben Nähstichen und vermeintlichen Beschädigungen den Anschein der Ursprünglichkeit, suggeriert Freiheit und Ungebundenheit von Alltagszwängen. Als besonderes Kleidungsstück wird dies für 179 € mit dem „Hemd patched.365" garantiert, allerdings exklusiv „streng limitiert [auf] 200 Hemden".

„HEMD PATCHED.346" MEY & EDLICH , SOMMERMODE 2022 (HTTPS://WWW.MEY-EDLICH.DE/HEMD-PATCHED-346)

Ein weiteres Beispiel bietet das Unternehmen mit diesem Hemd, das immerhin schon für 89 € vollmundig angeprießen wird: „Nachhaltiges Design à la Roether. Er denkt den Patchwork-Begriff konsequent, da nachhaltig, weiter - nach Hannes strengem Designauge werden frühere Hemdenstoffe penibel zusammengefügt. Allesamt im Ursprung gleich, gewebt aus reiner Baumwolle, die dem Hemd eine angenehme Luftigkeit verleiht. Anschließend erneut gewaschen, so trägt es den trockenen Griff und unempfindliches Handling. Zur Ausstrahlung genügt eine Jeans. […] Material: 100 % Baumwolle. Waschmaschinenfest und pflegeleicht."

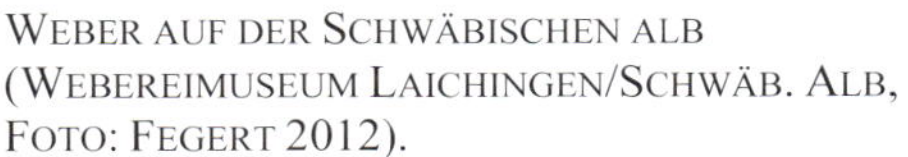

WEBER AUF DER SCHWÄBISCHEN ALB (WEBEREIMUSEUM LAICHINGEN/SCHWÄB. ALB, FOTO: FEGERT 2012).

Der Weber trägt einen blauen Leinenkittel als Arbeitsgewand.

SCHÄFER AUF DER SCHWÄBISCHEN ALB UM 1910 (KREISARCHIV TUTTLINGEN).

Unter dem Filzmantel des Schäfers sieht der typische blaue Leinenkittel hervor.

Die Schwäbische Alb war mit Laichingen das Zentrum der württembergischen Textilherstellung bis ins 20. Jahrhundert. In dem sehr rauen Mittelgebirgsklima und den kargen Kalkböden mit geringer Humusauflage und vielen Steinen war gerade der Anbau von Flachs eine der wenigen Möglichkeiten, landwirtschaftliche Rohstoffe anzubauen, um Leinen für die Eigenversorgung zu erzeugen.

Erst gegen Ende des 18. Jahrhunderts, im Jahr 1786, lässt der württembergische Herzog Carl Eugen eine Herde von 104 Merino-Schafen aus Segovia in Spanien und Perpignon in Südfrankreich auf einer Fußreise von vier Monaten auf die Schwäbische Alb nach Münsingen und Justingen einführen. Dies ist der Beginn der Schafzucht mit Merino-Schafen, die geschoren werden, statt dem periodischen Fellwechsel der einheimischen Rassen. Damit beginnt auch die Wollerzeugung in Schwaben (weiterführende Literatur: REINHARDT 2006).

## Getreidesäcke

Dieser Getreidesack war die Initialzündung für meine Beschäftigung mit Flachs und Leinen. Denn als ich diesen mit einigen Flicken ausgebesserten Sack Anfang der 1970er Jahre als eines der wenigen Erbstücke meiner Vorfahren von meinem Vater Wilhelm Fegert erhielt, machte mich die Rückseite neugierig. Denn darauf war in gleicher schwarzer Farbe ein Weberschiffchen gemalt (vergl. Abbildung unten). Auf meine Frage hin erzählte mir mein Vater, dass Jakob Friedrich, also mein Ur- Großvater neben einer Landwirtschaft auch als Weber seinen Lebensunterhalt verdient habe. Fortan wollte ich mehr wissen, vom Leinen und vom Weben. Es dauerte nicht lange, dass mich auch die Gerätekultur dieses Handwerks interessierte. Es war für mich allerdings ein Gesetz, keine Geräte vom Dachboden „unseres" Landwirts in Zwölfhäuser im Bayerischen Wald haben zu wollen. Vielmehr war ich oft beim „Gruschtler" Josef Schmöller in Freyung oder habe mich bei Händlern umgeschaut. Dann habe ich mir auch eine reichhaltige Bibliothek zum Thema Textilien zugelegt.

GETREIDESACK AUS LEINEN, „JAKOB FRIEDRICH FEGERT IN MÜHLACKER 1858" (SAMMLUNG FEGERT).

„Sackleinen wurde vor der Mechanisierung der Weberei aus selbst angebautem und aufbereitetem Flachs vom Bauern oder von ortsansässigen Landwebern in Lohnarbeit hergestellt. Das dazu notwendige Garn wurde vor allem aus dem beim Hecheln anfallenden sogenannten Abwerg gesponnen. Die kurzen, ausgebürsteten Fasern, die mitunter noch von hölzernen Partikeln der Flachsstengel durchsetzt sein konnten, stellten ein minderwertiges Spinnmaterial dar – gut genug aber noch für den Sackstoff, dessen

Gewebestruktur nicht unbedingt glatt und regelmäßig ‚schön' sein mußte. An diesem Material wurden auch Kinder beschäftigt, die auf diese Weise die Handfertigkeiten für feinere Gespinste einüben konnten. Als Alternative zu Flachs kam gelegentlich auch Hanf in Frage, der ähnlich wie der Flachs zu verarbeiten war. Die hausindustriellen Webstühle ließen meist nur eine Webbreite von ca. zwei Ellen, also etwas mehr als 120 cm zu, so daß die meisten Säcke diese Vorgabe des stofflichen Materials in ihre Form mitübernehmen. Die halbe Webbreite entspricht somit in der Regel der Breite eines Sackes; durch Nähte, durch regelmäßiges Waschen und einem damit verbundenen Einlaufen im Lauf von hundert und mehr Jahren bedingt, weisen die Säcke heute eine Breite von 50-60 cm auf.

Für gewöhnliche Getreidesäcke wurde das Garn mittels einfacher Bindung zu Leinwand verwoben, für die, je nach Qualität, die Bezeichnungen von ‚Drillich' über ‚Zwillich' bis ‚Rupfen' schwankten. Zwillich verweist auf einen zweifachen Faden, wobei oft auch nur der Schußfaden (bei einfachen Kettfäden) gemeint sein kann. Rupfen bezieht sich auf die Tatsache, daß das Garn aus dem Abwerg, also aus einem Herausgerupften, hergestellt worden war. Rupfen ist im übertragenen Sinn auch eine Bezeichnung für schäbige Kleidung. Für Mehlsäcke wurden hauptsächlich leinene Stoffe mit Köperbindung bevorzugt, also jene Gewebe, die erhabene, schräge Linien, sogenannte Grate (z. B. ‚fischgrätig') aufweisen und dichter und elastischer sind als einfache Leinwand. Der Rückgang des einheimischen Flachsanbaus und die preiswerten, importierten und industriell verarbeiteten ‚Kolonialwaren' Baumwolle und Jute setzten dem leinenen Sack mit Beginn des 20. Jh. ein allmähliches Ende" (UNSELD 1991, 7 f.).

„Nähen, Flicken, Schonen, Ausnutzen
Die traditionellen Getreidesäcke sind überaus sorgfältig gearbeitet. Da die Sackbreite meistens die Webbreite ausnützt, waren nur eine Längs- und eine Breitnaht – als Kappnaht doppelt genäht – und ein Besäumen der Sacköffnung erforderlich. Die Zipfel am Sackboden sind in der Regel mit inwendigen Einlagen verstärkt. Zum Schnüren des Sacks wurde das Gewebe am oberen Ende und unmittelbar links und rechts der Längsnaht durchbrochen und eingefaßt. Durch diese Löcher wurde der Sackbändel gezogen und um die Naht festgeknüpft. Bei etlichen Säcken wurde die Sacköffnung mit einem eingesetzten Spickel (‚Ohr') erweitert, um beim Füllen und Entnehmen mit dem ‚Viertel', dem Meßgeschirr, besser hantieren zu können. Alle Nähte sind bei Säcken aus dem vorigen Jahrhundert mit der Hand ausgeführt, später standen spezielle Sacknähmaschinen zur Verfügung bzw. die Leinenwebereien boten fix-und-fertiggenähte Säcke an. Allein die Näharbeiten bei der Herstellung von Säcken waren aufwendig. Rechnet man die Zeit bzw. die Materialkosten für die Leinwand hinzu (ein guter Weber konnte an einem Tag den Stoff für maximal drei Fruchtsäcke herstellen), so stellte bereits ein roher Sack einen beträchtlichen, materiellen Wert dar. Wie die übrige textile Ausstattung eines Haushaltes auch, waren Fruchtsäcke als Teil der Aussteuer für einen

lebenslangen Gebrauch hin angelegt. Die Säcke wurden dementsprechend pfleglich behandelt, nach Gebrauch sorgsam gesäubert und gelegentlich gewaschen. Wichtig war, sie vor stockender Nässe und vor den Mäusen zu schützen, denen das letzte zurückgebliebene Korn Anlaß bot, Löcher in die Säcke zu fressen. Als ‚rechter', luftig und sicherer Ort der Aufbewahrung für Säcke galten Stangen auf dem Kornboden über den Schütten.

Säckeflicken in Norddeutschland 1938 (Heimatmuseum Freiberg, in: Unseld 1991, 18)

Hielt das Sach nicht, was man sich von ihm versprochen hatte, so mußte geflickt werden. Zur Regel ‚mit dem, was man hat, muß man auskommen' gehörten notwendigerweise immer wieder Flickarbeiten, erfindungsreiche Ausbesserungen und Umnutzungen. Sackflicken war keine angenehme Arbeit, vor allem, wenn kleine Flicken an beschädigten Stellen unterlegt und mit dem derben Sackleinen vernäht werden mußten. Dennoch sind diese Ausbesserungen, gerade an Säcken aus dem 19. Jh. kleine Meisterleistungen. Mit zunehmendem Gebrauchsalter, aber auch bei Säcken jüngeren Datums, werden die Ausbesserungen schlampiger, auch deshalb, weil ein Ersatz, durch gesellschaftlich bedingte, veränderte Einstellungen den Dingen gegenüber, immer leichter zu haben war.

Zuvor aber bestimmten die Ökonomie des sorgsamen Umgangs mit den Dingen und die Ökonomie des Notbehelfs auch die Karriere der Fruchtsäcke. Waren sie für Getreide und Mehl zu ‚wüst', so waren sie bei der Kartoffelernte und beim Obsteinsammeln noch von Nutzen. Schließlich konnten auch wüste Fruchtsäcke immer noch guten Stoff für Handschuhe liefern – bevor sie als Putzlumpen restlos endeten" (Unseld 1991, 17 ff.).

Um den jeweiligen Sack nach dem Mahlen des Getreides eindeutig seinem Besitzer zuzuordnen, braucht es eine eindeutige Kennzeichnung:

> „„Bist immer aufm Strich, wie d' Sackmaler‘
> Bedruckte, bemalte, schablonierte Säcke
> Drei Verfahren, Sackzeichen dauerhaft auf die Leinwand aufzutragen sind bekannt: Drucken, Zeichnen/Malen, Schablonieren. Das Drucken mit Holzdruckstöcken lohnte sich nur dann, wenn eine große Serie von Säcken markiert werden sollte, denn das Druckverfahren macht einen eigens aus Birnbaum- oder Lindenholz kunstfertig geschnittenen Druckstock erforderlich und/oder bewegliche Lettern. Bedruckte Säcke sind daher nur aus Gegenden bekannt, die als Kornkammern gelten und in denen sich große Hofgüter herausbilden konnten. In diesen Strukturen war es auch professionellen Druckstockherstellern und Sackdruckern möglich, zu überleben. Die Sackschwärze wurde hier, wie bei den anderen Verfahren auch, aus Kienruß, Bleiglätte (Bleiweiß) und Leinöl hergestellt. Dieses Gemisch wurde erhitzt und nach dem Abkühlen mit Sikkativ (Trockenmittel) verrührt“ (UNSELD 1991, 26).

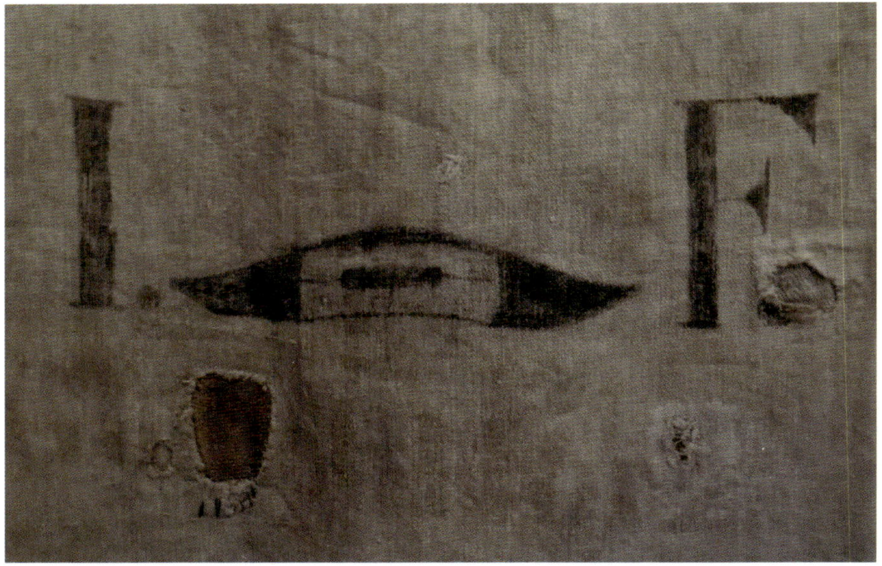

LEINENSACK (RÜCKSEITE) SACKZEICHEN „J. WEBERSCHIFFCHEN F.“ 1858 (SAMMLUNG FEGERT)

Bei der Sackrückseite meines Urgroßvaters, aber auch bei der Vorderseite (siehe oben), handelt es sich um gemalte Sackzeichen. Der diagonale Grat des Gewebes weist auf die Köperbindung des Leinensacks hin. Die Feinheit des Gewebes zeugt von der Nutzung als Mehlsack. Darauf gibt es feinere und grobere Flicken aus verschiedenen Zeiten.

## Transportsäcke

Doch auch im Alltag der Bauern und Nomaden in Klein- und Zentralasien bestand die Notwendigkeit, sich selbst alltagspraktische Transporttaschen zu weben. Besonders die Nomaden mussten ihre ganzen Habseligkeiten zweimal im Jahr für ihre Wanderungen geschickt verpacken können.

TRANSPORTTASCHE AUS MALATYA?/ANATOLIEN, KURDISCH (SAMMLUNG FEGERT).
Transporttasche in „Cicim"-Technik sind auch Metallfäden verwoben. Die Rückseite ist ebenfalls ornamental gestaltet. Als Doppeltasche kann sie auf dem Rücken der Tragtiere aufgelegt werden.

„Während des Webens werden [in der „Cicim"-Technik] in die Leinen-oder Schussripsbindung zusätzlich farbige Musterschüsse eingearbeitet. […] Der zusätzliche Cicim-Musterfaden ist jedoch dicker, so dass das Muster erhaben oder kissenförmig auf dem Grundgewebe steht. […] In der Cicim-Technik werden nur diagonale und vertikale Musterlinien hergestellt" (ACER 1983, 55).

## TRADITION IM BAUERNSONNTAG

Wie sehen die Leinen-Textilien im Bauernsonn- und Festtag Deutschlands aus?

Als Beispiel für feinste Leinengarne mag das folgende festliche Frauenhemd dienen, das bei genauerer Betrachtung akkurate Bordüren und eine elegante gehöhte Namensstickerei aufweist. Es kann ein Unterhemd oder Nachthemd gewesen sein. Wenn die Braut von ihrer Familie zum Hof des Bräutigams unterwegs war, so hat ihre Familie auf dem sogenannten „Kammerwagen" mit Möblen, Spinnrad und sonstigem Hausrat als Aussteuer gezeigt, wie reich sie war, und die Braut, wie fleißig und geschickt sie das Leinen für ihre Aussteuer verarbeitet hat (vergleiche Seiten 46 und 48).

FRAUENHEMD AUS LEINEN UM 1900 (ARCHIV FEGERT)

SELBST GEHÄKELTE BORDÜRE (AUSSCHNITT)

NAMENSSTICKEREI „MAADALENA" (AUSSCHNITT)

Aber auch die Männer trugen an Sonn- und Feiertagen festliche Gewänder aus Leinen.

Männer in Überröcken aus schwarzem/blauem Leinen in Oberhessen um 1925–35 (Dieffenbach 1984, 234)

Ein besonderes Ereignis war die Kirmes, die etwa in den katholischen Orten in Oberhessen nach Michaelis, 29. September, oder in der ersten Oktoberhälfte stattfanden. Der Jugend war dieses Fest ein willkommener Anlass sich in farbenprächtigen Kleidern zu präsentieren. Beim Tanzvergnügen zeigten sich die heiratswilligen Mädchen und Burschen. Andererseits war den verheirateten Männern und Frauen das Tanzen untersagt. So hatten diese genügend Zeit, sich zu Essen und Plaudereien zusammenzufinden.

Insgesamt ist festzustellen, dass die Tracht der Männer viel bescheidener war als die reichliche Ausstattung der Frauen mit Röcken, Mieder, Schürze und Baumwollstrümpfen.

Bauer im Sonntagsgewand auf der Schwäbischen Alb (Webereimuseum Laichingen, Foto: Fegert).

Die heute (2023) 98-jährige Babette Junginger berichtet im Gespräch mit dem Autor, dass es sich hier um ihren Großvater Simon Schwenkedel handelt, der in Laichingen/Schwäbische Alb einen Bauernhof bewirtschaftet hat.

Diese schlichte Sonntagstracht des „Älblers" steht im krassen Gegensatz zum stattlichen Gewand der Bauern aus dem bayerischen „Oberland". Der Bauer auf den kargen Böden der Schwäbischen Alb trug als Übergewand ein glänzendes „Blauhemd" (als modische Standesfarbe seit 1750/70 (Medick 1997, 422 f.)) aus Leinen, das an Hals und Ärmeln gerafft war. Darunter trug er oft eine schwarze Wolljacke und darunter ein rotes Wollgilet auf dem weißen Leinenhemd. Auf dem Kopf trug er einen Filzhut mit Quaste.

Im bayerischen Oberland trug der Mann neben der Kniebundhose ein gefältetes Leinenhemd, darüber die Gilet-Weste, auch „Leibl" genannt. Die Weste war aus Plüsch, Seide oder Baumwollstoff und mit zwei Reihen Silberknöpfen punktvoll verziert. Über der Weste trug er den Mantel, der auch mit Silberknöpfen gesetzt war.

(Weiterführende Literatur: Krajicek/Lobenhofer-Hirschbold/Thurnwald 1991).

Im Freilichtmuseum Finsterau als „Museum für das ländliche Siedlungswesen des Bayerischen Waldes" werden die typischen Gebäude-Ensembles nördlich der Donau mit den Gegenständen der vormaligen Bewohnerschaft gezeigt. Dazu verfügt das Museum u. a. auch über eine umfangreiche Sammlung von historischen Kleidungsstücken und Fotografien. Eine Auswahl hat das Museum (Gabriela RAUSCHER, Franziska OSLMEIER) freundlicherweise zur Verfügung gestellt.

FAMILIENPORTRAIT, UM 1900 IN DER GEMEINDE SCHAUFLING, BAYERISCHER WALD (SAMMLUNG FREILICHTMUSEUM FINSTERAU, INV. NR. P001872, AMATEURFOTOGRAFIE VON DR. MAX MAIER ODER LEHRER JOSEF RICHTSFELD).

Die Familie ist in Sonntagstracht vor zwei Leinendecken und auf einem gemusterten Jaquard-Tuch am Boden aufgestellt. Der Mann trägt eine schwarze Jacke, die mit Samt besetzt ist, darunter Gilet, weißes Leinenhemd und wollene Hose. So wie er eine Fliege trägt, sind seine Buben mit Krawatte geschmückt. Seine Frau hat neben dem schwarzen Kopftuch einen hellen Leinen-Schal umgebunden. Herausstechend ist das Kleid mit einem ornamentalen Druckmuster und abschließender Bordüre. Darüber trägt sie noch einen dunklen Schurz, der wohl in Reservetechnik gefärbt ist. Die ältesten Töchter (hinten rechts) tragen schwarze Kleider mit Stehkragen und Puffärmeln. Die jüngeren Töchter tragen mit Bordüren und Rüschen geschmückte Kleider.

Bäuerin in Sonntagstracht um 1900 in der Gemeinde Schaufling, Bayerischer Wald (Sammlung Freilichtmuseum Finsterau, Inv. Nr. P001859, Amateurfotografie von Dr. Max Maier oder Lehrer Josef Richtsfeld).

Über dem schwarzen Leinenrock und -oberteil trägt die Frau einen prachtvollen satinierten Schurz.

Bauernpaar in Sonntagstracht um 1900 in der Gemeinde Schaufling, Bayerischer Wald (Sammlung Freilichtmuseum Finsterau, Inv. Nr. P001867, Amateurfotografie von Dr. Max Maier oder Lehrer Josef Richtsfeld).

Der Bauer präsentiert sich mit Hut und vermutlich wollener Joppe, während seine Frau mit gebundenem Kopftuch, Halstuch, Leinenjacke und längsgestreiftem Satin-Schurz vor einer gewobenen Decke als Hintergrund sitzt.

## Wallach und das Dirndl aus Leinen

Heinemann Wallach stammte aus einem jüdischen Händlergeschlecht in Wiedenbrück. Er betrieb zusammen mit seinem Bruder in Bielefeld einen Getreidehandel. Allerdings starb er bereits 1899 im Alter von 57 Jahren, wodurch seine Frau Julie, die aus einer Blaufärberfamilie stammte, ihre 10 Kinder unter großen Mühen allein großziehen musste. Ihre beiden Söhne Moritz und Julius übersiedelten 1895 nach München und gründeten im Jahr 1900 das Volkskunsthaus Wallach.

DIE WALLACHS IN ALPEN-LOOK (FAMILIENARCHIV WALLACH. IN: BUCHWALD 2013).

Ihrem Ladengeschäft hatten sie ein Volkskunstmuseum angeschlossen. Sie gelten als Mitbegründer einer „Volkskunst-Mode“. Julius Wallach brachte von einer Geschäftsreise aus Brixen ein Trachtengewand mit, aus dem sie das „Dirndl“ entwarfen, zu dem sie als Rohstoff das traditionelle Leinen verwendeten. Die preußische Prinzessin Joachim erregte mit einem Wallach-Dirndl Aufsehen bei den Pariser Modeschöpfern. Der Siegeszug des Dirndls begann 1911, als die Wallachs den gesamten Jubiläums-Oktoberfestumzug mit Trachten im Stil des Jahres 1811 ausrüsteten. Damit begründet sich in den 1920er Jahren „der Wallach“ als Inbegriff für bayerisch-alpenländische Kleidungs- und Wohnkultur. Die Ausstattung von Operninszenierungen, die Gründung der Wallach-Werkstätten in Dachau und die Errichtung des Volkskunsthauses in unmittelbarer Nähe des Marienplatzes beschleunigten den Aufstieg des Unternehmens. Im Dritten Reich wurde zunächst selbst Hitlers Berghof mit Wallach-Stoffen ausgestattet. Doch 1938 mussten Julius und Moritz Wallach in die USA emigrieren, wo Moritz sein „Handcraft Studio“ in Lime Rock, Connecticut aufbaute. Im Jahr 1948 wurden die „Wallach Werkstätten AG“ in Dachau und der Laden in München restituiert, während Julius Wallach jedoch erst Ende der 1950er Jahre nach Oberbayern zurückkehrte. Mehrere Angehörige sind im KZ Theresienstadt ermordet worden (vergl. WALLACH 1961 und1964; SCHICKLING 2014; weitere Informationen zum Schicksal der Familie Wallach ind dem Handwerk des Blaufärbens finden Sie in: FEGERT, Friedemann ($^2$2019): Oh wie schön ist Indigo. Freyung.

## ARM UND REICH IN VERLASSENSCHAFTSINVENTAREN

Als wertvoller Besitz gilt Leinen auch in der Erbübergabe an die nächste Generation. Dies belegen „Verlassenschaftsinventare" etwa von der Schwäbischen Alb, in denen auch Leinenerzeugnisse verzeichnet sind.

Kleidungsstücke aus dem Zubringensinventar des Tagelöhners, Totengräbers und Webers Christoph Laichinger und seiner Ehefrau Anna Schamler 1748

| | Kleidung des Mannes | | | | Kleidung der Frau | | |
|---|---|---|---|---|---|---|---|
| 1 | neuen Huth | | 30 kr. | 1 | neue schwarz creppene Haub | | 20 kr. |
| 1 | alter | | 10 kr. | 2 | coltunene neue, a. 20 kr. | | 40 kr. |
| 1 | neu lederne Kapp | | 16 kr. | 2 | mittelm., a. 12 kr. | | 24 kr. |
| 1 | alte | | 6 kr. | 1 | Schlayer | | 15 kr. |
| 1 | alte Belz Kapp | | 8 kr. | 1 | neuen Flor | | 20 kr. |
| 2 | mittelm. Flor, a. 6 et 3 kr. | | 9 kr. | 1 | alten | | 6 kr. |
| 1 | Halßtuch | | 8 kr. | 8 | weiße Goller, a. 8 kr. | 1 fl. | 4 kr. |
| 1 | Überschlag | | 2 kr. | 1 | neu schwarz zeugenen Rock | 2 fl. | 30 kr. |
| 1 | gut grau tüchener Rock | 5 fl. | | 1 | neu schwarz bayenen | 2 fl. | |
| 1 | gut grau tüchener Camisol | 2 fl. | 30 kr. | 1 | neu braun zeugenen | 2 fl. | |
| 1 | alter Rock | 2 fl. | | 1 | neu grün zeugweißen | 1 fl. | 12 kr. |
| 1 | alt Zwilch Kittel | | 15 kr. | 1 | neu blauen wiffling | 1 fl. | |
| 3 | alte Wammes, a. 10 kr. | | 30 kr. | 1 | neu dergl. grünen | 1 fl. | 12 kr. |
| 1 | gut roth tüchenes Brusttuch | 1 fl. | | 1 | mittelm. dito | | 30 kr. |
| 1 | altes | | 4 kr. | 1 | neu zeugen Bieblen | 1 fl. | 12 kr. |
| 1 | neu kälbernes pr. Hosen | 2 fl. | | 1 | mittelm. | | 50 kr. |
| 1 | mittelm. pr. | | 24 kr. | 1 | neu leinen Bieblen | | 20 kr. |
| 2 | alte pr., a. 15 kr. | | 30 kr. | 1 | alts | | 10 kr. |
| 4 | gut reusti Hembder, a. 30 kr. | 2 fl. | | 1 | gut roth tüchen Mieder | | 40 kr. |
| 1 | alts | | 15 kr. | 1 | neu schwarz tüchen Mieder | | 50 kr. |
| 1 | gestricktes pr. Handschue | | 8 kr. | 1 | mittelm. roth | | 15 kr. |
| 2 | gut schwartz wullene pr. Strümpf, a. 24 kr. | | 48 kr. | 5 | neu schwarz leinene Schürz, a. 30 kr. | 2 fl. | 30 kr. |
| 1 | mittelm. pr. | | 15 kr. | 1 | gut blaue | | 24 kr. |
| 1 | alt leinen gestricktes pr. | | 10 kr. | 1 | weiße | | 20 kr. |
| 2 | Schnupptücher, a. 6 kr. | | 18 kr. | 1 | alte Schürz | | 4 kr. |
| 1 | neu pr. Schue | 1 fl. | | 5 | neu raue Hembder, a. 36 kr. | 3 fl. | |
| 1 | alt pr. | | 30 kr. | 5 | mittelm., a. 20 kr. | 1 fl. | 40 kr. |
| | | | | 1 | neu wullene pr. Strümpf | | 24 kr. |
| | | | | 1 | guts pr. | | 20 kr. |
| | | | | 3 | leinene gestrickte pr., a. 16 kr. | | 48 kr. |
| | | | | 1 | mittelm. baumwollen pr. | | 20 kr. |
| | | | | 1 | tüchenes pr. | | 6 kr. |
| | | | | 1 | sammet Gürttel | | 16 kr. |
| | | | | 1 | neu pr. Schue | | 50 kr. |
| | | | | 1 | alt pr. | | 24 kr. |

KLEIDUNGSSTÜCKE EINES TAGLÖHNERS, TOTENGRÄBERS UND WEBERS 1748 (STAL INV. U. TEIL 1747/51, 236 F. IN: MEDICK 1997, 410).

Neben 9 weiteren leinenen Kleidungsstücken ist offenbar der „gut grau tücherne Rock" das wertvollste des Mannes, während seine Frau über 18 Leinenteile, davon zwei Leinen-Röcke, zwei Leinen-Blusen und fünf -Schürzen als teuerste verfügt. Der Gesamtwert der Kleidung des Mannes beträgt 21 fl., der der Frau 29 fl.

**Kleidungsstücke aus dem Zubringensinventar des Chirurgen, Operateurs, Accoucheurs und Wundarztes Narcissus Keller und seiner Ehefrau Anna Ursula Schwenk 1749**

| | Kleidung des Mannes | | |
|---|---|---|---|
| 1 | neuer Huth mit Gold bordiert | 6 fl. | 30 kr. |
| 1 | simpler do. | 2 fl. | |
| 1 | alter do. | | 30 kr. |
| 1 | neu blau tüchener Rock und 1 Camisohl | 20 fl. | |
| 1 | stahlfarbes Kleid, Rock, Camisohl und Hoßen | 18 fl. | |
| 1 | grau tüchen alten Rock | 3 fl. | |
| 1 | calamencken Leiblen mit Ermelen | 2 fl. | 30 kr. |
| 1 | pr. schwartz böckene Hoßen | 3 fl. | |
| 8 | neu fläxene Unterhemder | 8 fl. | |
| 2 | mittelmäßige do. | 1 fl. | 12 kr. |
| 2 | neue Oberhemder | 3 fl. | |
| 2 | mittelmäßig do. | 1 fl. | |
| 5 | pr. Straifermel | 1 fl. | 40 kr. |
| 4 | pr. Manchettes | 2 fl. | |
| 4 | Oberhemder | 2 fl. | 40 kr. |
| 1 | gantzes Manchettes Hemd | 1 fl. | 30 kr. |
| 1 | Oberhemd | 1 fl. | |
| 18 | Halßbänder, a. 4 kr. | 1 fl. | 12 kr. |
| 1 | grün sammet Kapp | 1 fl. | 30 kr. |
| 1 | do. mit Beltz | | 30 kr. |
| 1 | rothe do. | | 15 kr. |
| 1 | pr. grau seidene Strümpf | 1 fl. | 30 kr. |
| 1 | pr. cahtor Strümpff | | 50 kr. |
| 1 | pr. schwartz gewobene | | 30 kr. |
| 1 | pr. weiße baumwollene | | 50 kr. |
| 1 | paar neue Schuh | 1 fl. | 8 kr. |
| 1 | paar alte | | 30 kr. |
| 1 | pr. Gramaches | | 36 kr. |
| 1 | pr. mittelmäßige do. | | 15 kr. |
| 1 | mößener Degen | 3 fl. | |
| 1 | schwartz sammetener Beltz Schlupfer | 1 fl. | 30 kr. |
| 1 | pr. cahtor Handschuh | | 45 kr. |
| 1 | pr. lederne | | 45 kr. |
| 5 | Schnupptücher | 2 fl. | 15 kr. |
| 1 | Spanisch Rohr mit Silb. beschlagen | 2 fl. | |
| 1 | Besteck mit Futteral | 2 fl. | |

| | Kleidung der Frau | | |
|---|---|---|---|
| 2 | cottonene Hauben, a. 30 kr. | 1 fl. | |
| 2 | chläyer | | 48 kr. |
| 2 | neue Flohr | | 36 kr. |
| 1 | silb. Ringlen | | 15 kr. |
| 1 | granaten Nuster mit 1 silb. Schloßlen | 1 fl. | |
| 3 | do. | | 45 kr. |
| 2 | Goller | | 30 kr. |
| 4 | weiße do. | 1 fl. | 20 kr. |
| 4 | ferner | | 48 kr. |
| 1 | mittelmäßiges do. | | 10 kr. |
| 1 | schwartz tüchener Rock | 2 fl. | 30 kr. |
| 1 | zeugener do. | 2 fl. | 30 kr. |
| 1 | do. | 2 fl. | |
| 1 | blau zeugener do. | 2 fl. | 30 kr. |
| 1 | dergl. | 2 fl. | |
| 1 | blau zeugweißer | 1 fl. | 30 kr. |
| 1 | dergl. | 1 fl. | |
| 1 | ferner | 1 fl. | |
| 1 | braun zeugener | 2 fl. | 30 kr. |
| 1 | grün zeugweißer | 1 fl. | 30 kr. |
| 1 | schwartz Mieder | | 40 kr. |
| 1 | do. | | 36 kr. |
| 1 | roth tüchenes Mieder | 2 fl. | |
| 1 | mittelmäßiges | 1 fl. | 30 kr. |
| 1 | do. | 1 fl. | |
| 1 | pr. Schuhschnällen | 1 fl. | 15 kr. |
| 1 | gelbes Mieder | | 40 kr. |
| 1 | rothes mittelmäßiges | | 30 kr. |
| 1 | schwartz tüchenes Bieblen | 2 fl. | |
| 1 | dergl. | 1 fl. | 30 kr. |
| 1 | dergl. zeugenes | 1 fl. | |
| 2 | einfach leinene | | 48 kr. |
| 5 | schwartze Schürtz, 2 a. 36 kr., 2 a. 24 kr., 1 a. 20 kr. | 2 fl. | 20 kr. |
| 1 | ferner | | 30 kr. |
| 1 | blaue do. | | 20 kr. |
| 1 | weißer do. | | 24 kr. |
| 8 | neue Hemder, a. 36 kr. | 4 fl. | 48 kr. |
| 7 | mittelmäßige | 2 fl. | 48 kr. |
| 8 | pr. baumwollen gestrickte, 4 a. 24 kr. et 4 a. 30 kr. | 3 fl. | 36 kr. |

KLEIDUNGSSTÜCKE EINES CHIRURGEN 1749 (STAL INV. U. TEIL 1747/51, 256 FF. IN: MEDICK 1997, 418).

Neben 28 weiteren leinenen Kleidungsstücken ist der „neu blau tücherne Rock" das mit 20 fl. teuerste Kleidungsstück des Mannes, während seine Frau über 35 Leinenteile, darunter zahlreiche Leinen-Röcke verfügt. Der Gesamtwert der Kleidung des Mannes beträgt 136 fl. (+ Schmuck und Silber 40 fl.), der der Frau 60 fl., (dazu Schmuck und Silber 20 fl.).

## ENTWICKLUNG DER TECHNIK 18. – 21. JAHRHUNDERT

Das Weberhandwerk entwickelt sich stets weiter und in Europa kommt es zu innovativen Erfindungen, die das weben effektiver machen, letztlich aber den Handwerber-Stand massiv in Frage stellen.

### Technik des „Handschütz“ und „Schnellschütz“

Der Handwebstuhl mit dem Weberschiffchen oder auch Schütz genannt, erfuhr mit dem „fliegenden Schützen“ eine Weiterführung.

WEBERSCHIFFCHEN/HANDSCHÜTZ (WEBEREIMUSEUM HASLACH/OÖ.)

FLIEGENDER SCHÜTZ MIT ROLLEN (SAMMLUNG FEGERT)

Denn dieser „Schnellschütze“, den der Engländer John Kay (1704–1780) 1733 erfunden hat, erleichtert mit seinen Rollen dem Weber, mit weniger Reibwiderstand und damit Kraftaufwand arbeiten zu können. Ruckartig wird das Weberschiffchen so mit einer Schnur aus dem „Schützenkasten“ durch das Treibfach geschossen. Mit ca. 40 Schuss pro Minute wird eine dreifache Leistung im Vergleich zum Handschützen erreicht.

JOHN KAY

Daher überfielen 1753 Textilarbeiter Kays Haus, da sie befürchteten, durch ihn ihre Arbeitsplätze zu verlieren. Deshalb ging Kay dann nach Frankreich.

## Das Maschinenzeitalter mit der „Spinning Jenny“

Im 18. Jahrhundert bringen Tüftler auch schon die ersten Spinnmaschinen auf den Markt:

> „Der Baumwollweber James Hargreaves (1721–1778) aus dem englischen Lancashire erfand die ‚Spinning Engine‘, in der Umgangssprache ‚Spinning Jenny‘, um den Spinnprozess zu automatisieren. Sein erstes Exemplar aus dem Jahre 1764 hatte acht Spindeln, einige Jahre später waren bereits Maschinen mit bis zu 100 Spindeln in Gebrauch. Die Spinning Jenny des Deutschen Museums ist auf 60 Fäden ausgelegt. Das 1856 in Bramsche bei Osnabrück gebaute Exemplar ist die älteste erhaltene, einwandfrei intakte Maschine [siehe Seite 189].

Hargreaves‘ Spinning Jenny (North Mill Museum in Belper/Derbyshire).

Das Prinzip der Spinning Jenny beruht darauf, dass von einer Vorgarnspule (mit grob gesponnenem Material) ein Faden über eine Spindel gezogen wird, der weiter über einen Pressbalken auf einem beweglichen Wagen läuft. Zuerst bewegt sich der Wagen mit geöffneter Presse von der Spindel weg, wodurch er das Vorgarn von der Vorgarnspule wickelt und durch die Presse zieht. Das Vorgarn wird verstreckt, indem sich kurz vor Ende der Ausfahrt die Presse schließt und der Wagen bis zum Anschlag weiterfährt. Gleichzeitig wird durch Drehen der Spindel das Vorgarn leicht gefestigt. Bei geschlossener Presse wird die Spindel nun gedreht, bis der Faden durch Verdrillung die gewünschte Festigkeit erreicht. Durch eine kurze Drehung in entgegengesetzter Richtung lockert sich der Faden etwas und gleitet von der Spindelspitze auf die Spule. Der Wagen fährt langsam zurück, währenddessen dreht sich die Spindel und der Faden wird unter gleichzeitigem Heben und Senken eines Aufwinders Lage für Lage aufgespult. Der Aufwinder sorgt auch für den notwendigen Wechsel des Winkels zwischen Spinnphase und Aufwickelphase (beim Spinnen muss der Winkel zwischen Spindelspitze und Faden $> 90^\circ$ sein). Hat der Wagen die Spindel erreicht, öffnet sich die Presse und der Spinnvorgang beginnt von neuem. Mit der linken Hand wird dabei der Wagen hin- und herbewegt, mit der rechten Hand das Antriebsrad. (Quelle: Brandlmeier 2002, Deutsches Museum 2022. In: https://digital.deutsches-museum.de/de/digital-catalogue/collection-object/25202/#1).

Die Spinning Jenny als erste Spinnmaschine der Welt arbeitete folglich nach den gleichen Prinzipien wie die Fallspindel. Sie ist jedoch vertikal angeordnet, und auf einer Seite zeigt sie eine Reihe von Spindeln, während die gegenüberliegende Seite eine Reihe von Stiften hat, auf die der Faden aufgewickelt wurde.

Spinning Jenny, gebaut 1856 in Bramsche (Archiv Deutsches Museum, CC BY-SA 4.0)
Laut dem Deutschen Museum ist dies „die älteste erhaltene, einwandfrei intakte Maschine".

Diese Erfindung revolutioniert das Spinnereiwesen und ruft große Sorgen hervor:

> „Als die Erfindung bekannt wurde, trieb die Angst vor dem Verlust ihres kargen Lohnes viele Handspinner auf die Straße. Sie bestürmten das Haus von Hargreaves, zerstörten seine Spinnmaschine und drohten ihm Gewalt an. Schließlich verließ er seine Heimatstadt Blackburn.
> In den folgenden Jahrzehnten benutzten jedoch viele Handspinner die Jenny oder die daraus entwickelte vollmechanische Feinspinnmaschine (‚Selfaktor'). Beide arbeiteten jedoch diskontinuierlich und eigneten sich deshalb nicht für das ‚neue Fabrik- oder Factoreysystem' des 18./19. Jahrhunderts" (Deutsches Museum 2022. In: https://digital.deutsches-museum.de/de/digital-catalogue/collection-object/25202/#1).

Die Spinning Jenny hatte deshalb so große Bedeutung, weil mit ihr die Arbeit wesentlich produktiver gestaltet wurde, denn mit ihr konnte ein Spinner exakt einen Weber mit Spinnmaterial versorgen, vorher mussten vier bis acht Spinner einem Weber zuarbeiten. Dies wird als „Garnhunger" angesprochen. Zunächst wurde es als Vorteil angesehen, dass die Spinning Jenny durch Muskelkraft angetrieben werden konnte. Doch schon nach kurzer Zeit setzte man die Wasserkraft als Antrieb ein.

Diese Umwälzung sahen viele Handspinner als die Gefährdung ihres Arbeitsplatzes an und zerstörten, wie oben erwähnt, die Maschinen Hargreaves. Deshalb zog dieser nach Nottingham um. Die Spinning Jenny war der Beginn der Industrialisierung des Textilwesens.
Das Konkurrenzprodukt „Waterframe", ebenfalls im Jahr 1764 von dem englischen Perückenmacher Richard Arkwright entwickelt, erhielt seine Energie durch Wasserantrieb und ist seit 1771 in der weltweit ersten industriellen Baumwollspinnerei im englischen Cromford zu besichtigen.

## Spinning Mule

Die Maschine jedoch, die für die folgenden 100 Jahre die größte Verbreitung findet, ist Samuel Cromptons „Spinning Mule" von 1779. Sie ist eine Maschine, die zum Spinnen von Baumwolle und anderen Fasern verwendet wird. Sie wurden vom späten 18. bis zum frühen 20. Jahrhundert in Lancashire und anderswo in großem Umfang eingesetzt. Als eine Art Kreuzung aus „Spinning Jenny" und „Waterframe" besitzt sie einen halbautomatischen Schienenwagen, dessen bis zu 500 rotierende Spindeln das Vorgarn beim Ausfahren zu Garn verdrehen und beim Einfahren auf Spulen wickeln. So wurde die Spinning Mule gemeinsam von einem Aufseher mit Hilfe von zwei Jungen bedient: dem „kleinen Anspinner" und dem „großen" oder „seitlichen Anspinner". Im Laufe der Weiterentwicklung trug der Wagen bis zu 1.320 Spindeln und konnte bis zu 46 m (150 Fuß) lang sein, wobei er sich viermal pro Minute um 1,5 m (5 Fuß) vor- und zurückbewegte. Er wurde zwischen 1775 und 1779 von Samuel Crompton erfunden. Das selbsttätige (automatische) „Mule" (Maultier) wurde 1825 für Richard Roberts patentiert. Auf ihrem Höhepunkt gab es allein im englischen Lancashire 50.000.000 Mule-Spindeln. Die vermutlich einzige erhaltene Spinning Mule, die Samuel Crompton selbst konstruiert hat, ist im „Bolton Art Gallery, Library & Museum" zu sehen. Moderne Versionen werden immer noch in der Nischenproduktion eingesetzt, um etwa Wollgarne aus edlen Fasern wie Kaschmir, ultrafeinem Merino und Alpaka für den Strickwarenmarkt zu spinnen.

Spinning Mule vor 1900 (Archiv Fegert).

Die Person, die den „Mulespinner" bediente, musste mit der linken Körperhälfte sämtliche, in späteren Zeiten auf einem bis zu 800 kg schweren Schienenwagen montierten Spindeln von den Reckwalzen fortbewegen und dadurch das Vormaterial ausspinnen. Mit der rechten Hand führte der Spinner ein Handrad, mit dem die Drehrichtung der Spindeln beim Einfahren des Wagens umgekehrt und gleichzeitig der neu entstandene Faden aufgewickelt wurde. Dieser Vorgang wiederholte sich während eines zwölfstündigen Arbeitstages etwa 5000 Mal.

Das Spinn*rad* spann Textilfasern in einem Verfahren, das durch Arbeitsunterbrechungen gekennzeichnet war, zu Garn. Im „Streckschlag“ wird „Vorgarn“ durch Walzen gezogen und gedreht; beim Rücklauf wird auf die Spindel gewickelt. Das konkurrierende System, die Spinn*maschine* oder Ringspinn*maschine*, arbeitet mit einem kontinuierlichen Verfahren, bei dem das Vorgarn in einem Arbeitsgang gezogen, gezwirnt und gewickelt wird. Das „Maultier“ war von 1790 bis etwa 1900 die am weitesten verbreitete Spinnmaschine und wurde noch bis Anfang der 1980er Jahre für feine Garne verwendet. Im Jahr 1890 verfügte eine typische Baumwollspinnerei über 60 Mules mit jeweils 1.320 Spindeln, die 56 Stunden pro Woche viermal pro Minute arbeiteten.
So bereitet die Automatisierung der Textilindustrie ihren Weg. Um den technologischen Vorsprung zu halten, untersagt die englische Regierung 1774 den Technologietransfer auf das Festland unter Androhung der Todesstrafe und lässt Facharbeiter England nicht verlassen. Doch das Verbot wird erfolgreich umgangen, indem der belgische Unternehmer Lieven Bauwens 1797 eine „Spinning Mule“ auf den Kontinent schmuggelt und mit den Nachbauten mehrere Fabriken im belgischen Gent ausrüstet.

## Maschinenwebstuhl „Power Loom“

Edmund Cartwright (1743–1823).

Nach der Erfindung des fliegenden Weberschiffchen durch den Engländer John Kay (1733) und die „Spinning Jenny“, das Spinnrad mit mehreren Spindeln, durch James Hargreaves (1764/70) und der Dampfmaschine von James Watt (1769–84) bringt der mechanische Webstuhl von Edmund Cartwright 1785 den gravierenden Wandel im Webereiwesen, der auch nach Mitteleuropa übergreift. Durch den Import billigerer Weberzeugnisse kommt es in der Folge in Deutschland zu tiefgreifenden sozialen Spannungen und letztlich zur totalen Umwälzung und dem Niedergang des Handwebstuhls.

„Power Loom Weaving“, gezeichet von T. Allom (Archiv Fegert).

In dem großen Maschinensaal sind ca. 20 Webmaschinen aufgestellt, alle mit Transmissionsriemen an den Dampfantrieb gekoppelt.

Denn dieser Maschinenwebstuhl bedeutet eine textiltechnische Revolution, den der Engländer Edmond Cartwright 1785 erfunden hat. Seine „Power Loom“ hat er mit einer Dampfmaschine angetrieben. Sie war damit die erste automatische Webmaschine überhaupt, mit der auch breite Gewebe hergestellt werden konnten. Die dazu benötigten Weberschiffchen brauchten durch die Kraft des Dampfantriebs auch keine Rollen mehr.

Dies führte zu zahlreichen Weiterentwicklungen des mechanischen Webstuhls, wie im Folgenden zu lesen ist.

## Jacquard-Webstuhl

Der nächste entscheidende Impuls der Weiterentwicklung der Webmaschine gelingt dem Lyoneser Seidenweber Joseph-Marie Jacquard (1752–1834). Seine Idee besteht darin, die Hebung und Senkung und den damit verbundenen Schuss durch Lochkarten zu steuern. Die einzelnen Litzen hängen an Hebeschnüren, sog. Harnischen, an denen Haken, Platinen genannt, befestigt sind. Bei jeder Maschinenumdrehung werden die Platinen bewegt und somit findet die unterschiedliche Fachbildung statt. Denn für jeden unabhängig steuerbaren Kettensatz gibt es eine Lochreihe auf der Lochkarte. Beim Damast-Webstuhl, der in gleicher Weise mit dem Lochkartensystem arbeitet, werden allerdings nur Gruppen von Fäden bewegt.

JACQUARD-WEBSTUHL (WEBEREIMUSEUM HASLACH/OÖ.) (FOTO: FEGERT).

Im Hintergrund rechts sind die Lochkarten zu sehen, mit denen die Hebung und Senkung der Kettfäden gesteuert wird.

Der entscheidende Vorteil des Jacquard-Webstuhls besteht darin, dass Gewebe in größerer Breite und mit einem sehr differenzierten Muster gewebt werden können. Dies lässt sich beispielsweise auf dem Jacquard-Webstuhl des Webereimuseums Haslach in Oberösterreich zeigen, wo das feine Muster, des „Jägers Hochzeit", gerade angewebt wird.

JACQUARD-WEBSTUHL (WEBEREIMUSEUM HASLACH/OÖ.) (FOTO: FEGERT).

Auf diesem Webstuhl entsteht gerade eine breite Tischdecke in dem differenzierten Muster mit dem Namen „Jägers Hochzeit".

Die Vielfalt der Musterbildung auf dem Jacquard-Webstuhl beeindruckt, wie das Beispiel im Webereimuseum in Laichingen auf der Schwäbischen Alb zeigt.

WEBMUSTER GEWOBEN AUF EINEM JACQUARD-WEBSTUHL, ENDE 19. JHDT. (FOTO: FEGERT). Eine feine, differenzierte Musterbildung charakterisiert dieses Laichinger Gewebe.

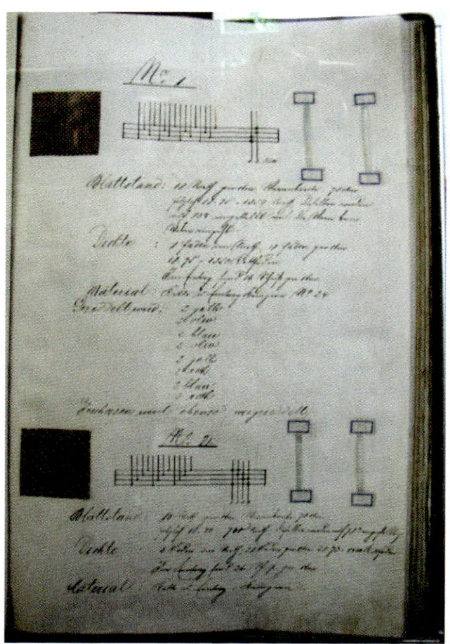

Im nebenstehenden Webmusterentwurf wird zunächst der „Blattstand", d. h. die Struktur, dann die „Dichte" 1350 Kettfaden und Eintrag 16 Schuss pro dm festgelegt. Als Material für Kette und Eintrag wird ein Kreuzgarn No. 24 genommen und als Farbfolge „gereddelt" „2 [Fäden] gelb, 2 oliv, 2 blau, 2 gelb, 2 roth, 2 blau, 2 roth".

WEBMUSTERENTWURF LEINENBINDUNG, ANFANG 20. JHDT. (WEBEREIMUSEUM LAICHINGEN, FOTO: FEGERT 2012).

## Webmaschine von Louis Schönherr

Eine weitere richtungsweisende Entwicklung findet mit der Konstruktion der mechanischen Webmaschine durch Louis Ferdinand Schönherr statt.

Als gelernter Weber verspürte er früh den Wunsch, sich die Handarbeit durch eine neue Webstuhlkonstruktion zu erleichtern. Ab 1836 tüftelte er zusammen mit seinem Bruder Wilhelm an der Entwicklung von Webstühlen. Um das Neueste mitzubekommen, machte er 1837 bis 1839 Praktika im englischen Leeds und Manchester.

Louis Schönherr (Zeichnung von Benita Martin 2018, CC BY-SA 4.0

Der Erfolg ermunterte ihn 1851 zur Gründung einer eigenen Fabrik zusammen mit Ernst Seidler, das Unternehmen Schönherr & Seidler in Chemnitz, in der ab 1852 von ihm entwickelte mechanische Webstühle gefertigt wurden. Sie begannen mit der industriellen Serienproduktion von Tuchwebstühlen und Möbelstoff-Webstühlen mit 20 Beschäftigten. Schönherr verbesserte 1861 seine Konstruktion, um gemusterte Stoffe fertigen zu können. So konnten bis Ende 1871 18.339 Maschinen hergestellt werden mit einem Wert von ca. 100 Millionen Mark (entspricht heute mehr als 779.000.000 Euro).

Im Jahr 1895 fertigten die 1200 Beschäftigten den 50.000sten Webstuhl, die monatliche Produktion lag bei 250 Stück. Bereits 1932 stellte das Unternehmen die „zweischützige Doppelteppichwebmaschine“ vor, was eine entscheidende Innovation für die industrielle Großproduktion von gewebten Teppichen darstellte. Die Firma wurde so der zweitgrößte Betrieb der Stadt Chemnitz.

Schönherrs Verdienst ist es, dass er den ersten mechanischen Webstuhl in Deutschland baute, was sein entscheidender Beitrag war, von den teuren Maschinenimporten aus England nicht mehr abhängig zu sein.

MECHANISCHER WEBSTUHL 1900, WEBEREIMUSEUM LAICHINGEN/SCHWÄB. ALB (FOTO: FEGERT). Es handelt sich um einen sog. „glatten Webstuhl" für Leinenbindung mit „Handeinleger", d. h., ist eine Schuss-Spule leer, muss eine neue von Hand aufgelegt werden. Die Warenbreite beträgt hier 80 cm zur Herstellung von Kopfkissen. Der Hersteller war Schönherr in Chemnitz.

Nach Gründung der DDR gehörte das Unternehmen zur „VVB Textilmaschinen", des späteren „VEB Kombinat Textima". Auf der Leipziger Messe konnten die ersten neu entwickelten Webautomaten und Spulmaschinen präsentiert werden. Mit der Wende 1990 wurde das „Kombinat Textima" von der Treuhandanstalt privatisiert, der „VEB Webstuhlbau Karl-Marx-Stadt" führte die Produktion vorerst fort, jedoch nur mit 800 der vormals 1700 Mitarbeiter. Im Oktober 1990 wurde die „Chemnitzer Webmaschinenbau GmbH" gegründet, dann von der Treuhandanstalt an eine deutsch-schweizerische Unternehmensgruppe veräußert, unter Beibehaltung von 600 Mitarbeitern. 1998 kaufte die Schweizer Firma Stäubli S.A. das Unternehmen und benannte es in „Schönherr Textilmaschinenbau GmbH" um. Heute firmiert das Unternehmen unter „Schönherr Carpet Weaving" in Bayreuth.

## Fadeneintrag 21. Jahrhundert – Schüsse mit Düsenjet

In der Entwicklung der modernen Webmaschinen haben sich die Ingenieure zunehmend dem Fadeneintrag zugewandt. Die historischen „Schützenmaschinen“ ließen den „Schützen“ mit hoher Geschwindigkeit durch das Fach fliegen, dann im Schützenkasten abbremsen und mit gleich hoher Geschwinigkeit wieder in Gegenrichtung auf den Weg schicken.

Die moderne Maschinenwebtechnik bedient sich hauptsächlich dreier Fadeneintragssysteme: Projektil-System, Luftdüsen-System und Greifer-System. Der Fadeneintrag geschieht grundsätzlich nur aus einer Richtung und der Faden wird am Ende jeweils abgeschnitten, statt in der Gegenrichtung zurückgeführt.

In der Projektil-Webmaschine erhält ein Projektil seine Antriebsenergie durch Torsion eines Metalls. Das Projektil trägt keinen Schussvorrat (wie das historische Weberschiffchen) mit sich, sondern zieht lediglich den Garnfaden mit der vorbestimmten Länge durch das Fach. Der Faden wird nur aus einer Richtung durchgeschossen und am Ende abgeschnitten. Das Projektil kehrt in die Abschussposition zurück. Je größer die Webbreite, umso mehr Projektile sind in diesem Kreislauf unterwegs. So werden mehr als 400 Schüsse in der Minute erzielt und dabei mehr als 1000 Meter Garn eingetragen. Dies führt zu großer Variabilität der Webbreite und Eignung für unterschiedlichste Gewebe.

In der „Luftdüsen-Webmaschine“, die ab 1966 entwickelt wurde, wird der Schussfaden mit gezielten Luftströmungen durch das Webfach befördert. Nach der Einbringung des Fadens durch den Luftstrom der Hauptdüse treten weitere Luftdüsen der Reihe nach in Aktion, um den Webfaden durch das ganze Webfach zu transportieren. Mehr als 600 Mal pro Minute wird dieser Vorgang wiederholt, was zu einer Fadenverwebung von mehr als 1700 m „Eintrag“ in der Minute führt. Diese Technik des hohen Fadeneintrags findet bei der Erzeugung großer Stoffmengen seine Anwendung.

Bei der „Greifer-Webmaschine“ wird der Schussfaden mittels eines Greifers zur Hälfte in das Fach eingeführt. Dann wird die Fadenspitze auf halber Strecke von einem Greifer von der Gegenseite her übernommen. Der Vorteil dieses Systems besteht darin, dass acht verschiedene Schussfäden oder Garnarten eingetragen werden können, so wie der Handweber unterschiedlich farbige Fäden in unterschiedlichen Schiffchen eingeschossen hat. Diese Methode der Greiferwebmaschine ist besonders für kleinere Webmengen geeignet.

Um die hohe Effektivität des Fadeneintrags durch die Luftströmung zu erzeugen, sind allerdings zunächst hohe Hürden gesetzt, da es nicht zur Verwirbelung des Luftstroms kommen darf. Am Beispiel des Patents der „Hilfsblasdüse für eine Luftstrahlwebmaschine“ lässt sich die Komplexität der Aufgabe für den Strömungswissenschaftler Charles Knisely erahnen, die er für den führenden Webmaschinenhersteller Gebrüder Sulzer AG, Winterthur entwickelt hat.

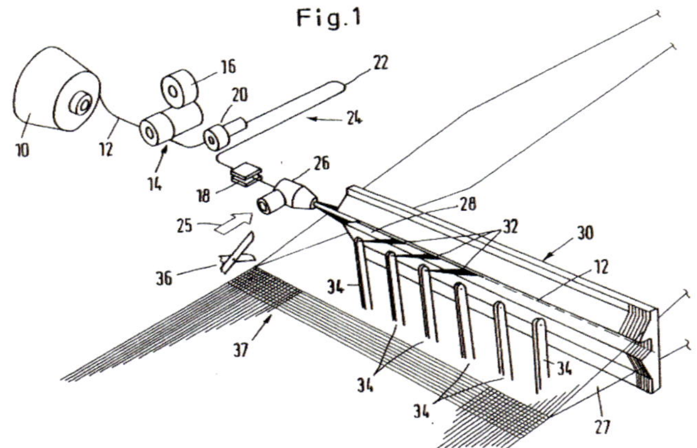


PRINZIP DER WEBMASCHINE MIT HILFSBLASDÜSEN (FREUNDLICHE ÜBERLASSUNG VON PROF. CHARLES W. KNISELY, LEWISBURG, PA., USA)

„Das von einer Vorlagespule 10 (Fig. 1) abgezogene Schussgarn 12 wird mit konstanter Geschwindigkeit über Mitnehmerrolle 14 geführt, wobei die Garnlänge je Schuss, entsprechend der Gewebebreite, durch den Umfang und die Drehzahl der Ablängscheibe 16 bestimmt ist. Das Schussgarn 12 wird bei geschlossenem Fadenstopper 18 vom Luftstrom einer Hilfsdüse 20 in Form einer Garnschleife 22 im Blasfadenspeicher 24 für den Schusseintrag bereit gehalten. Unmittelbar bevor sich der Fadenstopper 18 öffnet, beginnt die Hauptdüse 26, deren Luftzufuhr gemäss Pfeil 25 angedeutet ist, zu blasen, so dass sich das Schussgarn 12 beim Öffnen des Fadenstoppers 18 in Bewegung setzt. Dabei wird die Garnschlaufe 22 abgebaut und das Schussgarn 12 wird bei offenem Webfach 27 in den Führungskanal 28 des Webblattes 30 geblasen, wobei nun die Luftaustrittsströme 32 der als Stafettendüsen angeordneten Hilfsblasdüsen 34 das Schussgarn 12 durch das Webfach 27 tragen. Am Ende jedes Eintragszyklus schließt sich der Fadenstopper 18. Das gestreckte Schussgarn 12 wird angeschlagen und nach dem Fachschluss durch die Schneidvorrichtung 36 geschnitten. Das fertige Gewebe ist mit 37 bezeichnet“ (Dr. Charles W. KNISELY, Europäische Patentschrift 0145824, 04.03.1987).

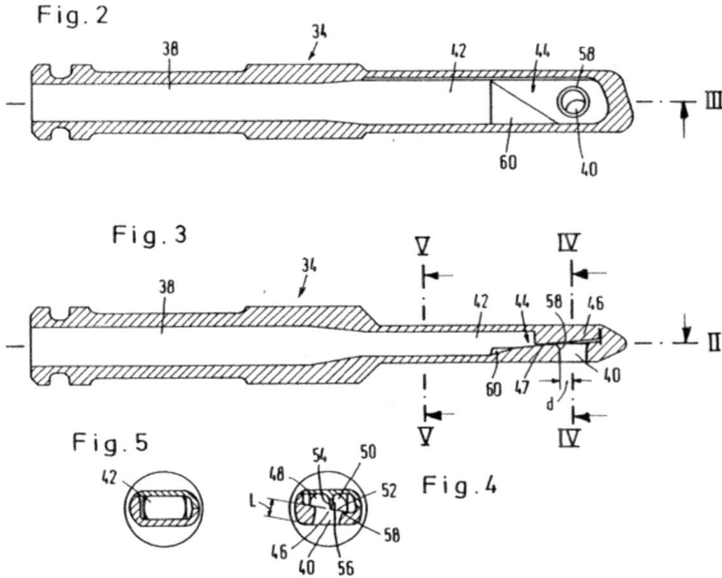


HILFSBLASDÜSE FÜR LUFTDÜSENWEBMASCHINE (DETAIL, IN DER WEBMASCHINE SENKRECHT STEHEND) (FREUNDLICHE ÜBERLASSUNG VON PROF. CHARLES W. KNISELY, LEWISBURG, PA., USA).

„Die Hilfsblasdüse 34 (Fig. 2, 3) weist einen Zuströmkanal 38 auf, welcher im Bereich vor der Ausströmöffnung 40 in an sich bekannter Art eine Verengung 42 aufweist. In dem der Ausströmöffnung zugewandten Endbereich 44 des Zuströmkanals 38 befindet sich eine sich parallel zu dessen Längsrichtung erstreckende Rippe 46 (Fig. 3), welche sich im wesentlichen bis zur gegenüberliegenden Wand 47 des Zuströmkanals 38 erstreckt. Der die Rippe 46 umgebende Endbereich 44 des Zuströmkanals 38 weist dabei zwei Teilkanäle 48, 50 unterschiedlichen Querschnitts auf (Fig. 4). Der der Rippe 46 zugewandte Boden 52 des Zuströmkanals 38 ist dabei zur Längsmittelebene der Rippe 46 geneigt. Dabei können die Flanken 54, 56 verschieden zur Längsmittelebene geneigt sein, z. B. die Flanke 54 parallel zur ihr, die Flanke 56 in einem Winkel von ca. 15° bis 30°. Die Länge L der Ausströmöffnung 40 ist dabei grösser als ihr halber Durchmesser d (Fig. 3, 4). Außerdem ist der der Rippe 46 zugewandte Rand 58 gerundet. Schließlich weist der Endbereich 44 des Zuströmkanals 38 eine dreieckförmige, sich zur Ausströmöffnung 40 hin verjüngende Abschrägung 60 auf. Es versteht sich, dass statt einer Rippe auch zwei nebeneinanderliegende Bohrungen oder Kanäle vorgesehen sein können. Weiter kann sich die Rippe auch wenigstens teilweise in die Ausströmöffnung 40 hinein erstrecken" (Charles W. KNISELY, Europäische Patentschrift 0145824, 04.03.1987).

Das Zitat in der Europäischen Patentschrift des Erfinders, des Professors Charles W. Knisely vom Mechanical Engineering Department der Bucknell University, Lewisburg, PA, ist für den interessierten Leser genauso verwirrend wie aufschlussreich für der Forscher im Bereich der Strömungslehre und des Maschinenbaus.

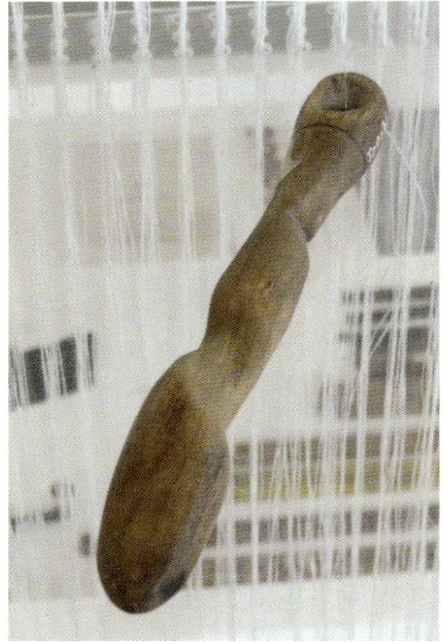

Doch stellt man dieser so ausgeklügelten Technik die alte Muskelkraft am Handwebstuhl gegenüber, so kann man ermessen, welche geistige Leistung notwendig war, um die harte Muskelarbeit des Webers auf einem langen Weg der Entwicklung ersetzen zu können.

600 Schüsse und ein Eintrag von 1700 Meter Garn pro Minute stehen in krassem Kontrast zu 5 Schüssen und 15 Meter Garneintrag im alten Handwebstuhl.

„PEITSCHE“ ZUM EINTRAG DES FADENS IM WEBEREIMUSEUM HASLACH/OÖ. (FOTO: FEGERT).

Die Peitsche ist der Griff, mit dem das Weberschiffchen per Muskelkraft durch ein Schnursystem in die Kette eingetragen wird. Dieser hier sieht man in ihrer abgegriffenen Form eine Arbeitsleistung von 40 Jahren in der Tat an.

FILM: „DIE TECHNIK DER WEBMASCHINEN“ (SULZER-RÜTI, TECHNIKFORUM BACKNANG).

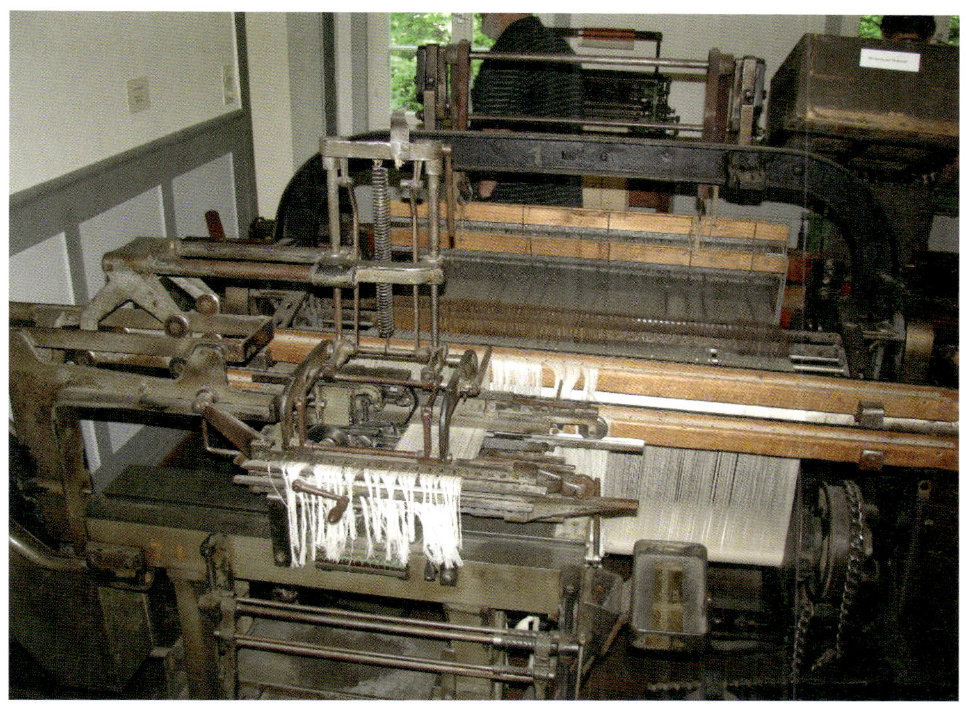

KETTANKNÜPFMASCHINE UM 1930 IM WEBEREIMUSEUM LAICHINGEN/SCHWÄB. ALB (FOTO: FEGERT 2012).

Um die Komplexität der heutigen Webmaschinen zu verdeutlichen, soll hier auf die Entwicklung der Knüpfmaschine im 21. Jahrhundert hingewiesen werden (vergl. Seite 204). Das Unternehmen Groz-Beckert hat seinen Standort in Baden-Württemberg, das seit eh und je als Land der „Tüftler“ gilt, genauer gesagt in Albstadt in unmittelbarer Nähe des alten Leinenstandorts Laichingen.

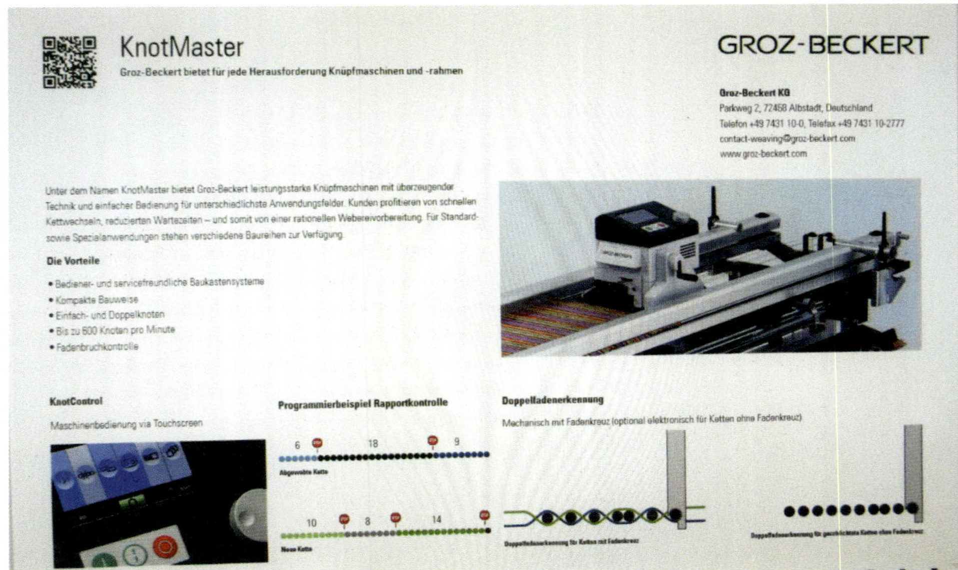

KnotMaster

Groz-Beckert bietet für jede Herausforderung Knüpfmaschinen und -rahmen

GROZ-BECKERT

Groz-Beckert KG
Parkweg 2, 72458 Albstadt, Deutschland
Telefon +49 7431 10-0, Telefax +49 7431 10-2777
contact-weaving@groz-beckert.com
www.groz-beckert.com

Unter dem Namen KnotMaster bietet Groz-Beckert leistungsstarke Knüpfmaschinen mit überzeugender Technik und einfacher Bedienung für unterschiedlichste Anwendungsfelder. Kunden profitieren von schnellen Kettwechseln, reduzierten Wartezeiten – und somit von einer rationellen Webereivorbereitung. Für Standard- sowie Spezialanwendungen stehen verschiedene Baureihen zur Verfügung.

**Die Vorteile**

- Bediener- und servicefreundliche Baukastensysteme
- Kompakte Bauweise
- Einfach- und Doppelknoten
- Bis zu 600 Knoten pro Minute
- Fadenbruchkontrolle

**KnotControl**

Maschinenbedienung via Touchscreen

**Programmierbeispiel Rapportkontrolle**



**Doppelfadenerkennung**

Mechanisch mit Fadenkreuz (optional elektronisch für Ketten ohne Fadenkreuz)

„Unter dem Namen KnotMaster bietet Groz-Beckert leistungsstarke Knüpfmaschinen mit überzeugender Technik und einfacher Bedienung für unterschiedlichste Anwendungsfelder. Kunden profitieren von schnellen Kettwechseln, reduzierten Wartezeiten – und somit von einer rationellen Webereivorbereitung. [...]

Die Vorteile
- Einfach- und Doppelknoten
- Bis zu 600 Knoten pro Minute
- Fadenbruchkontrolle“

(HTTPS://GROZ-BECKERT.COM/MM/MEDIA/DE/WEB/PDF/KNOTMASTER.PDF).

## Produktivität

In der vorindustriellen Zeit war das Spinnen meist die häusliche Arbeit der Frauen. Sie hatten mit der Garnherstellung den Webern zuzuarbeiten. Viele der Bauern versuchten sich durch Weben ein Zubrot zu verdienen. Beispielsweise in Hohenlohe schreibt der Pfarrer J. F. Mayer aus Kupferzell 1773:

> „Ein jeder Bauer hat seinen eigenen Webstuhl in dieser Stube; dann [sic] fast jeder Bauer ist auch sein eigner Weber. Unterdessen, daß er den Winter hindurch Tagein drischt, spinnen sein Weib, die Magd und die Kinder, und er wickelt Nachts Garn, [...] und wann das Ausdreschen im Januarius vorbey ist, sezt er sich hinter den Webstuhl und webet, wodurch er von da an bis zur Frühlingszeit, wo er, am wenigsten zu arbeiten, vorfindet, was sehr nützliches schaffet, und mehrere Gulden erhält und gewinnet."

Ursprünglich diente das Leinen-Weben allein zur häuslichen Selbstversorgung. Alle Arbeitsgänge lagen auch in der eigenen Familie. Bei der Haupterwerbsweberei lag das Familieneinkommen nahezu ganz in dieser Tätigkeit oder es gab noch einen geringen landwirtschaftlichen Nebenerwerb. Diese aufwändige Produktion führte im Lauf der Zeit aber dazu, dass einzelne Arbeitsschritte von Spezialisten im Nebenerwerb neben der eigenen Haupterwerbs-Landwirtschaft übernommen wurden. Schwerpunkträume der hauptberuflichen Leinenerzeugung waren bis an das Ende des 18. Jahrhunderts Westfalen, Schwäbische Alb, der Bodenseeraum, Schlesien, Sachsen, Böhmen und die „Neue Welt" im Bayerischen Wald.

Allerdings kommt es bereits im 16. Jahrhundert etwa im Bergischen Land zur Bildung des „Verlagssystems". Damit gerät die Rohstoffversorgung und der Vertrieb in die Hand von „Verlegern", worüber noch genauer zu berichten sein wird.

Doch wieviel Stoff konnte ein Weber mit dem traditionellen Trittwebstuhl erzeugen? Geht man von einem mittelschweren Leinenstoff mit einer Breite von 60 bis 90 Zentimetern aus, so gibt ein Kenner der Wegscheider Situation (BAUMER 1984, 50) eine Stundenleistung von 40 Zentimetern an. Dabei würden etwa 15 Meter Schussfaden in etwa 20 Schüssen pro Minute eingebracht werden. Andere Quellen reden von einer Tagesleistung von 1 bis 3 Metern erzeugtem Leinen.

Was den Arbeitsumfang eines Webers angeht, so findet sich in Großhirschbach in Hohenlohe die interessante Rechnung eines Webers an den Bauern Heinrich.

Heinrich gewoben im Jahr 1853

| | | | | |
|---|---|---|---|---|
| 38 Elen Leib Werkes | 10 bund 1 ½ | x | | 57 x |
| 40 Elen Rau Werkes | 7 bund 1 | x | | 40 x |
| 30 Elen Leib Werkes | 9 bund 1 ½ | x | | 45 x |
| 34 Elen Leib Werkes | 9 bund 1 ½ | x | | 51 x |
| 64 Elen Hanfes | 12 bund 2 | x | 2 f | 8 x |
| 33 Elen Hanfes | 13 bund 2 | x | 1 f | 6 x |
| 60 Elen Flächses | 16 bund 3 | x | 3 f | |
| 25 Elen Rau Werkes | 7 bund 1 | x | | 25 x |
| 25 Elen Hanfes | 12 bund 2 | x | | 50 x |
| | | | 10 f | 42 |

Gehegelt im Jahr 1853 60 2 f

Heinrich gewoben im Jahr 1854

| | | | | |
|---|---|---|---|---|
| 32 Elen Leib Werkes | 9 bund 1 ½ | x | | 48 x |
| 38 Elen Rau Werkes | 7 bund 1 | x | | 38 x |
| 32 Elen Hanfes | 14 bund 2 | x | | 4 x |
| 32 Elen Flachses | 16 bund 3 | x | | 36 x |
| 32 Elen Hanfes | 13 bund 2 | x | 1 f | 4 x |
| 32 Elen Rau Werkes | 7 bund 1 | x | 1 f | 32 x |
| 38 Elen Leib Werkes | 11 bund 1 ½ | x | 1 f | 57 x |
| 60 Elen Flachses | 15 bund 3 | x | 3 f | |
| 25 Elen Rau Werkes | 8 bund 1 | x | | 25 x |
| 20 Elen Hanfes | 12 bund 2 | x | | 40 x |
| | | | 10 f | 44 x |

Gehegelt im Jahr 1854 macht 4 f 24 x
zusammen 27 f 50 x

Heinrich gewoben im Jahr 1855

| | | | | |
|---|---|---|---|---|
| 32 Elen Leib Werkes | 11 bund 1 ½ | x | | 48 x |
| 34 Elen Rau Werkes | 8 bund 1 | x | | 34 x |
| 60 Elen Hanfes | 14 bund 2 | x | 2 f | |
| 60 Elen Flächses | 16 bund 3 | x | 3 f | |
| 67 Elen Hanfes | 13 bund 2 | x | 2 f | 14 xr |
| | | | 8 f | 36 xr |
| | | zusammen | 36 f | 26 xr |

Rechnungen eines Webers an Bauer Heinrich, Großhirschbach/Hohenlohe 1853 / 1854 / 1855 (In: Hohenloher Freilandmuseum (Hrsg.) 1984, 40 f.).

Der Weber hat 1859 (!) 349 El(l)en Stoff für einen Bauern gewoben, das sind, bei unterschiedlichen Längen in Deutschland ca. 80 cm, also ca. 280 Meter. Für diese Webleistung erzielte er 10 f (= Gulden) 42 Kreuzer. Wenn die Wochenkosten für einen 5-Personenhaushalt mit 3 ½ Gulden angegeben werden (https://wiki-de.genealogy.net/Geld_und_Kaufkraft_ab_1803), dann bedeutet das, dass das Weben lediglich ein Zubrot des Verdienstes sein konnte. Selbst wenn dieser Weber mit 253 Ellen (= 202 Meter) im Jahr 1855 36 f (= Gulden) 26 xr (= Kreuzer) erwirtschaftete, so konnte seine Familie rein rechnerisch nur 10 Wochen davon leben.

Natürlich ist zu bedenken, dass dies nur die Leistung für einen Bauern war. Der Weber wird zusätzlich für drei weitere Bauern gewoben haben, um sein Auskommen zu haben!

Bis zu 4 Spinnerinnen mussten per Hand einem Weber zuarbeiten, der oft – wie in anderen Quellen gegensätzllich zu den Angaben auf den Seiten 202 und 205 überliefert – nur einen Meter als Tagesleistung weben konnte. Dabei hatte er das Weberschiffchen 2500 Mal hin und her zu schießen. Sein Tageslohn betrug in den 1930er Jahren 60 Pfennig, wobei 1 Kilogramm Mehl damals bereits 40 Pfennig kostete.

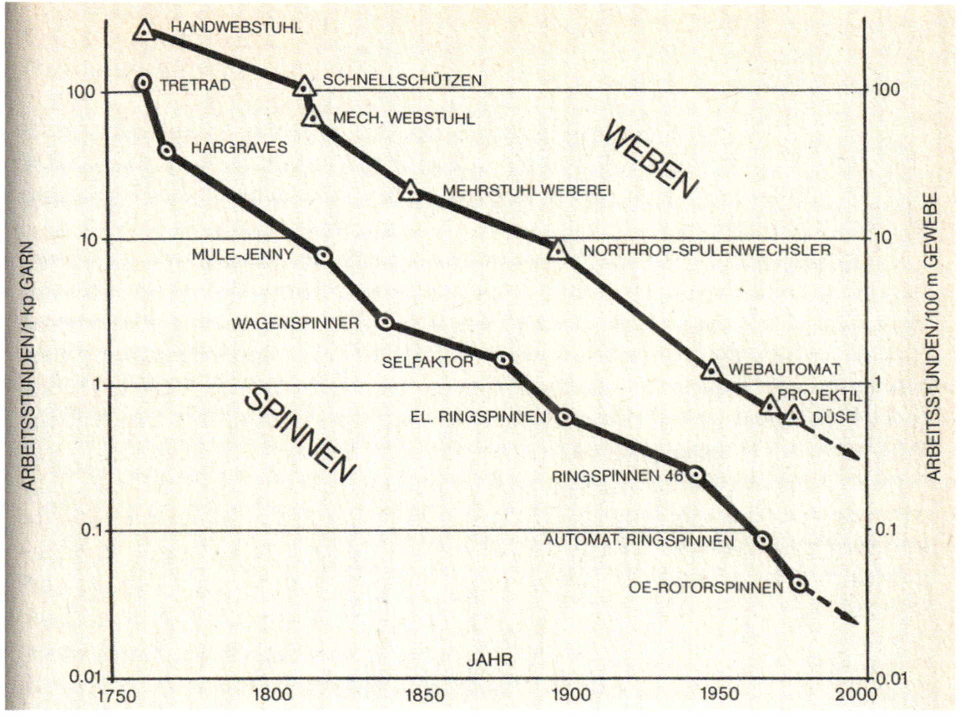


Entwicklung des Arbeitsaufwandes beim Spinnen und Weben (Bohnsack 1981, 235).

Die Tabelle zeigt den Zeitbedarf für das Spinnen und Weben von 1750 bis ins Jahr 2000. Die zunehmende Mechanisierung sowohl beim Spinnen als auch beim Weben führt zu immer kürzeren Arbeitsstunden je Einheit. (Die Maßeinheit kp entspricht Kilogramm, die Arbeitsleistung des Webens ist in 100 Meter angegeben.)

„Aus der Tabelle geht hervor, daß nach der Entwicklung der Jenny die Produktivität von Spinn- und Webprozeß etwa gleich schnell anstieg. Aus dieser Tabelle darf allerdings nicht unüberlegt der Schluß gezogen werden, daß z. B. die Tretradspinnerin – wenn sie 100 Stunden spinnt, den Weber, der 100 Stunden am einfachen Handwebstuhl arbeitet, allein mit Garn versorgen kann" (BOHNSACK 1981, 235).

Im Laufe der Zeit konnten alle Gewebearten auch maschinell erzeugt werden. Obwohl der Handwebstuhl bis in die Zeit um 1900 in Deutschland und speziell im Bayerischen Wald seine traditionelle Stellung behaupten konnte, ist nicht zu übersehen, dass die Mechanisierung einen erheblichen Einfluss auf die Arbeitsleistung ausübte.

„So konnten pro Arbeitnehmerstunde
im Jahr 1760 mit dem einfachen Handwebstuhl 0,36 m,
1815 mit dem Webstuhl mit Schnellschützen 0,91 m,
1815 mit dem mechanischen Webstuhl 1,57 m,
1850 mit dem Kraftstuhl 4,60 m
eines Baumwoll-Cretonnes aus Garnen von 34 Nm [= Newton-Meter, das den Drehmoment definiert] hergestellt werden" (BOHNSACK 1981, 233).

HANDWEBSTUHL 19. JHDT. (WEBEREIMUSEUM HASLACH/OÖ.).

65 Schusseintrag / Minute (laut Aussage von Adolf Barth, Webereimuseum Breitenberg).

„REVOLVERWEBMASCHINE" VON HERMANN KÖBERL UM 1930 (WEBEREIMUSEUM HASLACH).

130 Schusseintrag/Minute (laut Aussage Webereimuseum Haslach).

Die folgende Grafik unterstreicht die bisherigen Aussagen zur Produktivität der kontinuierlichen Mechanisierung des Webvorgangs:

WEBLEISTUNG HANDWEBSTUHL – SPINNING JENNY – WEBAUTOMAT (COLLAGE: FEGERT 2020).

Der Weber im Handwebstuhl hat in 10–12 Stunden bei 5 Schuss und 15 m Schussfäden pro Minuten nur 5 Meter Tuch erzeugt. Mit der Spinning Jenny von 1764 wurde die Produktion enorm erhöht, während heute 230 Schüsse pro Minute und 730 Meter Schussfäden durch die Maschine gejagt werden (HAHN 1987). Damit ist die Produktivität, was Schussleistung und Fadenverarbeitung angeht, nahezu um das 50-Fache gesteigert worden.

# SOZIALGESCHICHTE IN DER „NEUEN WELT“ / BAYERISCHER WALD

## Ausbildung

Zur Leinenweberausbildung gibt es nur wenige Hinweise und es gab sehr unterschiedliche Ausbildungsformen. Denn im bäuerlichen Betrieb, bei dem es um die Selbstversorgung mit Leinen ging, hat der Vater seine Kenntnisse direkt auf den Sohn übertragen.

Wir Geschworne Vor- und andere Meister des ehrsamen Handwerks der [illegible] in der hochfürstl. Residenzstadt Bamberg bescheinigen hiemit, daß gegenwärtiger Gesell Namens [illegible] von [illegible] gebürtig, so 23 Jahr alt, [illegible] Statur, und [illegible] Haaren ist, bey uns allhier 4 Jahr — Wochen, in Arbeit gestanden, und sich solcher Zeit über treu, fleißig, stille, friedsam und ehrlich, wie es einem jeden ehrliebenden Gesellen gebühret, verhalten hat, welches wir also mit Unterdruckung unsers Handwerks Insiegel attestiren, und deshalben unsere sämtliche Mit-Meister diesen Gesellen nach Handwerks Gebrauch überall zu befördern, geziemend ersuchen wollen. Gegeben Bamberg den 25 [illegible] 1793

Geschworne Meister

Meister, bey welchem dieser Gesell in Arbeit gestanden.

ZEUGNIS FÜR EINEN „BARCHANT- UND LEINEWEBER“ 25. SEPTEMPER [SIC] 1793 (ARCHIV FEGERT).

Dem 23-jährigen Joseph Hottinger wird in Bamberg bescheinigt, dass er vier Jahre „treu, fleißig, stille, friedsam und ehrlich, wie es einem ehrliebenden Gesellen gebühret in Arbeit gestanden“.

In der Nachbarschaft half man sich auch beim Schären und Aufbäumen der Kette. Das Wissen wurde von Generation zu Generation weitergegeben.

Anders sah es bei den Webern aus, die das Handwerk des Webers im Vollerwerb ausübten. Denn sie mussten den Erfordernissen des Marktes gerecht werden und kompliziertere Bindungen und die Musterweberei der Jacquard-Technik beherrschen. Hier gab es Spezialisten, wie etwa der Kunstweber Tobias Wiedemann aus Mönchengladbach, der 1804 die Damastweberei in Vollendung beherrschte und Gebildwebereien mit Figuren, Tieren und Früchten nach eigenen und fremden Zeichnungen anfertigte.

Die Regelung der Ausbildung ist eng mit der Tradition des Handwerks und somit auch mit der Existenz von Zünften zu sehen. Die Wolltuchweber, die bereits im Mittelalter sehr oft in Zünften organisiert waren – es handelte sich um ein ausgesprochen städtisches Gewerbe –, besaßen meist auch eine klare Regelung der Ausbildung. Sie umfasste eine dreijährige Lehrzeit. Leinenweberzünfte werden dagegen viel seltener erwähnt, da die Leinenproduktion weit verbreitet war und auch von der bäuerlichen Bevölkerung ausgeübt wurde.

Aus dem Niederrheingebiet finden sich häufiger Angaben zur Regelung der Leinenweberausbildung, z. B. im „Dülkener Gaffelbrief“. Er sah die Lehrzeit von drei Jahren vor, wobei im letzten Jahr der Meister dem Lehrling die halbe Logis zukommen lassen musste. In sogenannten Wiedertäuferverzeichnissen aus dem 17. Jahrhundert werden immer wieder Lehrjungen und Weberknechte erwähnt. Möglicherweise besaß auch die „Herrnhuter Brüdergemeine“ in Neuwied, die dort im 18. Jahrhundert Leinenweberei betrieb, eine Lehrlingsregelung.

Im 19. Jahrhundert ist die Ausbildung im Weberhandwerk zunehmend verwässert worden, so dass selbst am Niederrhein, dem norddeutschen Zentrum der Berufsleinenweberei, das Handwerk nun in der Familie tradiert wurde.

Der schwäbische Arzt und Schriftsteller Justinus Kerner (1786–1862) stammte aus einer herzoglichen Oberamtmann-Familie im württembergischen Ludwigsburg. Seine Schulausbildung genoss er am evangelischen Stift in Maulbronn. Nach dem Tod des Vaters sollte er eine Ausbildung in einer Tuchfabrik machen. Doch die Arbeit fand er stumpfsinnig und begann zu dichten. Dann studierte er Medizin und Naturwissenschaften in Tübingen. Er gehörte zur „Schwäbischen Dichterschule", deren Mitglieder u. a. Eduard Mörike, Gustav Schwab, Karl August Varnhagen von Ense und Wilhelm Hauff waren.

JUSTINUS KERNER, GEMÄLDE VON OTTAVIO D'ALBUZZI (1852).

Dieser schwäbische Dichter beschreibt, wie es ihm als kaufmännischer Lehrling der herzoglichen Tuchfabrik in Ludwigsburg um 1799 erging:

> „Mein Hauptgeschäft im ersten Jahre bestand darin, daß ich von Morgens bis in die Nacht, auf den letzten Sproßen einer Tuchleiter im Gewölbe sitzend, vor mir einen langen Tisch, auf welchem hohe Berge neu aus der Fabrik hergebrachter Tücher lagen, diesen Tüchern Säcke von farbiger Glanzleinwand zu schneiden und sie in dieselbe vermittelst Bindfadens und einer langen Nadel einnähen mußte. Hie und da wurde dieses Geschäft durch Verfertigung von Musterkarten und Copiren der Briefe unterbrochen.
>
> Es wäre mir diese Arbeit unerträglich geworden, (denn sie war nicht besser, als die Arbeit der benachbarten Züchtlinge; das Zuchthaus war auch mit dieser Tuchfabrik verbunden, so wie das Irrenhaus), hätte ich mich nicht bald daran gewöhnt, bei dieser Arbeit an was ganz anderes, als an sie, zu denken. Meine Hände machten sie mechanisch fort, während ich Poesien aller Art dichtete, die ich mit Bleistift auf unter den Tüchern versteckte Blätter niederschrieb und in den Freistunden ins Reine brachte."

## Zünfte

Wie überall im Handwerk gab es auch bei den Webern Zünfte. Im Hinteren Bayerischen Wald, an der Grenze zu Oberösterreich, wollte der Fürstbischof Joseph Maria von Thun und Hohenstein damit dem Niedergang des Gewerbes Einhalt gebieten, indem er Zunftgemeinschaften mit strenger Zunftordnung einführte. Die Weber in Wegscheid und Hauzenberg hatten sich schon früher zusammengeschlossen, denen dann 1593 die in Untergriesbach und Obernzell folgten.

ZUNFTZEICHEN DER WEBER 1621 (ARCHIV FEGERT).
Die zwei Löwen halten drei Weberschiffchen.

Es handelte sich dabei um eine katholische Bruderschaft, die gleichzeitig eine Handwerkervereinigung war. Qualitätssicherung und einwandfreier christlicher Lebenswandel waren Voraussetzung für die Aufnahme in die Zunft.

Die Berechtigung zur Ausübung der „Webereigerechtigkeit“, also des Weberhandwerks, als Meister war eine „reale“, das heißt, sie war an die Familie gebunden und konnte nur durch Erbe oder Einheirat erworben werden.

## Fürstbischof Joseph Maria von Thun und Hohenstein

FÜRSTBISCHOF JOSEPH MARIA VON THUN UND HOHENSTEIN (1713–1763)

„Joseph Maria kam als Sohn des Joseph Johann Graf von Thun und seiner Gemahlin Margareta Veronika, einer geborenen Gräfin von Thun, zur Welt. Mit 16 Jahren erhielt er 1739 das Kanonikat zu Salzburg, zwei Jahre später jenes zu Passau, zusätzlich die Propstei St. Peter in Augsburg. 1731 studierte er in Salzburg Rechtswissenschaften und Theologie. Anschließend ging er als Auditor der Rota [= Mitglied des ältesten römischen Kirchengerichts] und Gesandter des Königs von Ungarn nach Rom. Am 14. Oktober 1741 wurde er von Kaiserin Maria Theresia zum Bischof von Gurk ernannt, am 11. Januar 1742 erfolgte die Konfirmation durch den Salzburger Erzbischof und am 18. Februar 1742 wurde er nach Dispens vom erforderlichen kanonischen Alter (er war erst 29 Jahre alt) durch Benedikt XIV. zum Bischof geweiht. [...]

Im Jahr 1740 hatte er dem Kardinalstaatssekretär im Auftrage Maria Theresias eine Remonstration gegen ein Breve zu überreichen, worin der Papst Karl VII. als Kaiser anerkannt hatte. Durch diese diplomatische Tätigkeit fiel er beim Papst in Ungnade. 1744 verließ er Rom für immer.

In der Diözese Gurk wirkte er als eifriger Bischof, errichtete namentlich ein Priesterseminar zu Straßburg, dessen erster Vorsteher der Benediktiner Gregor Zallwein wurde. Im Jahr 1753 wurde er zusätzlich Administrator des Bistums Lavant und Salzburger Generalvikar für Kärnten.

Am 10. November 1761 wurde er von dem Domkapitel in Passau einstimmig zum Bischof gewählt. Am 23. Mai 1762 wurde er dort inthronisiert. Während seiner kurzen, nur 19 Monate währenden Regierung bemühte er sich namentlich um die Verbesserung des Schulwesens, auch um die Errichtung eines Priesterseminars, 1762 veröffentlichte er den ersten Band einer Übersetzung des Neuen Testaments mit Anmerkungen. Er starb am 15. Juni 1763 während einer Visitationsreise in Mattighofen und liegt in der Domgruft in Passau bestattet“ (WIKIPEDIA).

## „Leinwad- und Beschauordnung“

Um die Qualität zu gewährleisten, wurde von Fürstbischof Joseph Maria von Thun und Hohenstein für das Hochstift Passau eine „Hochfürstliche Passauische Haar=Gespunst=Leinwad= und Beschau=Ordnung, vom 20. Decembr. Jahrs 1762“ erlassen.

Im ersten Artikel weist der Fürst darauf hin, dass neben gut gedüngtem Boden statt „kurz gewachsenen Haar“, also Flachs, ausländischer Qualitätssamen durch ihn eingeführt werden soll. In der Folge wird bei der „Ausarbeitung des Haars vorzüglich auf die mehrere Feine“ abgehoben. Um Flachsanbauer dazu anzuspornen, wird bei leichterem Gewicht bei gleichem Volumen („Buschen“), also einer höherer Qualität, statt 1 Gulden sogar 1 Gulden 30 Kreuzer bezahlt. Als weiteren Ansporn heißt es: „Hiernächst werden Wir noch besondere Belohnungen für diejenigen, welche in jedem Gerichte die Garngespunst zur größten Feine bringen, aussetzen, und alljährlich austheilen lassen.“ Selbst die genaue Bemaßung der Garnhaspel ist festgelegt, damit es bei der Garnlänge, die nach den Umdrehungen des Haspels gemessen wird, kein Betrug geben kann. Das Garn darf nur auf den inländischen Märkten Griesbach, Waldkirchen, Obernzell, Windorf, Freyung Wegscheid, Perlesreut, Hautzenberg, Rehrnbach und Huttern [= Huthurm] verkauft werden. Dabei müssen ausländische Käufer einen Aufschlag von „15. per cento“ bezahlen. Die Bemaßung der zu verkaufenden Leinwand ist genau festgelegt 30 ½ Wiener Ellen in der Länge und fünf Viertel Ellen in der Breite. Da die „Wiener Maßelle“ 1871 auf 777,558 420 mm festgelegt wurde, heißt das 23,72 m Länge bei einer Breite von 0,97 m.
Zur Überprüfung dieser fürstlichen Vorschriften wurden Beschaumeister bestellt.

In dem Dokument werden klare Strafandrohungen für Verfehlungen der Weber formuliert. So ist zum Beispiel der Weber, dessen Leinenstück nicht die genau festgelegten Längen- und Breitenmaße aufweist,

> „wegen des Abgangs, von jeder Viertel Ellen an der Länge um 12. kr. zu bestrafen. Wofern aber an der Länge über eine halbe Wiener-Ellen, oder auch in der Breite etwas merkliches ermanglete, so sollen dergleichen Leinwaden in der Beschau, als zum auswärtigen Verkauf untüchtig, in fünf gleiche Theile voneinander geschnitten, und demüeber solchergestalten zurück gestellet werden. Die Beschaumeister haben unter den vorerwehneten Fehlern, nur allein drey bis höchstens fünf einfache Fadenbrüche, deren jeder in der Länge nicht über ein Achtl Elle betraget, ungeahndet hingehen zu lassen.“

Solchemnach werden Wir ſowohl in Unſerer Reſidenzſtadt Paſſau, als in jedem der im dritten Artickel benannten Marktflecken tüchtige Beſchauer anſtellen, und jeden Orts denenſelben ein Sigill mit drey Feldern, in deren einem das Bild eines Wolfen, in dem zweyten der Namen des Beſchauorts, in dem dritten aber die Jahrszahl ſtehet, einantworten laſſen; wie gegenwärtiger Abdruck in mehrern zeiget:

BESCHAU-SIEGEL DES FÜRSTBISCHOFS JOSEPH MARIA VON THUN UND HOHENSTEIN 1763 (ARCHIV RÜHRL).

Doppelte oder dreifache Fadenbrüche sowie „ein kleines Unterschlägl" – wie sie bei den primitiven Webstühlen nur allzu leicht entstehen konnten – sind hingegen wiederum mit genau abgestuften Strafen von drei bis neun Kreuzer durch den Weber „abzubüssen".

In der Ausführungsverordnung des Fürstbischofs Joseph Maria von Thun und Hohenstein werden die Beschauer auch genau instruiert, wie die Beschau durchzuführen ist und welche Strafen bei minderer Qualität zu erlassen waren.

# Unterricht
für die
# Weber und Leinwadbeschauer
in dem
# Reichsfürstlichen Hochstifte Passau
vom 8. Hornung 1763.

---

## Eid der Beschaumeister.

Ich N. N. schwöre zu GOtt dem Allmächtigen einen Eid, daß ich bey dem mir gnädigst übertragenen Amte eines Leinwadbeschauers in der Hochfürstlichen Residenzstadt Passau, oder dem Hochfürstlichen Markt N. fleißig und gewärtig seyn; die für das Hochstift Passau untern 20. December 1762. gnädigst ergangene Hochfürstliche Haar-Gespunst-Leinwad- und Beschauordnung, dann den untern 8. Februarii 1763. für die Leinwadbeschauer heraus gegebenen Unterricht beständig vor Augen haben, und auf das genaueste beobachten; mich zur Beschau willig und ohne Murren bezeigen; die Weber der Ordnung nach, wie ein jeder seine Waare zur Beschau

„Unterricht für Weber und Leinwadbeschauer in dem Reichsfürstlichen Hochstifte Passau vom 8. Hornung 1763“ (Ausschnitt) (Archiv Rührl).

Die Beschauer hatten auch einen Amtseid abzulegen.

Die Beschau war jeweils einen Tag vor den Märkten in Griesbach, Waldkirchen, Oberzell, Windorf, Freyung Wegscheid, Röhrnbach etc. vormittags von 8–11 Uhr und nachmittags von 13–16 Uhr abzuhalten. Nach erfolgreicher Beschau musste die Leinwand an „beyden Enden mit dem Beschausigill, so mit rother Oelfarbe zu bestreichen, subtil, und doch kennbar bemerkt werden." Um dem möglichen Missbrauch vorzubeugen, war das Beschausiegel von den Beschaumeistern mit zwei verschiedenen Schlüsseln in einem Kasten zu verwahren.

Beschau-Siegel (Webereimuseum Haslach/OÖ., Foto: Fegert).
Mit roter Farbe wurde die qualitätvolle Leinwand an zwei Ecken gestempelt.

Somit wird deutlich, dass es dem Fürstbischofs Joseph Maria von Thun und Hohenstein darum ging, zunächst die Qualität des Flachsanbaus zu sichern, dann den Ruf der Leinwanderzeugnisse seines Fürstentums zu festigen und auch den einheimischen Erzeugern ein geregeltes Auskommen zu gewährleisten.

Leinwandballen (Webereimuseum Haslach/OÖ., Foto: Fegert).
So muss man sich die Präsentation der Leinwand auf den Märkten des 18./19. Jhdts. vorstellen.

## Tambora – Hungerkrise 1916/17

Die Ernährung der Menschen war immer wieder auch bedroht durch Hungersnöte, die durch Witterungsunbill ausgelöst wurden. Im großen Umfang kommt es im Jahr 1816 zu einer Katastrophe, die dadurch verursacht worden ist, dass am 10. April 1815 im Südpazifik der Vulkan Tambora ausbricht. Die Eruption ist 50 Mal stärker als die Eruption des Vesuvs, der Pompeji zerstörte. Die Explosion ist 2000 km weit zu hören, als die obersten 1500 Meter des Vulkans abgesprengt werden. Im Umkreis von 600 km bleibt der Himmel zwei Tage lang durch den Ascheregen nahezu verdunkelt. Im 12000 km entfernten Bayern, Württemberg und Baden kommt es deshalb 1816 zum „Jahr ohne Sommer“. Auf der Schwäbischen Alb fällt im Juli Schnee. In den tieferen Lagen kommt es zu Überschwemmungen wie zum Beispiel in Bad Cannstadt. Dies führt zu erheblichen Ernteeinbußen, auch beim Flachs. Die Lebensmittelpreise steigen ins Unerschwingliche (Getreidepreis im Juni 1817 das Zweieinhalb- bis Dreifache des Niveaus von 1815). Eine existentielle Hungersnot breitet sich aus. Die Menschen nennen das Jahr 1816 „Achtzehnhunderterfroren“. Die Menschen können sich das nicht erklären und denken an die Strafe Gottes und im schwäbischen Pietismus entwickelt sich die Vorstellung, die Wiederkunft Christi stünde unmittelbar bevor (Weiterführende Literatur: BEHRINGER [4]2016; DÜWEL-HÖSSELBARTH 2015).

Diese Hungertafel verzeichnet die Lebensmittelpreise von 1772 bis 1817.

TAMBORA-ERUPTION 1815 (ROB WOOD).

„ANSICHT GEGEN KANNSTADT UND ABBILDUNG DER GROßEN ÜBERSCHWEMMUNG 27. BIS 28. MAY 1817“ (G. EBNER 1817).

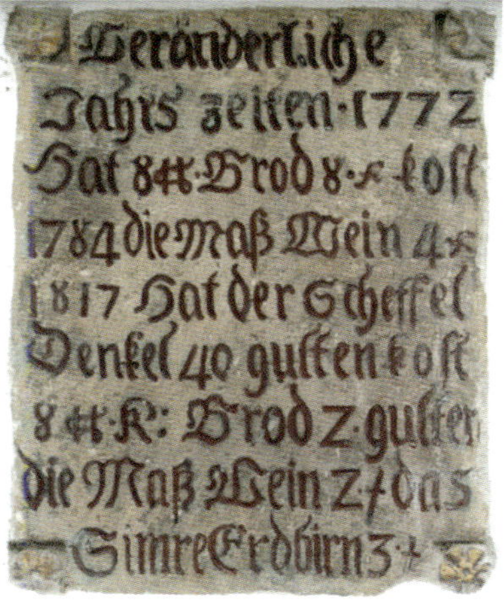

Veränderliche
Jahrs zeiten·1772
Hat 8℔·Brod 8·x kost
1784 die Maß Wein 4x
1817 Hat der Scheffel
Denkel 40 gulten kost
8℔·K: Brod 2·gulten
die Maß Wein 2+das
Simre Erdbirn 3+

„HUNGERTAFEL“, KURZ NACH 1817 AN KLEINBAUERNHAUS IN WÜSTENROT-NEULAUTERN (ARCHIV FEGERT).

## Konkurrenzdruck

In der Mitte des 18. Jahrhunderts kommen einige österreichische Gemeinden zum Fürstbistum Passaudazu. Zugleich sperrt Österreich die Einfuhr von fürstbischöflich passauischen Stoffen. Es kommt zu Absatzproblemen der Bayerwald-Weber, die sich nach dem Anschluss des Fürstbistums Passau 1803 an Bayern noch verstärken.

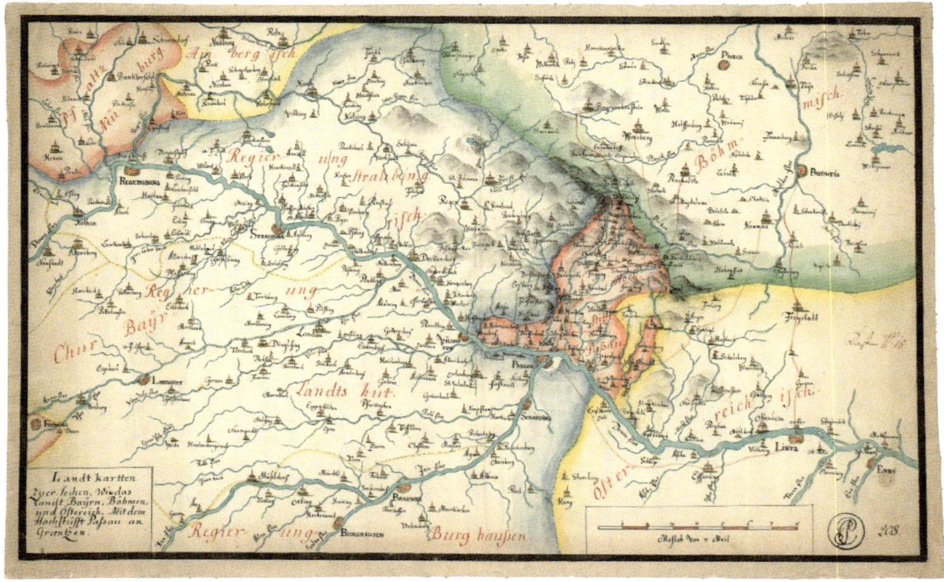


KARTE DES PASSAUER FÜRSTBISTUMS UND BENACHBARTER GEBIETE, 18. JHD. (BAYERISCHES HAUPTSTAATSARCHIV MÜNCHEN, PLANSAMMLUNG, PL. 4582. IN: HTTPS://WWW.BEGEGNUNGSRAUM-GESCHICHTE.UNI-PASSAU.DE).

Das Hochstift Passau sticht mit roter Farbe heraus. Westlich schließt sich „Churbaiern“ mit den „Regierungen Straubing“ und „Landshut“ an. Im Osten liegt „Österreichisch[es]“ Gebiet, im Nordosten „Bömisch[es]“ Gebiet in grüner Farbe.

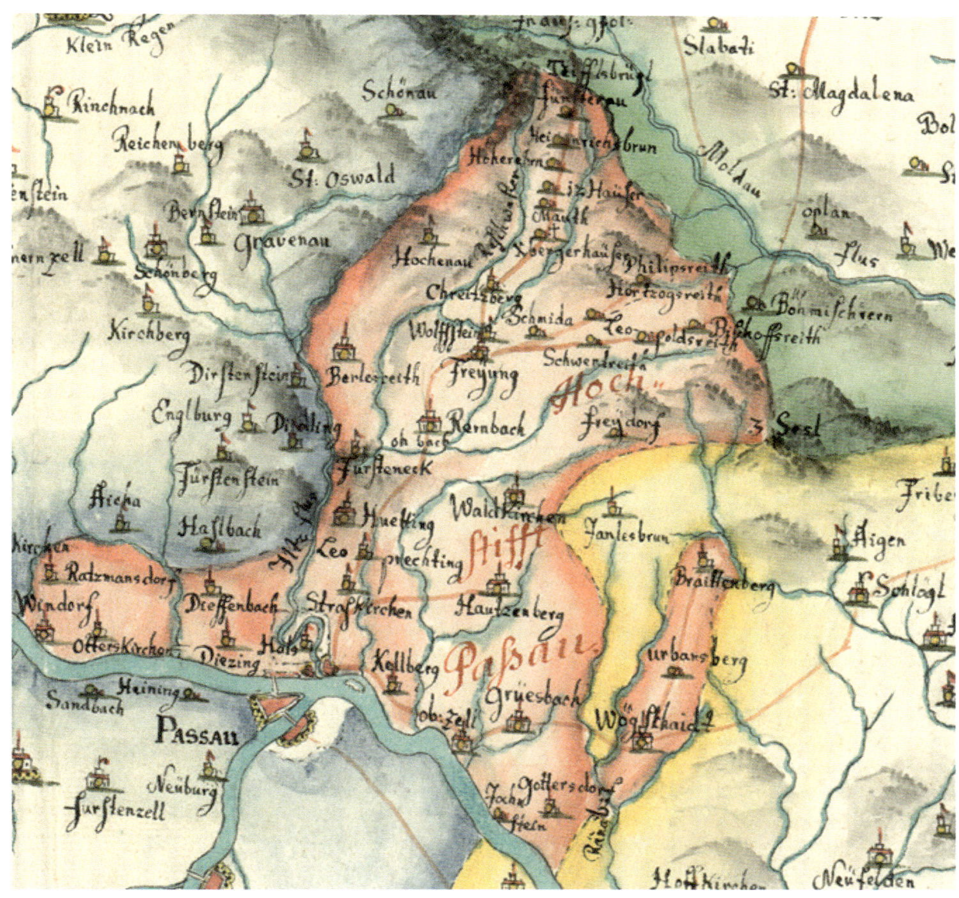


Karte des Passauer Fürstbistums und benachbarter Gebiete, 18. Jhd. (Ausschnitt) (Bayerisches Hauptstaatsarchiv München, Plansammlung, Pl. 4582. In: https://www.begegnungsraum-geschichte.uni-passau.de).

Das Hochstift Passau ist mit roter Farbe gekennzeichnet. Dabei ist festzustellen, dass zwischen dem östlichen Zipfel mit den Orten „Wögschaidt" (0 Wegscheid), „Urbansberg" und „Braittenberg" (Breitenberg) ein österreichischer Korridor mit „Janlesbrun" (= Jandelsbrunn) besteht. Dieser ist kurz nach der Kartenerstellung an das Passauer Gebiet angeschlossen worden.

Im Bayerischen Wald hat die Leinenweberei inzwischen eine hohe Bedeutung erhalten, indem 1837 bereits 4050 Weber im „Unterdonau-Kreis des Königreichs Bayern“ verzeichnet werden. Der Druck der Mechanisierung aus England nimmt in dieser Zeit zu. In dieser Zeit des Umbruchs lässt Goethe in seinem Roman „Wilhelm Meisters Wanderjahre“ am „Sontag, 21.“ eine junge Frau thematisieren:

> „Das überhandnehmende Maschinenwesen quält und ängstigt mich, es wälzt sich heran wie ein Gewitter, langsam, langsam; aber es hat seine Richtung genommen, es wird kommen und treffen. Schon mein Gatte war von diesem traurigen Gefühl durchdrungen. Man denkt daran, man spricht davon, und weder Denken noch Reden kann Hülfe bringen. Und wer möchte sich solche Schrecknisse gern vergegenwärtigen! Denken Sie, daß viele Täler sich durchs Gebirg schlingen, wie das, wodurch Sie herabkamen; noch schwebt Ihnen das hübsche, frohe Leben vor, das Sie diese Tage her dort gesehen, wovon Ihnen die geputzte Menge allseits andringend gestern das erfreulichste Zeugnis gab; denken Sie, wie das nach und nach zusammensinken, absterben, die Öde, durch Jahrhunderte belebt und bevölkert, wieder in ihre uralte Einsamkeit zurückfallen werde. Hier bleibt nur ein doppelter Weg, einer so traurig wie der andere: entweder selbst das Neue zu ergreifen und das Verderben zu beschleunigen, oder aufzubrechen, die Besten und Würdigsten mit sich fort zu ziehen und ein günstigeres Schicksal jenseits der Meere zu suchen. […] Mein Bräutigam war mit mir entschlossen zum Auswandern; er besprach sich oft über Mittel und Wege, sich hier loszuwinden“.

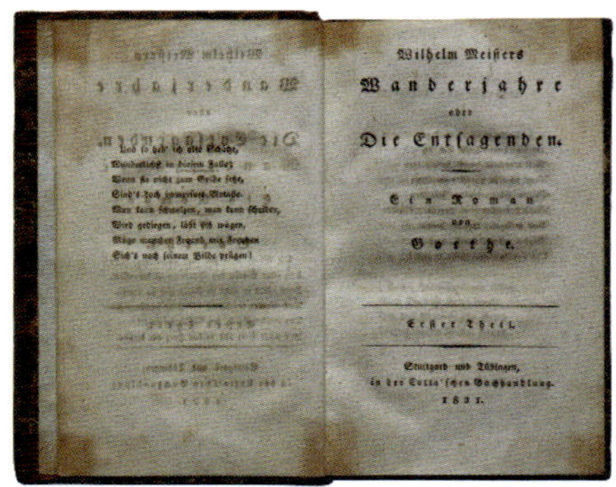

Wilhelm Meisters
Wanderjahre
oder
Die Entsagenden.
Ein Roman
von
Goethe.
Erster Theil.
Stuttgart und Tübingen,
in der Cotta'schen Buchhandlung.
1821.

Goethes Spätwerk ist ein Entwicklungsroman um die zentrale Figur Wilhelm. Darin eingebettet finden sich Überlegungen zu Wissenschaftstheorien, Bildungs- und Gesellschaftsmodellen, verbunden mit Beschreibungen des Spinner- und Weberhandwerks und der Baumwoll-Heimindustrie.

Johann Wolfgang von Goethe: Wilhelm Meisters Wanderjahre. Erstausgabe Stuttgart und Tübingen, Cotta'sche Buchhandlung 1821 (Archiv Fegert).

Dieser beschriebenen Bedrohung versuchten die Leinen-Verleger zu begegnen, indem sie Heimwebern das Garn zur Verfügung stellten und dann das gewobene Leinen über ihr Verlagssystem verkauften. Dies wird im folgenden Kapitel und im Kapitel Wirtschaftsgeschichte zu behandeln sein.

## WEBERAUFSTÄNDE IN SCHLESIEN

In Schlesien, genauer im Riesengebirge, findet sich im 19. Jahrhundert der Schwerpunkt des deutschen Flachsanbaus, was in der folgenden Karte hellblau eingezeichnet ist. Dort gibt es damals viele Heimweber, die kaum ein Auskommen hatten.

TEXTILINDUSTRIE UND ANDERE INDUSTRIEN (LANGE-DIERCKE-ATLAS, 1930).

Bei den hellblau gekennzeichneten Flächen handelt es sich um die Leinenindustrie in Belgien (Mitte links), der Westabdachung der Vogesen (links unten), dem Riesengebirge (Mitte rechts), dem Eulengebirge und dem Beskidenvorland bei Tarnow (ebenfalls rechts).

### Historische Umstände

Die enorme Umwälzung, die mit der Mechanisierung der Tuchproduktion einherging, lässt sich beispielhaft an den Heim-Webern und dem Verlagssystem der Leinen-Händler in Schlesien erläutern:

> „Bis zur ersten Hälfte des 18. Jahrhunderts war schlesisches Leinen auf dem Weltmarkt sehr gefragt, es wurde in Holland, England, Spanien und ihren jeweiligen Kolonialgebieten abgesetzt. Auch die afrikanischen Sklaven, die auf südamerikanischen

> Plantagen arbeiten mußten, wurden in schlesisches Leinen gezwängt. Doch mit der industriellen Revolution in England verschlechterte sich die Lage der Heimarbeiter im schlesischen Textilgewerbe drastisch. Die englische Industrie konnte billigere Stoffe liefern und verdrängte das schlesische Leinen weitgehend vom Weltmarkt. Die Händler in Schlesien versuchten nun, den Preisvorteil der Engländer dadurch auszugleichen, daß sie den Heimarbeitern immer weniger bezahlten“ (WIRTZ 1981, 67).

Die Heimarbeit in Schlesien und anderen Regionen wurde durch die Dumpingpreise unrentabel. In einer zeitgenössischen Schilderung der böhmischen und schlesischen Weberei von 1863 heißt es daher:

> „Die Lohnweber haben so geringen Verdienst, daß sie mit den schlechtesten Nahrungsmitteln – Kartoffeln ohne Butter, Klößen oder Suppen von sog. Schwarzmehl u. s. w. – sich begnügen müssen; dabei arbeiten die Lohnweber oft die ganze Nacht hindurch [...]“(SCHMOLLER 1870, 551).

Die Unternehmer gaben den Preisdruck an die Heimarbeiter weiter. So ist in der „Kölnischen Zeitung“ vom 18. Juni 1844 zu lesen:

> „Was wir im Nachfolgenden mittheilen, sagt dasselbe Blatt, ist theils aus schriftlichen, theils mündlichen Berichten von Augenzeugen entnommen, in deren Wahrhaftigkeit wir unserseits kein Misstrauen zu setzen berechtigt sind, die wir indessen doch nur als subjective Auffassungen dessen geben, was unsere Berichterstatter, die wir möglichst mit eigenen Worten reden lassen, sahen. Bekanntlich begannen jene Auftritte bei dem Baumwollenfabrikanten Zwanziger und Söhne in Peterswaldau, der noch vor 30 Jahren ganz mittellos, sich jetzt ein Vermögen von 230.000 Thlr. erworben, und dessen Härte in Bedrückung der Weber sprichwörtlich geworden. Besonders wird über einen Sohn desselben geklagt. Die Veranlassung zu den zerstörenden Auftritten wird nun folgendermassen angegeben: Am 3. d. M. zog ein Haufe Weberburschen vor das Wohnhaus des Zwanziger und sang dort ein die Handlungsweise gedachter Herren darstellendes Lied, das sie schon vorher an die Thüren angeheftet hatten, von wo es durch Zwanziger wieder entfernt worden war. Das Lied ist aus dem Bewusstsein des Contrastes zwischen der üppigen, sich breitmachenden Herrlichkeit der Fabrikherren und der elenden Lage der Arbeiter hervorgegangen. Bei dieser Gelegenheit gelang es den Fabrikherren, einen der tumultuarischen Sänger in Haft zu bekommen.“

In der Tat hat sich am 4. Juni 1844 um zwei Uhr nachmittags im schlesischen Peterswaldau eine große Anzahl Weber versammelt. Ein Protestzug entsteht, man zieht vor die Gebäude des Unternehmers Zwanziger, wo die Demonstranten die Erhöhung ihres Lohns fordern. Respektlos, spöttisch und drohend lehnen die Arbeitgebervertreter jede Verhandlung ab. Die angestaute Wut der Weber kommt nun vollends zum Ausbruch. Sie erstürmen die Gebäude, zerstören die gesamte

Einrichtung, zerreißen alle Rechnungsbücher und Wertpapiere und zerschlagen die Maschinen. Zwanziger flieht mit seiner Familie Hals über Kopf nach Breslau.

**Das Elend in Schlesien.**

Hunger und Verzweiflung.

Offizielle Abhülfe.

Aufstand der Schlesischen Weber (Karikatur in: Fliegende Blätter, Jahrgang 1848). Mit der „Offizielle[n] Abhülfe" lösen die Behörden auf sarkastische Weise das soziale Problem.

Die Behörden in Reichenbach veranlassen das Eingreifen von preußischem Militär.

Die abkommandierte Einheit kommt am 5. Juni nach Langenbielau, als die Weber diesmal vor dem Haus des Unternehmers Dierig höhere Löhne fordern. Der Kommandeur lässt auf die Menge schießen. Elf Menschen, darunter Frauen und Kinder, sinken tot und 24 schwerverwundet zu Boden. Verbittert und wutentbrannt leisten die Arbeiter mit Knüppeln und Steinen Widerstand, die Soldaten ziehen sich, auf Verstärkung wartend, zurück.

Vier Kompanien mit vier Geschützen treffen in der Nacht zum 6. Juni aus Schweidnitz ein und besetzen in den frühen Morgenstunden, noch durch Kavallerie verstärkt, Peterswaldau und Langenbielau. Weitere Truppen ziehen in die umliegenden Weberdörfer ein. Über 100 Weber werden verhaftet und dem Breslauer Oberlandesgericht übergeben. Insgesamt werden über 80 Angeklagte 203 Jahre Zuchthaus, 90 Jahre Festungshaft und 330 Peitschenhiebe verhängt.

## Gerhard Hartmanns Soziales Drama „Die Weber“

Gerhart Hauptmann.

Der naturalistische Dichter Gerhart Hauptmann, 1862 in Schlesien geboren und 1946 im schlesischen Agnetendorf gestorben, hat mit seinen literarischen Werken „Bahnwärter Thiel“ (1887) und „Vor Sonnenaufgang“ (1889) großes Aufsehen erregt. Da sein Großvater selbst Weber war, interessiert ihn das Leben der Weber seiner Heimat und deren Aufstand von 1844. So hat er in den 1880er Jahren in Schlesien Interviews mit den Betroffenen gemacht und hat Zeitungen von 1844 studiert. Dies war damals eine völlig unbekannte Methode der Informationsbeschaffung für Literaten, die Hauptmann zum ersten Mal angewendet hat. 1894 kommen „Die Weber“ unter kaiserlichem Protest auf die Bühne.

GERHART HAUPTMANN, DIE WEBER, BERLINER VOLKSBÜHNE 2009.
Der Unternehmer Dreißiger tritt den Heim-Webern gegenüber, im Hintergrund sind von den Heim-Webern gewobene Leinenballen zu sehen.

Auch für die neue Berufsgruppe der Leinen-Fabrikanten scheint es nicht einfach gewesen zu sein, mit den englischen Billigimporten mitzuhalten. Doch viel größer ist die Belastung für die Heim-Weber, deren Existenzen bedroht sind. Und auch der Arbeitsalltag der Färber verändert sich im Zuge der „Industriellen Revolution".

Im Zweiten Akt des Dramas von Hauptmanns „Die Weber" kommt es zum Dialog zwischen den alten Webern Ansorge und Baumert sowie dem ehemaligen Soldaten Moritz Jäger, der weiß, „wie's in d'r Welt draußen zugeht", als Drama des Naturalismus, das versucht den Dialekt der Region authentisch wiederzugeben:

> „ANSORGE. Mir kenn d'r nich leben und nich sterben hier oben. Uns geht's leider beese, kannst's glooben. Eener wehrt sich bis ufs Blutt. Zuletzt muß man sich dreingeb'n. De

Not frißt een's Dach ieberm Koppe und a Boden unter a Fießen. Frieher, da man noch am Stuhle arbeiten konnte, da hat man sich halbwegens mit Kummer und Not doch kunnt aso durchschlag'n. Heute kann ich m'r schonn ieber Jahr und Tag kee Stickl Arbeit mehr erobern. Mit der Korbflechterei is ooch ock, daß man sei bißl Leben aso hinfristen tutt. Ich flechte bis in de Nacht nein, und wenn ich ins Bette falle, da hab' ich an Beehmen und sechs Fenniche derschind't. Du hast doch Bildung, nu da sag amal selber, kann da woll a Auskommen sein bei der Teurung? Drei Taler muß ich hinschmeißen uf Haussteuer, een'n Taler uf Grundabgaben, drei Taler uf Hauszinse. Vierzehn Taler kann ich Verdienst rechen. Bleib'n fer mich sieben Taler ufs ganze Jahr. Dadervon soll ma sich nu bekochen, beheizen, bekleiden, beschuhn, ma soll sich bestricken und beflicken, a Quartier muß ma hab'n und was da noch alles kommt. – Is 's da a Wunder, wenn man de Zinse ni zahln kann? [...]

ANSORGE. Sag du amal, Moritz, kann das woll meeglich sein? Is da gar kee Gesetze d'rfor? Wenn eens nu und schind't sich's Bast von a Händen und kann doch seine Zinse ni ufbringen, kann m'r d'r Pauer mei Häusl da wegnehmen? 's is halt a Pauer, der will sei Geld hab'n. Nu weeß ich gar nich, was de noch wern soll? – Wenn ich halt und ich muß aus dem Häusl nausgehn . . . Durch Tränen hervorwürgend. Hier bin ich geborn, hier hat mei Vater am Webstuhle gesessen, mehr wie virzig Jahr. Wie oft hat a zu Muttern gesagt: Mutter, wenn's mit mir amal a Ende nimmt, das Häusl halt feste. Das Häusl hab' ich errobert, meent' a iebersche. Hie is jeder Nagel an durchwachte Nacht, a jeder Balken a Jahr trocken Brot. Da mißt' ma doch denken ... [...]

DER ALTE BAUMERT, kauend. Vor zwee Jahren war ich's letzte Mal zum Abendmahle. Gleich dernach verkooft' ich a Gottstischrock. Dadervon kooften m'r a Stickl Schweinernes. Seitdem da hab' ich kee Fleesch ni mehr gessen bis heut abend.

JÄGER. Mir brauchen o erscht kee Fleesch, fer uns essen's de Fabrikanten. Die waten im Fette rum bis hieher. Wer das ni gloobt, der brauch ock nuntergehn nach Bielau und nach Peterschwalde. Da kann ma sei Wunder sehn: immer e Fabrikantenschloß hintern andern. Immer e Palast hintern andern. Mit Spiegelscheiben und Türmeln und eisernen Zäunen. Nee, nee, da spiert keener nischt von schlechten Zeiten. Da langt's uf Gebratnes und Gebacknes, uf Eklipaschen und Kutschen, uf Guvernanten und wer weeß was. Die sticht d'r Haber aso sehr! Die wissen gar nich, was de schnell anstelln vor Reechtum und Iebermut.

ANSORGE. In a alten Zeiten da war das ganz a ander Ding. Da ließen de Fabrikanten a Weber mitleben. Heute da bringen se alles alleene durch. Das kommt aber daher, sprech' ich: d'r hohe Stand gloobt ni mehr a keen Herrgott und keen Teiwel ooch nich. Da wissen se nischt von Geboten und Strafen. Da stehln se uns halt a letzten Bissen Brot und schwächen und untergraben uns das bißl Nahrung, wo se kenn'n. Von den

Leuten kommt's ganze Unglicke. Wenn unsere Fabrikanten und wärn gute Menschen, da wärn ooch fer uns keene schlechten Zeiten sein. [...]

JÄGER. Wenn's mehr ni is. Das sollte mir ni druf ankommen; dahier! den alten Fabrikantenräudeln, den wollt' ich viel zu gerne amal a Liedl ufspieln. Ich tät' m'r nischt draus machen. Ich bin a umgänglicher Kerl, aber wenn ich amal falsch wer und ich krieg's mit der Wut, da nehm' ich Dreißichern in de eene, Dittrichen in de andre Hand und schlag' se mit a Keppen an'nander, daß'n 's Feuer aus a Augen springt. – Wenn mir und mer kennten's ufbringen, daß m'r zusammenhielten, da kennt m'r a Fabrikanten amal an solchen Krach machen ... Da braucht m'r keen'n Keenich derzu und keene Regierung, da kennten m'r eenfach sagen: mir wolln das und das und aso und aso ni, und da werd's bald aus een'n ganz andern Loche feifen dahier. Wenn die ock sehn, daß ma Krien hat, da ziehn se bald Leine. Die Betbrieder kenn' ich! Das sein gar feige Luder.

MUTTER BAUMERT. 's is wirklich bald wahr. Ich bin gewiß ni schlecht. Ich bin gewiß immer diejenigte gewest, die gesagt hat, die reichen Leute missen ooch sein. Aber wenn's aso kommt ... [...]"

Hier wird deutlich die Spannung zwischen den Webern, denen durch das Preisdumping infolge der Billig-Importe das Wasser bis zum Hals steht und die selbst ihren Hauszins an die Bauern nicht mehr bezahlen können, und dem verprassenden Wohlstand der Textil-Verleger.

Es kommt durch die jungen Weber zur gewaltsamen Stürmung der Fabrikantenvilla. Der alte Weber Hilse versteht die Welt nicht mehr. Ihm bleibt nur, an seinem traditionellen Arbeitsplatz zu sitzen, am Webstuhl.

„*Vier Männer tragen einen Verwundeten durchs Haus. Man hört deutlich eine Stimme sagen:* 's is d'r Ulbrichs Weber. *Die Stimme nach wenigen Sekunden abermals:* 's wird woll Feierabend sein mit'n; a hat 'ne Prellkugel ins Ohr gekriegt. [...]

STIMME, *vom »Hause«.* Geht vom Fenster weg, Vater Hilse!

DER ALTE HILSE. Ich nich! Und wenn ihr alle vollens drehnig werd! *Zu Mutter Hilse mit wachsender Ekstase*: Hie hat mich mei himmlischer Vater hergesetzt. Gell, Mutter? Hie bleiben m'r sitzen und tun, was mer schuldig sein, und wenn d'r ganze Schnee verbrennt. *Er fängt an zu weben. Eine Salve kracht. Zu Tode getroffen, richtet sich der alte Hilse hoch auf und plumpt vornüber auf den Webstuhl. Zugleich erschallt verstärktes Hurra-Rufen. Mit Hurra stürmen die Leute, die bisher im Hausflur gestanden, ebenfalls hinaus. Die alte Frau sagt mehrmals fragend:* Vater, Vater was is denn mit dir? *Das ununterbrochene Hurra-Rufen entfernt sich mehr und mehr. Plötzlich und hastig kommt Mielchen ins Zimmer gerannt.*

MIELCHEN. Großvaterle, Großvaterle, se treiben de Soldaten zum Dorfe naus, se haben Dittrichens Haus gestirmt, se machen's aso wie drieben bei Dreißichern. Großvaterle!? *Das Kind erschrickt, wird aufmerksam, steckt den Finger in den Mund und tritt vorsichtig dem Toten näher.* Großvaterle!?

MUTTER HILSE [*die nahezu blind ist*]. Nu mach ock, Mann, und sprich a Wort, 's kann een'n ja orntlich angst werd'n."

Gerhart Hauptmann, Die Weber [3]1998, 70 f.

KÄTHE KOLLWITZ: *ENDE,* BLATT 6 AUS DEM ZYKLUS „EIN WEBERAUFSTAND", 1893–97, STRICHÄTZUNG, AQUATINTA, SCHMIRGEL UND POLIERSTAHL.

Dies ist das traurige Ende des „Sozialen Dramas": Die Welt der Weber ist aus den Fugen geraten. Die jungen aufrührerischen Weber werden erschossen, die alten Weber, die an die alte Ordnung glauben, kommen auch zu Tode.

Aufgrund dieser Provokation des sozialen Dichters Hauptmann kündigt Kaiser Wilhelm II. seine Loge im „Deutschen Theater".

Mehrere Jahre unterlagen „Die Weber", die zunächst als Mundartfassung „De Waber" 1894 auf die Bühne kamen, der Zensur und einem Aufführungsverbot. Den Zenit seines Schaffens erreichte Hauptmann im Jahr 1912, als ihm der Literatur-Nobelpreis verliehen wurde.

## Ortsgrundriss Langenbielau als Ausdruck der Wirtschafts- und Sozialstruktur

Der Ortsgrundriss der Stadt Langenbielau, im Vorland des Eulengebirges gelegen, dokumentiert exemplarisch die Wirtschafts- und Sozialgeschichte der schlesischen Weber. Der Ort ist bekannt durch das einst bedeutendste deutsche Textilwerk, den Dierigkonzern, der in seinem Unternehmen in Langenbielau etwa 4000 Arbeiter und Angestellte beschäftigte.

In dem 8 km langen Waldhufendorf, dessen Bau sich trotz moderner Überformung noch recht gut erkennen lässt, kam, wie in den benachbarten Ortschaften auch, schon früh die Leinen- und dann die Baumwollweberei auf, die als Hausindustrie betrieben wurde. Mit der Blütezeit der Weberei am Ende des 18. Jahrhunderts hatte Langenbielau bereits 7000 Einwohner; zahlreiche kleine Weberhäuser schoben sich zwischen die mitteldeutschen Bauerngehöfte, und Weberkolonien entstanden auf der Gemarkung des Ortes. Wohl traten mit der „Webernot" tiefgreifende Notstände auf, als die Handweberei gegenüber der bereits mechanisierten englischen Textilindustrie nicht mehr konkurrenzfähig war und ihre Absatzmärkte verlor. Doch als man seit der zweiten Hälfte des 19. Jahrhunderts auch im Eulengebirgsland zum mechanischen Betrieb überging, erholte sich die heimische Textilindustrie schnell, so dass Langenbielau schon um 1900 rd. 20.000 Einwohner hatte bei einer Bevölkerungsdichte von mehr als 800 E./qkm. Zwar zeugen die erhalten gebliebenen hufeisenförmigen Bauerngehöfte mit Wohnhaus, Stall und Scheune, immerhin noch fast 60 mittel- und großbäuerliche Betriebe, von der einst ländlichen Siedlung, aber die landwirtschaftliche Bevölkerung sank anteilmäßig auf etwa 4 % ab. Die zahlreichen kleinen, gestreckten Weberhäuschen lassen die hausindustrielle Periode in Erscheinung treten. Doch das Gepräge verleihen der Siedlung die Fabrikgebäude, die, soweit sie aus Mühlen hervorgingen, direkt am Bach in der Dorfaue ihren Standort fanden, während die größeren Werke, insbesondere von Dierig (im Süden des Dorfes), nicht mehr im Bereich der alten Konzentrationslinie des Ortes Platz finden konnten; sie mussten an der Rückseite der alten Hofreihe ansetzen, so dass die linienhafte Bebauung zur flächenhaften erweitert wurde. Ein größerer Teil der Miets- und Geschäftshäuser konnte auf der Dorfaue untergebracht werden; als der Raum hier nicht mehr ausreichte, errichtete man neuere Siedlungshäuser in Verbindung mit der alten Ortslinie am unteren, südlichen Ende der Hufen und dehnte darüber hinaus die Bebauung längs der

Straße bis zu den jüngeren Erweiterungen des benachbarten städtischen Zentrums Reichenbach aus. Waren 64 % der erwerbstätigen Bevölkerung allein in der Textilindustrie beschäftigt [Zahlen für 1939], so wurde durch diese die Entwicklung zum Industriedorf vollzogen.

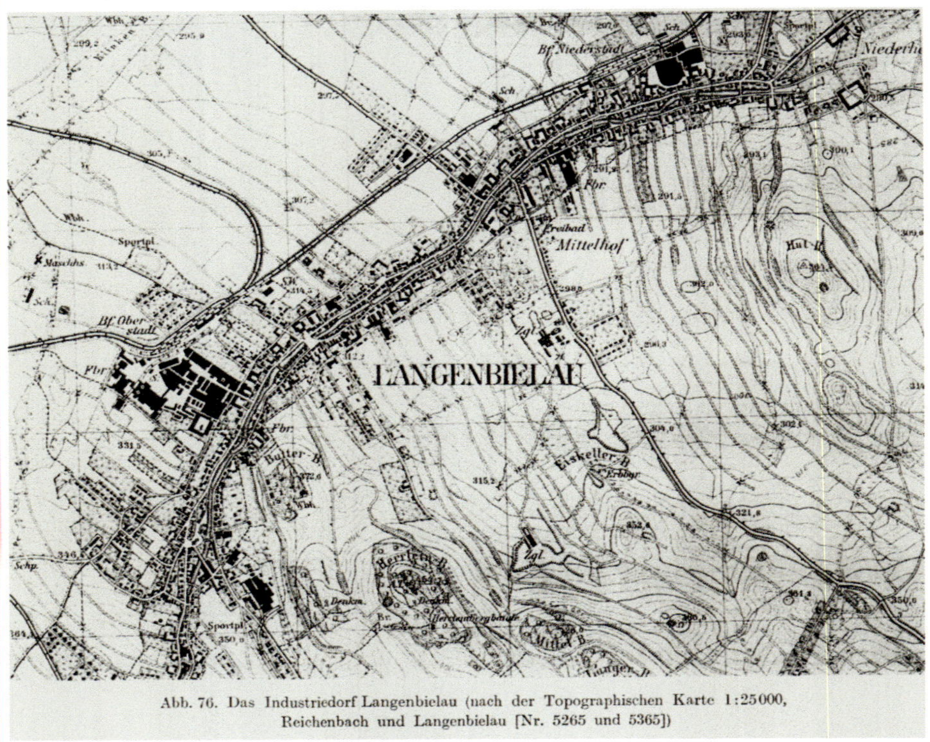


Abb. 76. Das Industriedorf Langenbielau (nach der Topographischen Karte 1:25000, Reichenbach und Langenbielau [Nr. 5265 und 5365])

Straßendorf Langenbielau, Top. Karte 1 : 25.000 (In: Schwarz 1961, 259).

Entlang einer Hauptstraße sind die größeren, hufeisenförmigen Gehöfte der Bauern und die kleinen, längsgestreckten Häuser der Häusler und Weber aufgereiht. Am linken unteren und rechten oberen Rand stechen die massiven Fabrikgebäude der Leinenunternehmer heraus.

So lässt sich hier am Ortsgrundriss exemplarisch die Sozialstruktur von armen Webern und Häuslern, begüterten Bauern sowie reichen Textilunternehmern ablesen.

## REICHE UNTERNEHMER – ARME WEBER

In der Krise der Heimweber wird die soziale Diskrepanz zwischen Reich und Arm virulent. Das brutale Eingreifen der Staatsmacht in Schlesien, das auch durch viele Zeitungen publiziert worden ist, hat eine ganze Reihe von Künstlern aufgerüttelt.

### Heinrich Heine: Weberlied

Dieses Thema greift auch Heinrich Heine auf, indem er die aussichtlose Situation der Weber und ihre ohnmächtige Wut in seinem Lied „Die schlesischen Weber" aufzeigt.Heine begeisterte sich für einen Frühsozialismus, der nach Ideen des französischen Intellektuellen Henri de Saint-Simon einer Gesellschaftsform von Gemeinwohl und Fortschritt verpflichtet war.
Das Weberlied erscheint am 10. Juni 1844 in der von Karl Marx in Paris herausgegebenen Zeitschrift „Vorwärts".

Heinrich Heine: Gemälde von Moritz Daniel Oppenheim 1831.

Die schlesischen Weber (1845)

Im düstern Auge keine Träne,
Sie sitzen am Webstuhl und fletschen die Zähne:
Deutschland, wir weben dein Leichentuch,
Wir weben hinein den dreifachen Fluch –
Wir weben, wir weben!

Ein Fluch dem Gotte, zu dem wir gebeten
In Winterskälte und Hungersnöten;
Wir haben vergebens gehofft und geharrt,
Er hat uns geäfft und gefoppt und genarrt –
Wir weben, wir weben!

Ein Fluch dem König, dem König der Reichen,
Den unser Elend nicht konnte erweichen,
Der den letzten Groschen von uns erpresst,
Und uns wie Hunde erschiessen lässt –
Wir weben, wir weben!

Ein Fluch dem falschen Vaterlande,
Wo nur gedeihen Schmach und Schande,
wo jede Blume früh geknickt,
Wo Fäulnis und Moder den Wurm erquickt –
Wir weben, wir weben!

Das Schifflein fliegt, der Webstuhl kracht,
Wir weben emsig Tag und Nacht –
Altdeutschland, wir weben dein Leichentuch,
Wir weben hinein den dreifachen Fluch –
Wir weben, wir weben!

Die fünfzeiligen Strophen sind als Paarreime aufgebaut. Nach der einleitenden Strophe wendet sich die Anklage des Webers gegen Gott, König und Vaterland. In der letzten Strophe schreit das „lyrische Ich" den dreifachen Fluch heraus: Die Weber weben das Leichentuch für Deutschland, das den Untergang des politisch rückständigen Deutschlands symbolisiert. Der jeweils letzte Vers „wir weben" drückt Hoffnung und gleichzeitig Verzweiflung aus.

So gilt Heine heute noch als Dichter des „Vormärz", in dem es nach der Französischen Revolution auch in Deutschland die ersten demokratischen Bestrebungen gab.

Hören Sie hier das Lied „Die Weber" von der Gruppe „Liederjan" (CD).

## Begüterte in der Bibel

Schon in der Bibel gibt es den Hinweis auf den begüterten Anhänger Jesu, Josef von Arimathia, der als Reicher sein eigenes Grab für Jesus zu Verfügung stellt.

Denn er wurde zum Jünger Jesu, was er aber geheim hielt (Joh 19, 38). Nach der Kreuzigung Jesu bat er, so im Neuen Testament überliefert, den römischen Statthalter Pontius Pilatus um den Leichnam Jesu, um ihn in seinem eigenen Felsengrab zu beerdigen (Mt 27, 57–60; Mk 15, 43–46; Lk 23, 50–54; Joh 19, 38–42).

Josef hatte vorsorglich ein eigenes Grab für sich gekauft. Das deutet darauf hin, dass er sehr begütert gewesen sein muss.

NIKODEMUS GROß ST. MARTIN, KÖLN (RAIMOND SPEKKING/CC BY-SA 4.0)

Als Jesus zu Grabe getragen wird, heißt es im Johannes-Evangelium, Kapitel 19 in den die Versen 39 und 40:

„Es kam auch Nikodemus, der früher einmal Jesus bei Nacht aufgesucht hatte. Er brachte eine Mischung aus Myrrhe und Aloe, etwa hundert Pfund. Sie nahmen den Leichnam Jesu und umwickelten ihn mit L e i n e n b i n d e n , zusammen mit den wohlriechenden Salben, wie es beim jüdischen Begräbnis Sitte ist" (ZÜRICHER BIBEL, Hervorhebung durch Autor).

NIKODEMUS GROß ST. MARTIN, KÖLN (AUSSCHNITT) (RAIMOND SPEKKING/CC BY-SA 4.0)

Wenn der Sympathisant Nikodemus hundert Pfund Myrrhe und Aloe zum Grab bringt, gehört er wohl auch zur reichen Oberschicht.

Nikodemus ist ursprünglich ein Pharisäer, also Mitglied des Hohen Rates. Er kommt heimlich des Nachts zu Jesus, um seine Meinung zu hören: „Rabbi, wir wissen, dass du als Lehrer von Gott gekommen bist. Denn niemand könnte die Wunderzeichen tun, die du tust, es sei denn, Gott ist mit ihm."

So wie Jesus in Leinenbinden begraben wurde, ist es bis heute für muslimischen Beisetzungen vorgesehen, den Leichnam in Tücher einzuhüllen statt in einem Sarg, wie dies in christlich geprägten Ländern üblich ist.

## Lohnweber und selbständige Weber

Die prekäre Situation der Hausweber haben wir bereits am Beispiel der schlesischen Weber kennengelernt. Die zunehmende Konkurrenz der Baumwolle, was von Johannes MÄHRLEIN 1861 als „Cottomanie"gegeißelt wurde, und der Druck der englischen Tuchimporte, die durch den Maschineneinsatz billiger sein konnten, haben die Verschlechterung des Einkommens der Heimweber im Lauf des 19. Jahrhunderts beschleunigt. Lediglich die Baumwollkrise in Amerika 1862 infolge des Bürgerkrieges brachte für die kontinentalen Weber eine Steigerung der Nachfrage und damit eine gewisse Erholung der Erlöse. Aus dem Rheinland liegen Zahlen zum Erwerb der Heimweber vor:

> „Für das frühe 19. Jahrhundert finden sich gelegentlich in den Gewerbestatistiken Angaben über die in den Handwerken üblichen Tagelöhne. In der Eifel sah die Lohnsituation beispielsweise in einigen Kreisen wie folgt aus: Für den Kreis Rheinbach werden im Stichjahr 1819 unter anderem Lohnsätze für Leinenweber erwähnt. So betrug der Tageslohn eines Leinenwebers in Adendorf ohne Kost, das heißt ohne zusätzliche Verköstigung durch den Arbeitgeber, 18 Sgr (Silbergroschen), eines Wollwebers 10 Sgr 18 Pf. Verglichen mit anderen Handwerkern war dies sehr hoch. Ein Schlosser verdiente damals am Tag 9 Sgr, ein Schmied 8 Sgr, ein Bäcker nur 6 Sgr, dagegen ein Schieferdecker ebenfalls 18 Sgr. Mit Kost betrug der Leinenweberlohn 9 Sgr. In Münstereifel lag der Tagessatz eines Leinen- und eines Wollwebers ohne Kost bei 12 Sgr, mit Kost bei 5 Sgr. In Rheinbach selbst dagegen erhielt der Leinenweber nur 7 Sgr (ohne Kost), der Wollweber nur 6 Sgr. Der hier angegebene Lohn bezieht sich sehr wahrscheinlich auf Webergesellen, die bei selbständigen Handwerkern angestellt waren und häufig sogar im Hause des Meisters verpflegt wurden. Bei den genannten Angaben erstaunt zum einen die sehr große Lohnspanne innerhalb eines Kreises bei einem Handwerk zwischen 7 und 18 Sgr. Zum anderen verwundert die zumindest für Adendorf belegte sehr gute Bezahlung im Verhältnis zu anderen Handwerken, selbst gegenüber der Wollweberei. Möglicherweise herrschte in diesem Gebiet zu Beginn des 19. Jahrhunderts regionaler Mangel an guten Leinenwebergesellen. Die Wollweberei war dagegen im Verhältnis zur Nachfrage an Wolltuchen in den kleineren Zentren der Eifel mit einer ausreichenden Anzahl an Handwerkern vertreten.
>
> Aus einem anderen Eifelkreis, in dem die Leinenweberei allerdings recht bedeutungslos war, liegen aus dem Jahre 1829 Lohnangaben vor. Es handelt sich um den Kreis Montjoie (Monschau), in dem die Wolltuchproduktion internationalen Rang besaß. Der damals übliche Tageslohn für einen Leinenweber wird mit 9 Sgr, für einen Wollweber mit 8 Sgr, jeweils ohne Kost, angegeben. Zum Vergleich: Der Tageslohn eines Maurers betrug 10 Sgr, eines Gerbers 13 Sgr, eines Drechslers dagegen nur 4 Sgr 2 Pf im dortigen Kreis (STADTARCHIV MONSCHAU A XV lfd. 1253). Aus dem gleichen Jahr

(1829) sind auch Preise einiger landwirtschaftlicher Produkte überliefert. Z. B. kostete 1 Pfd Butter 4 5/6 Sgr, ein Berliner Scheffel (= 54,96 l) Kartoffeln 17 Sgr (STADTARCHIV MONSCHAU, Gemeindechronik der Bürgermeisterei Montjoie).

Am Niederrhein herrschte durch die Vorrangstellung der Haupterwebsweberei wieder eine andere Situation als in den Mittelgebirgsregionen. Wahrscheinlich wird hier das Lohnverhältnis anders ausgesehen haben als in der Eifel.

Der selbständige Leinenweber, der vom Verkauf der fertigen Ware lebte, mußte sich bei seiner Kalkulation nach dem jeweiligen Marktpreis richten. Dies betraf sowohl den Garneinkauf als auch den Leinwandverkauf. 1838 lag z. B. der Leinwandpreis am Niederrhein bei grauen oder weißen Qualitäten bei 16 bis 18 Sgr pro Elle, bei ganz weißen um 20 bis 22 Sgr pro Elle (HAUPTSTAATSARCHIV DÜSSELDORF NR. 24891). Das erscheint zunächst hoch, wenn man eine Tagesproduktion von 6 bis 10 Ellen zugrunde legt. Es müssen jedoch die Garneinkaufskosten, die bei mittlerer Qualität etwa 10 bis 20 Sgr pro Pfund betrugen, sowie die Bleich- und eventuellen Lohnkosten für Gesellen oder Gehilfen abgezogen werden.

Im Laufe des Jahrhunderts sanken die Leinwandkosten und somit auch die Löhne merklich. Mevissen gibt in seiner Darstellung über die Flachshandspinnerei am Niederrhein den „früher“ (gemeint ist wohl die Zeit kurz nach 1800) gezahlten Preis für feinste Leinwand mit 100 bis 20 Talern pro 50 Ellen an, also mehr als 2 Taler (1 Taler = 32 Silbergroschen) pro Elle (HAUPTSTAATSARCHIV DÜSSELDORF BL. 48). Für die Mitte des Jahrhunderts erwähnt Schmoller Tagesverdienste von Leinenwebern bei einem 14- bis 16-stündigem Arbeitstag von 2 bis 3 Sgr (SCHMOLLER 1870, 551). Zu dieser Zeit war die Krise der deutschen Berufsleinenhandweberei bereits voll eingetreten. Mögen sich diese Angaben auch mehr auf schlesische Zustände beziehen, im Rheinland wird es wohl trotz einiger kurzfristiger Aufschwünge nicht viel besser ausgesehen haben, ein Verdienst von 4 bis 6 Sgr am Tag bedeutete Mitte des 19. Jahrhunderts für eine Familie kaum das Existenzminimum. Das verdeutlicht ein Kaufkraftvergleich durch Hinzuziehen damals üblicher Lebensmittelpreise. Für das Jahr 1855 liegen detaillierte Angaben dazu aus dem Kreis Montjoie vor. Bezogen auf das gesamte Rheinland ist mit einer Schwankung von (±) 2 Sgr zu rechnen. So kostete ein achtpfündiges Roggenbrot durchschnittlich 9 Sgr, 100 Pfd Kartoffeln 1 1/2 Taler, 1 Pfd Rindfleisch 3 1/3 Sgr, 1 Pfd Schweinespeck sogar 7 1/2 Sgr (STADTARCHIV MONSCHAU Gemeindechronik der Bürgermeisterei Montjoie). Ein Weber mußte also 2 Tage arbeiten, um sich auch nur ein achtpfündiges Roggenbrot leisten zu können“ (HARZHEIM 1989, 74 f.).

Auch auf der Schwäbischen Alb ist das Leben als Leinenweber eine mühsame Arbeit: Das Weben war in der „Dunk", dem feuchten Kellergeschoss, für die Verarbeitung der Flachsfaser zwar von Vorteil. Allerdings waren die gesundheitlichen Folgen der Arbeit im Feuchten bedenklich.

LAICHINGEN, SCHWÄBISCHE ALB UM 1925 (ARCHIV FEGERT).
In einem Leinengewand arbeitet der Weber an seinem Webstuhl im Kellergeschoss.

Im Jahr 1856 berichtet die „Handels- und Gewerbe- Kammer" Ulm, dass auf der Schwäbischen Alb das Städtchen Laichingen den ersten Rang mit 450 Webstühlen einnehme. Bereits im 18. Jahrhundert waren die Weber von Laichingen, die sich in der „Uracher Kompanie“ zusammengeschlossen hatten, die führenden Erzeuger von Leinen in Württemberg. 1820 gründen die Laichinger Weber den „Laichinger Weberverein“, mit dem diese der Vertrieb des Leinens selbst in die Hand nehmen. Die Errichtung des „Webervereins“ ist die Rettung für die Existenzbedrohung, die auch hier auf der Schwäbischen Alb zu spüren ist. So gehen sie 1844 zur „Allgemeinen Ausstellung deutscher Gewerbeerzeugnisse“ in Berlin, an der sie mit großem Erfolg teilnehmen.

WEBERHAUS LAICHINGEN, ANFANG 1950ER JAHRE (IN: MANGOLD, G. 2010, 150).

Dieses bescheidene Haus diente drei Familien als Unterkunft. Das Fachwerk ist mit Wandputz übertüncht, ein Hinweis auf die damalige Modernisierung. Vor dem Haus ist dünnes Brennholz gelagert, Knüppel, die man nach Anweisung des Försters aus dem Wald schlagen konnte. Rechts ist ein kleiner Schuppen angebaut, dessen kaum vergrößertes Holztor zeigt, dass darin wohl lediglich kleinere Handwagen untergebracht waren. Nach Auskunft der 98-jährigen Babette Junginger (2022) hat dort der Vetter ihres Großvaters Simon Schwenkedel gewohnt. Heute ist das Haus in das Freilichtmusem Beuren transloziert worden (siehe Seite 241).

Im Jahr 1816 gibt es in Laichingen 256 aktive Webermeister, d. h. in 62 % der Haushalte sorgen Weber für den Lebensunterhalt. Im Jahr 1880 werden 255 aktive Weber verzeichnet, was widerum nur noch 44,6 % Haushalte mit aktiven Webern ausmacht (MEDICK 1997, 265).

DAS LAICHINGER WEBERHAUS IM FREILICHTMUSEUM BEUREN 2012 (FOTO: FEGERT).

Das Haus, das auf der vorherigen Seite abgebildet ist, hat man im Freilichtmuseum Beuren wieder mit der ursprünglichen Strohbedeckung versehen. Lediglich die wetteranfälligen Teile, Giebel und Dachtrauf, sind mit Ziegeln versehen. Im rechten Hausteil lebte 1835 der Weber Andreas Schmid. Er besaß mehrere Webstühle und hatte einen Gesellen. Trotzdem betrieb er auch Landwirtschaft, um seine Familie durchzubringen. Auf dem Bild ist auch gut zu sehen, dass mehrere Schachtfenster in die Tiefe führen, damit in der „Dunk“, dem Webkeller, etwas Tageslicht scheint. Im linken Hausviertel lebten zwei Familien, die sich einen Hauseingang teilen mussten und die Flurküche sowie den Webkeller gemeinsam nutzten. Eine war die verarmte Witwe Magdalena Graser mit ihren Töchtern, die neun uneheliche Kinder zur Welt brachten. Im zweiten Viertel lebte die verwitwete Schwiegertochter von Magdalena Graser mit ihrem zweiten Ehemann (vergl. Hinweistafel im Freilichtmuseum Beuren).

HAUSWEBER IN LAICHINGEN, SCHWÄBISCHE ALB UM 1925 (ARCHIV FEGERT).
Der Weber trägt die typische Tracht der „Älbler“: blauer Leinenkittel, (geflickter) Leinenschurz und Stoffmütze mit Quaste.

Bereits 1861 gründet Heinrich Seemann eine Weberei mit Handwebstühlen und wirbt bei den Handwebern, sich nicht mehr in der „Dunk“, dem dunklen Kellerloch abzuplagen, sondern gemeinschaftlich in einem großen Websaal, hell und licht arbeiten zu können. Doch er hat anfänglich wenig Erfolg, denn die Weber wollen ihre Unabhängigkeit nicht aufgeben.

Im Jahr 1873 erlebt die Laichinger Leinenweberei einen beachtlichen Aufschwung: Den es kommt zur richtungsweisenden Gründung der „Webfachschule Laichingen“und zwei Firmen aus Stuttgart verlegen ihren Firmensitz nach Laichingen. 1878 stellt ein Laichinger Leinwandhändler auf der Weltausstellung in Paris aus. Der entscheidende Schritt geschieht, als die Laichinger Weber auf den Gedanken kommen, das Leinen zu Aussteuern, Bettwäschen und Sonntags-Schürzen zu verarbeiten. In der Folge wird die Damastweberei mit feinsten Qualitäten aufgenommen, Handstickerei mit Hohlsaum beflügelt den guten Ruf der Laichinger Aussteuer-Erzeugung. Im Jahr 1895 kommt die Maschinenstickerei auf. Das führt dazu, dass Handweber aus ihrer „Dunk“ aufgestiegen sind zu Leinwandhändlern. Jetzt um die Jahrhundertwende wagen sie den Schritt zum Wäschefabrikanten!

Im ländlichen Umfeld gab es in der Vergangenheit immer noch die Möglichkeit der Eigenversorgung in einer kleinen Landwirtschaft. Doch wie ist die Situation in den großstädtischen Metropolen wie Berlin?

Berlin 1911 („Wohnungs-Enquête der Berliner Ortskrankenkasse für den Gewerbebetrieb der Kaufleute, Handelsleute und Apotheker" 1911, in: Hrsg. Asmus 1982, 133). In dieser Einraumwohnung wohnt, schläft und webt der Mann mit seiner Frau.

In den Jahren 1901–1920 hat die Berliner Ortskrankenkasse eine Untersuchung gestartet, um durch den fundierten wissenschaftlichen Nachweis und Veröffentlichung des Zusammenhangs zwischen Wohnqualität und Krankheit zu einer Veränderung der Verhältnisse beizutragen. Die Kommission weist bei dem obigen Foto darauf hin, dass der 75-jährige Weber – wohl auch seine Frau – in diesem vergleichsweise großen Raum arbeitet und dort auch schläft. Unschwer erkennen wir, dass er immerhin an einem Jacquard-Webstuhl arbeitet.

Die Inspektoren der „Wohnungs-Enquête der Berliner Ortskrankenkasse für den Gewerbebetrieb der Kaufleute, Handelsleute und Apotheker“ stellen 1911 zu dieser fotografischen Aufnahme fest:

> „Berlin;
> Heinersdorferstraße 13, 3 Treppen
> Der Patient ist 75 Jahre alt und betreibt die Handweberei in derselben Stube, in der er auch schläft. Raummaße: 5,00 m lang, 5,00 m breit, 2,80 m hoch.“

Mit der Bauernbefreiung kommt es im letzten Viertel des 19. Jahrhunderts zu invasionsartiger Überflutung der Städte: Landarbeiter, Kleinbauern, Pächter haben keinen Anteil am aufkommenden Wohlstand.

Hinterhof Berlin, 1952 (Bundesarchiv_Bild_183-15091-0008)

Noch im Jahr 1952 sind solche Zustände anzutreffen.

Sie strömen in die Großstädte und finden sich dort als Entwurzelte wieder. Die Familien zerbrechen, der Gutsherr hat keine Fürsorgepflicht mehr für sie.In den Mietskasernen suchen die Menschen eine Bleibe als die „Trockenschläfer“, in denen sich Tag- und Nachschläfer ein Bett teilen. Wenn sie es nicht schaffen einen industriellen Arbeitsplatz zu ergattern, versuchen sie in Heimarbeit mit Hilfe ihrer zahlreichen Kinder etwa Papierblumen herzustellen oder Zigarren zu drehen.

Sie fühlen sich oft überflüssig. Die Mutigen wandern nach Amerika aus: 1820–1960 sind es 1,5 Millionen deutsche USA-Auswanderer, 1861–1890 knapp 3 Millionen und 1891–1920 immerhin nahezu 1 Million.

Auch unter den Auswanderern aus dem ländlichen Bereich des „Passauer Abteilandes“/Bayerischen Wald befinden sich in meiner Datenerhebung 1855–1938 insgesamt 21 % Handwerker, darunter zahlreiche Weber (Fegert $^{2}$2014, 77).

Grabstein Kirche St. Raymund, Breitenberg/Bayerischer Wald (Foto: Fegert 2019).
Stolz spricht aus diesem Grabstein des „Weber[s] und Hausbesitzer[s] v[on] Breitenberg“, hier im Bayerischen Wald.

Die Absatzprobleme der Weber im Bayerischen Wald wurden bekanntlich durch den Dumping-Import aus England erzeugt und durch die Einfuhr-Sperre 1803 nach Österreich noch verschärft. Nur wenige Weber überstanden diesen harten Existenzkampf. Denn 1840 verzeichnen die Liquidationsprotokolle der Gemeinde Breitenberg nur noch 24 Weberhäuser.

## WEBEN IN KUNST UND VOLKSKUNST

Leinen ist nicht nur ein wichtiger Bestandteil der Handwerkskultur, sondern auch Gegenstand der künstlerischen Darstellung. Interessant ist daher, dass es bereits im alten Ägypten Darstellungen von Leinenopfern, also den Hinweis auf Bedeutung und Reichtum, gibt.

NEFERTARI BRINGT PTAH EIN LEINENOPFER DAR, DETAIL AUS DER WESTWAND DES GRABES DER NEFERTARI (19. DYNASTIE, UM 1290–1255 V. CHR.)

Nefertari, auch Nofretiri, die links auf dem Tablett und dem Tisch mit dem Leinenopfer zu sehen ist, war die „Große königliche Gemahlin" des Königs Ramses II. im Neuen Reich, 19. Dynastie (etwa 1290–1255 v. Chr.). Ptah dagegen ist einer der mächtigsten ägyptischen Schöpfungsgötter, der auch Richter des Totengerichts ist. Ptah gilt auch als Schutzgott des Handwerks.

Auch in der Kunst der Griechen finden sich bereits immer wieder Darstellungen des Webens als Dekorationselemente von Vasengefäßen.

PENELOPE AM WEBSTUHL. UMZEICHNUNG EINER VASENMALEREI, UM 440 V. CHR. (CHIUSI, MUSEO CIVICO).

Es handelt sich hier um einen vertikalen Gewichtswebstuhl, an dem die Kettfäden mit Gewichten gespannt werden und oben bereits das Muster geflügelter Menschen und Pferde zu sehen ist.

So findet sich in der Odyssee von Homer Penelopes Monolog, der auf der Vasenmalerei thematisiert ist:

> *„Erst hat ein Gott in den Sinn mir gehaucht an ein Tuch mich zu machen.*
> *Darum stellte ich auf im Palast einen mächtigen Webstuhl.*
> *Groß und umfassend sollte es werden. So wob ich und sagte:*
> *Jünglinge, ihr meine Freier; tot ist der hehre Odysseus!*
> *Wartet! Drängt nicht zur Ehe! Ich möchte ein Tuch erst vollenden –*
> *Nutzlos, fürchte ich, müsste das Garn sonst verderben; – für unsren*
> *Helden Laertes das Grabtuch, eh noch das grausige Schicksal*
> *Endlich ihn packt, wenn der Tod an ihn kommt, der keinen noch schonte.*
> *Soll mich doch keine Achaierin schelten im Volke und sagen:*
> *Vieles hat er erworben, doch fehlt seiner Leiche das Laken"*
> (Homer, Odyssee IX, 138-147).

MAX LIEBERMANN, DER WEBER 1882 (CC BY-SA 4.0 STÄDEL MUSEUM, FRANKFURT A. M.)

Der Künstler des Realismus, Max Liebermann hat 1882 das harte Leben des häuslichen Webers eingefangen, der gerade das Weberschiffchen einwirft. Der Webstuhl steht im Wohnraum der Familie. Das Kindergitterbett sieht man im Hintergrund. Das Kind sitzt davor. Seine Frau dreht unter großem Kraftaufwand das Spulrad. Der Leinenstoff um den Kopf soll wohl vor dem herumfliegenden Faser-Staub schützen.

Da das Weben bereits in der darstelelnden und bildenen Kunst angekommern ist, wundert es nicht, dass da Weben ebenfalls in der Volkskunst thematisiert wird. Bekannt sind gerade im Bayerischen Wald die „Geduldsflaschen“, oder wie es dort heißt „Eing(e)richt“, die in der Regel religiöse Szenen im Kleinen darstellen und unter großem Aufwand an Geduld in einer Flasche mit Nadel und Pinzette aufgebaut werden.

Webstuhl als „Eingericht" aus Schweden (Sammlung Fegert).

Einen Sonderfall der Geduldsflasche stellt die Heiliggeistkugel dar, die eine aus Holz geschnitzte Taube mit einem Strahlenkranz, die den Heiligen Geist symbolisiert. Flügel und Schwanzfedern bestehen aus je einem, in dünne Schichten geschnittenen und dann aufgefächerten Stück Holz. Diese Taube in der Glaskugel wurde im Herrgottswinkel, über dem Esstisch oder anlässlich der Geburt oder Taufe eines Kindes über einer Kinderwiege aufgehängt. Dieser in Skandinavien, Norddeutschland, Süddeutschland und Österreich verbreitete Brauch lässt sich bis mindestens 1740 zurückverfolgen. Weil von einer über dem Esstisch hängenden Glaskugel Kondenswasser in die dampfende Suppenschüssel zurücktropfen kann, hat diese Art der Heiliggeisttaube im Bayerisch-österreichischen Sprachraum auch den scherzhaften Namen „Suppenbrunzer" erhalten. Besonders imposant ist in unserem Zusammenhang das „Eingericht" eines Webstuhls einschließlich des Pfeife rauchenden Webers, das aus Schweden stammt.

Auch aus dem Allgäu und dem Erzgebirge sind solche Eingerichte bekannt, bei denen Krippen- und Passionsszenen, Christus, Maria und andere Heilige dargestellt wurden. Bergbauthemen finden sich im Erzgebirge, im Vogtland, im Harz und im Slowakischen Erzgebirge. Das Thema Weben und Leinen kommt bei einigen Weihnachtskrippen vor, gerade wenn alle möglichen Handwerker zur Krippe eilen, um dem Jesuskind zu huldigen.

„Uberl mit der Leinwand" aus dem Salzkammergut (Museum Bad Ischl).

Mit ein paar Ellen Leinen unter dem Arm ist der Weber auf dem Weg zur Krippe.

Krippenfigur, um 1840 aus dem Waldviertel/OÖ. (Museum Bad Ischl).

Der „Bandlkramer", also Verkäufer von gewobenen Bändern, wandert zur Krippe und bringt einen Pack Leinwand für das Jesuskind mit.

# WIRTSCHAFTSGESCHICHTE DER WEBEREI BIS INS 20. JAHRHUNDERT

## Familienunternehmer: Die Fugger in Augsburg

In der Mitte des 14. Jahrhunderts verliert das Leinen seine Alleinstellung: Es kommt zur Entwicklung des Barchent. Das bedeutet, der Kettfaden besteht aus Leinen, der Schussfaden aus Baumwolle. Im Alpenvorland nimmt im 16. und frühen 17. Jhdt. die Stadt Augsburg die herausragende Rolle ein. Um 1600 gab es in Augsburg 2000 Webermeister (WEBER 2000, 49).

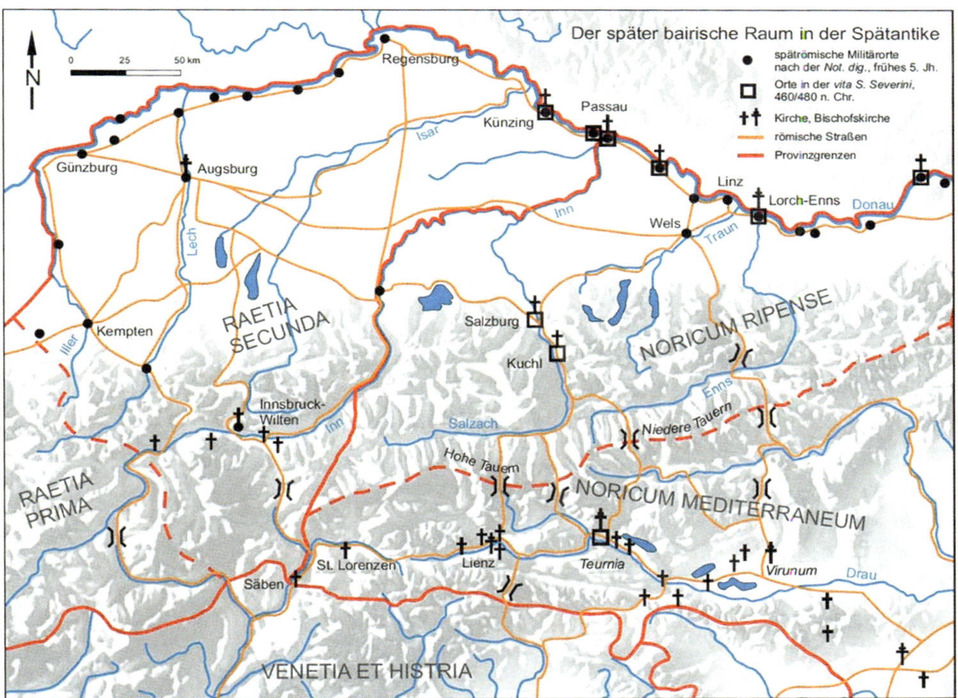


ANTIKE STRAßEN AUF DEM GEBIET DES HEUTIGEN BAYERNS (IN: HUBERT FEHR U. IRMTRAUT HEITMEIER (Hrsg.) 2014, VORSATZ).

Schon in römischer Zeit liegt Augsburg an einer wichtigen Straßenkreuzung.

Denn dort ist der Kreuzungspunkt zwischen der West-Ost-Verbindung und der Nord-Süd-Achse von Nürnberg über Tirol nach Oberitalien. Hier in den regenfeuchten Ebenen des Umlandes wird auch Flachs angebaut. Andererseits kommt die Baumwolle aus der Levante fast monopolartig über Venedig nach Oberschwaben. In Ravensburg, Biberach, Ulm und Augsburg liegt das Zentrum der süddeutschen Barchent-Herstellung. Kleinunternehmer, wie die Fugger, erzeugen den Barchent, dessen Rohstoffe Händler bereitstellen, die als Verleger dann auch den Verkauf organisieren.

In dieser Verknüpfung von Wirtschaftsinteressen und Konsequenzen für die Sozialstruktur ist auch der Augsburger Jakob Fugger der Reiche tätig, der seine Darlehensgeschäfte, u. a. für Kaiser Maximilian, mit Bergbaurechten im Tiroler Schwaz kompensiert und andererseits weltweit die erste Sozialsiedlung der Welt, die „Fuggerei" gründet. Also: Jakob Fugger wird vom Barchent-Weber zum Geldgeber der Kaiser!

Das Porträt des 60-jährigen Jakob Fugger der Reiche entstand während des 18. Reichstags zu Augsburg, wo er als Vertreter der Stadt Nürnberg anwesend war.

Die Haltung des Kopfes verweist auf Festigkeit und Selbstsicherheit, der Pelz auf den Reichtum der Familie. Durch das einfache, elegante, runde goldene Barett, das zu seiner Zeit als Kopfbedeckung aufkam, gibt sich Jakob Fugger sehr modisch und dynamisch.

Mit Pelzmantel und seidener Mütze schaut der Textil-Unternehmer zielstrebig in die Weite.

JAKOB FUGGER DER REICHE (* 1398; † 1469) VON ALBRECHT DÜRER (AUSSCHNITT).

## Familienunternehmer Fugger

KONTOR DES JAKOB FUGGER MIT SEINEM HAUPTBUCHHALTER M. SCHWARZ, 1517.

„Mit der Einwanderung des Webermeisters Hans Fugger 1367 in die damalige Freie Reichsstadt Augsburg begann die Geschichte der Firma Fugger. In nur drei Generationen stieg das Unternehmen zu einem der führenden Handelshäuser Europas auf. Hans Fugger kam mit einigem Startkapital in Augsburg an. Durch umsichtiges Wirtschaften und kluge Heiraten vermehrte er kontinuierlich seinen Einfluss und sein Vermögen. Das kaufmännische Talent der Fugger war bereits bei ihm ausgeprägt. Denn Hans Fugger saß nicht selbst am Webstuhl. Er versorgte die Weber auf Kredit mit Baumwolle und Flachs und sicherte sich damit die fertigen Barchenttuche, die er mit Gewinn weiterverkaufte. [...]

Zwischen 1472 und 1486 verdoppelt sich das Familienvermögen. [...] Ulrich Fugger hatte 1473 Kaiser Friedrich bei der Brautwerbung seines Sohnes Maximilian durch die Ausstattung mit Stoffen unterstützt. So begann die erfolgreiche Verbindung der Fugger und der Habsburger. Jakob Fugger der Reiche weilte bereits als 14-Jähriger zur Ausbildung als Kaufmann in Venedig. Etwa um 1486 kehrte er nach Augsburg zurück, wo er bald sein kaufmännisches Genie bewies. Durch die Verknüpfung von Edelmetall-, Waren- und Finanzierungsgeschäften stieg er zum führenden Kaufmann seiner Zeit auf. Die geschäftlichen Schwerpunkte Jakob Fuggers lagen in Tirol, Kärnten und in Oberungarn, der heutigen Slowakei. Durch Kredite an die Landesherren war ihm eine monopolartige Nutzung der dortigen Kupfer- und Silbervorkommen möglich. [...] Jakob der Reiche investierte in Grund- und Herrschaftsbesitz. Die Firma betätigte sich als Bank für Päpste, Kaiser und Könige, besaß zeitweilig das römische Münzrecht und handelte über Kontinente hinweg mit unterschiedlichsten Gütern von Kupfer bis Nachrichten.

[...] 1658 entschied die Familie Fugger, die Firma nach fast 300 Jahren Tätigkeit aufzulösen."

(Quelle: https://www.fugger.de/geschichte/die-bedeutendste-firma-ihrer-zeit,
weiterführende Literatur: GABLER 2020).

Die alte Tradition der Leinenweberei in Augsburg fand ihre Fortsetzung in der 1836 gegründeten Augsburger Kammgarnspinnerei (AKS), die bis zu 2.000 Beschäftigten Arbeit gab. Im Jahr 1986 waren immerhin noch 680 Mitarbeiter beschäftigt.

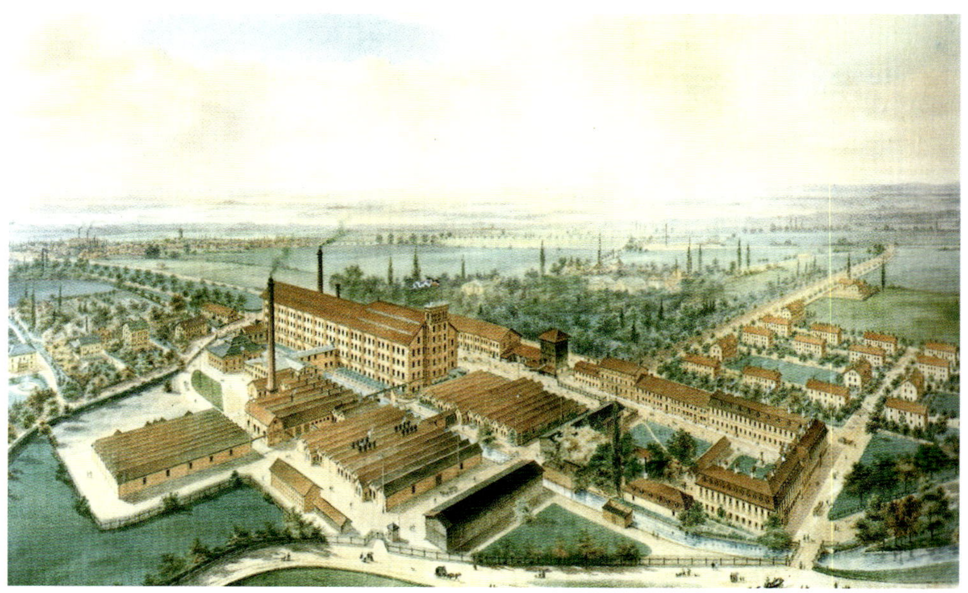

AUGSBURGER KAMMGARNSPINNEREI 1888 (FESTSCHRIFT 150 JAHRE AUGSBURGER KAMMGARN-SPINNEREI AG, 1836–1986, 1986, WIRTSCHAFTSARCHIV BADEN-WÜRTTEMBERG).
In den weitläufigen Fabrikhallen wurde um 1900 Garn an 60.000 Spindeln produziert.

Massive Absatzeinbrüche aufgrund der hohen Produktionskosten im Vergleich zu den Billiglohnländern führten Anfang der 2000er Jahr zur Produktionseinstellung. Im Jahr 2010 konnte in diesen ehemaligen Industriehallen das Technik- und Industriemuseum Augsburg (TIM) als erstes staatliches Museum in Bayerisch Schwaben eröffnet werden.

Fugger-Barchent im Museumsshop des Technik- und Industriemuseums Augsburg (https://www.tim-foerderverein.de).

Die Initiatoren des Shops bieten den Interessierten zum Produkt auch Informationen über die Geschichte der Fugger als Weber und über die Web- und Maschinentechnik der Herstellung. Damit erfüllen sie auch einen wichtigen Bildungsauftrag.

Tücher im Museumsshop des Technik- und Industriemuseums Augsburg. (Monika Paintner).

Sie werden im Museum gewebt und genäht, u. a. hier auch das Fugger-Barchent (3. von rechts).

## Innovatives Vertriebsmodell: Zeughandelskompagnie in Calw

Seit 1590 betreiben Calwer Handelsherren im Nordschwarzwald in größerem Stil den Absatz von Wollzeugen auf in- und ausländischen Märkten. Die Bevölkerung der gewerbereichen Stadt wächst zwischen 1622 und 1634 von 2545 auf 3892 Einwohner. Calw erreicht als Handelsstadt einen ersten Höhepunkt und gehört zu den bedeutendsten Städten des Herzogtums Württemberg.

CALW VON MATTHÄUS MERIAN 1643.
Die Stadt, am Schwarzwaldfluss Nagold gelegen, wurde als Siedlung um die Burg der Klostervögte Hirsau gegründet und war eine bedeutende Handelsstadt der Herzöge von Württemberg, was auch an der wehrhaften Ummauerung der Stadt sichtbar wird.

Die Calwer
Zeughandlungskompagnie
und ihre Arbeiter.

Studien
zur
Gewerbe- und Sozialgeschichte Altwürttembergs
von
Dr. Walter Troeltsch,

Jena.
Verlag von Gustav Fischer.
1897.

Im Nordschwarzwald gab es die innovativste Handelsorganisation der beginnenden Neuzeit zwischen Webern und Leinenhändlern: die „Calwer Zeughandelskompagnie“. Es handelt sich dabei um das größte gewerbliche Unternehmen Altwürttembergs, wie es bereits 1897 von dem bedeutenden Tübinger Historiker Walter Troeltsch wissenschaftlich dargestellt wurde.

Wolltuchmacher gab es im Nordschwarzwald schon im 15. und 16. Jahrhundert. Die erste württembergische Tuchordnung wurde 1510 bezeichnenderweise in der Stadt Calw erlassen. Die kargen Böden und damit die geringen Verdienstmöglichkeiten begünstigten die Entwicklung eines auf Heimarbeit beruhenden Webereigewerbes. Im Jahr 1582 gab es 36 Webermeister in Calw, die sich auf die Herstellung von „Engelsait“, also eine Verballhornung des englischen Begriffs „Satin“, spezialisiert hatten. Es handelte sich dabei um ein nicht gewalktes, langhaariges Wollgewebe, das „Zeug“ genannt wurde. Im Jahr 1588 gab es bereits 120 Webstühle allein in Calw, wie es auch im weiter talaufwärts liegenden Wildberg ebenso viele Weber gab. In die badische Residenzstadt Pforzheim brachten Glaubensflüchtlinge aus den Niederlanden das technische Wissen und modernere Webstühle mit und erzeugten wesentlich feinere Stoffe, was dann auch zeitversetzt in Württemberg übernommen wurde.

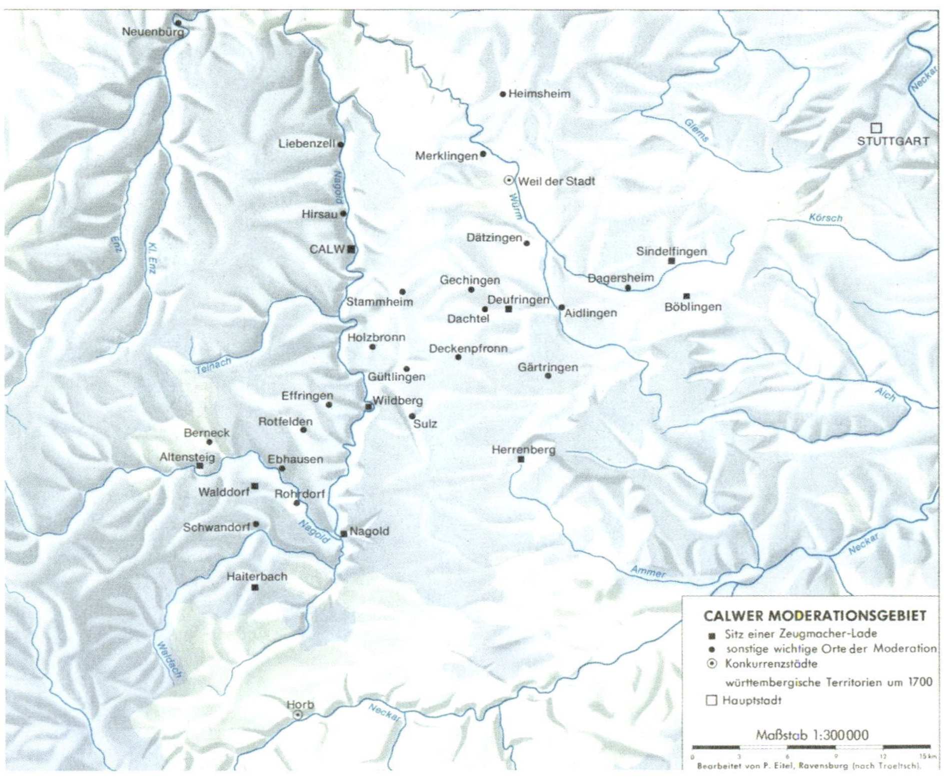


CALWER MODERATIONSGEBIET (P. EITEL, HISTORISCHER ATLAS BADEN-WÜRTTEMBERG XI,3).

Auf der Nordabdachung des Schwarzwaldes, zwischen Teinach-, Nagold- und Würmtal liegen mit Zentrum Calw die Sitze der Zeugmacher-Lade (■) und wichtigen Orte der „Moderation“ (●).

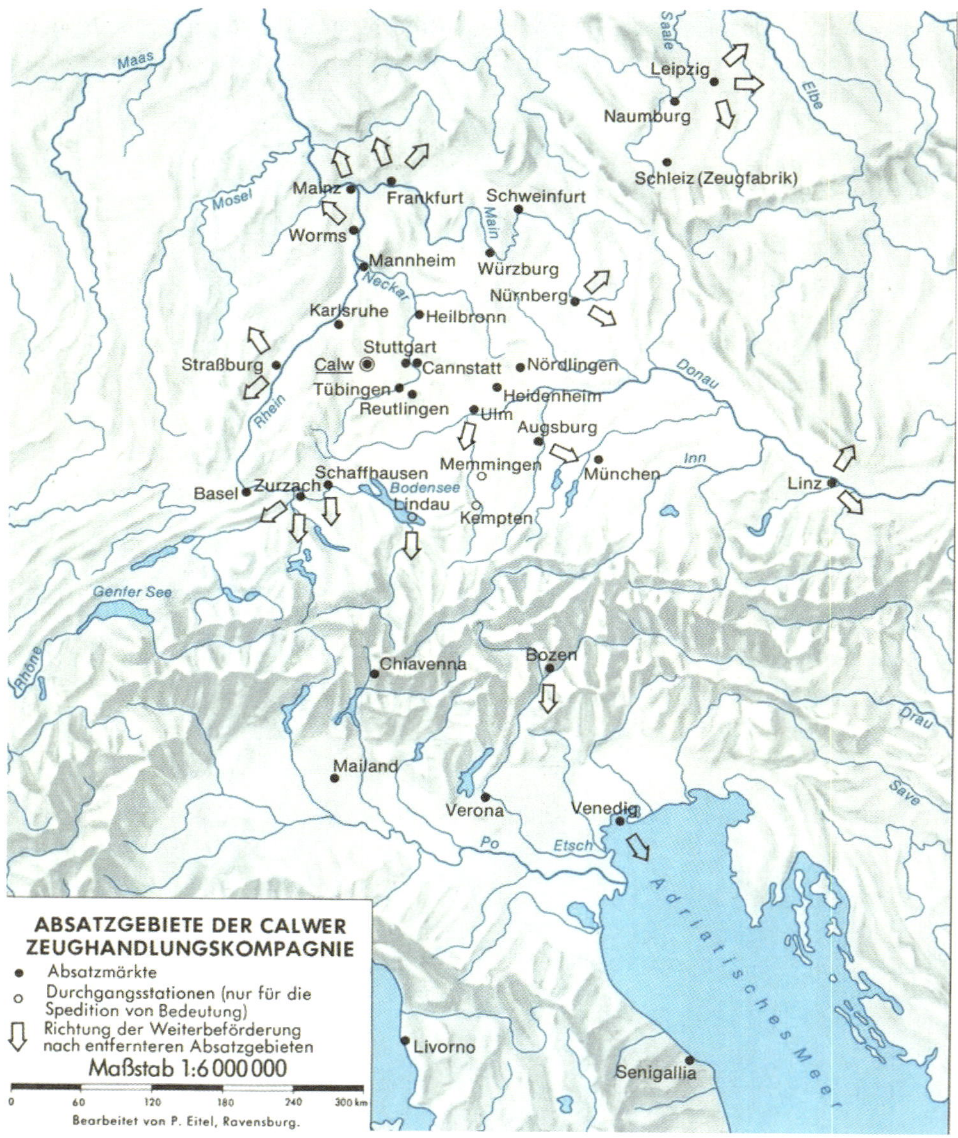


ABSATZGEBIETE DER CALWER ZEUGHANDELSKOMPAGNIE (P. EITEL, HISTORISCHER ATLAS BADEN-WÜRTTEMBERG XI,3).

Die Absatzgebiete liegen in Süddeutschland, Mitteldeutschland, der Schweiz und Oberitalien.

Die württembergischen Herzöge Friedrich I. und Johann Friedrich sahen die neue Entwicklung als eine Chance und unterstützten diese. Denn diese rasante Entwicklung machte eine Neuregelung von Produktion und Vertrieb notwendig. Die Zeugmacher wurden 1611 auf reine Weberei beschränkt. Die Färber hingegen, die mit den sich wandelnden Moden und dem sich ändernden Bedarf vertraut waren, sollten fortan den Handel organisieren.

So wurde durch die vom württembergischen Herzog „moderierte" Verabredung zwischen der zentralen Calwer Färberzunft und den dezentralen Zünften der Zeugmacher in Stadt und Umgebung die „Calwer Zeughandlungscompagnie" (CC) als geregeltes System eingerichtet. Dieser Vertrag regelte die gegenseitigen Rechte zwischen den ländlichen Zeugmachern, also Webern, und den Mitgliedern der städtischen Färberzunft Calws.

Die Zeughandlungskompagnie hatte ihre Absatzmärkte in Süddeutschland, aber auch in Mitteldeutschland und vor allem in den Metropolen Ober- und Mittelitaliens.

Im Jahr 1797 kommt es zur Auflösung der Calwer Zeughandlungscompagnie, Dies war das Ergebnis langfristiger Entwicklungen sowie kurzfristiger Ereignisse. Das Wollzeug, das 150 Jahre der Stadt Wohlstand brachte, entsprach nicht mehr dem modischen Geschmack und war wegen der überholten Herstellungsverfahren zu teuer und somit nicht mehr konkurrenzfähig. Die preiswerteren Baumwollstoffe eroberten rasch den deutschen Markt und die Restriktionen napoleonischer Politik erschwerten den Zugang zu den für die Compagnie außerordentlich wichtigen oberitalienischen Märkten. Doch auch die strikte Trennung zwischen Produktion und Absatz, wie sie der Moderationsvertrag vorsah, hatte sich überholt.

Festzuhalten ist: Die Calwer Zeughandlungskompagnie stellt die erste von der Obrigkeit geförderte kapitalistische Handelsorganisation in Württemberg dar und markiert den Übergang vom Handwerk zur frühindustriellen Produktion.

Die Calwer Decken- und Tuchfabriken AG, die die Tradition der Calwer Zeughandlungscompagnie und deren Nachfolgefirmen im 20. Jahrhundert fortsetzte, war dennoch über viele Jahrzehnte ein ungewöhnlich erfolgreiches Unternehmen und national und international Marktführer auf dem Edel- und Naturhaardeckensektor. In ihren Hochzeiten machten die „Calwer Decken" über 30 Millionen Mark Umsatz bei über 1.000 Mitarbeitern.

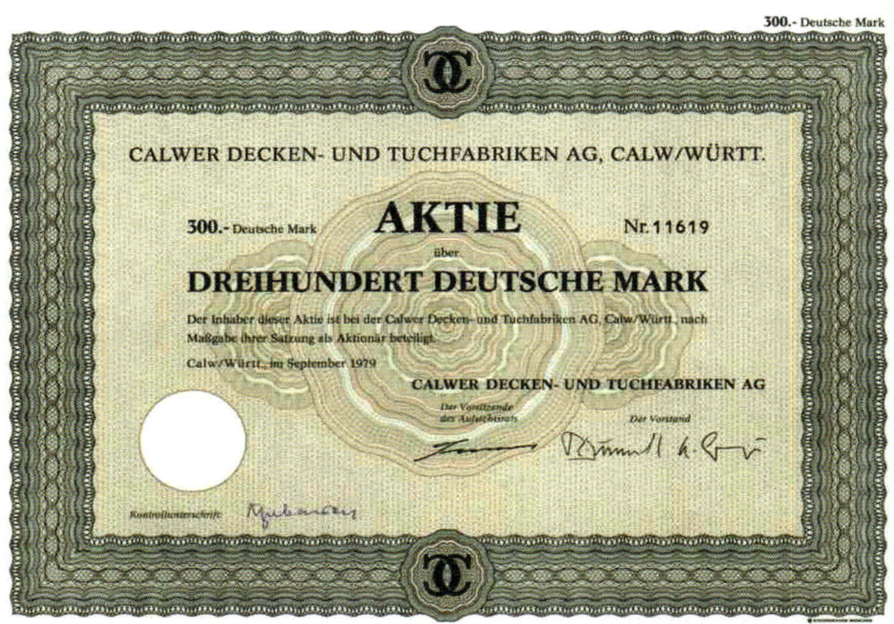

300.- Deutsche Mark

CALWER DECKEN- UND TUCHFABRIKEN AG, CALW/WÜRTT.

300.- Deutsche Mark **AKTIE** Nr. 11619

über

**DREIHUNDERT DEUTSCHE MARK**

Der Inhaber dieser Aktie ist bei der Calwer Decken- und Tuchfabriken AG, Calw/Württ. nach Maßgabe ihrer Satzung als Aktionär beteiligt.

Calw/Württ., im September 1979

CALWER DECKEN- UND TUCHFABRIKEN AG

Der Vorsitzende des Aufsichtsrats

Der Vorstand

Kontrollunterschrift

Aktie der Calwer Decken- und Tuchfabriken 1979 (Archiv Fegert).

Doch hohe Investitionen für ein Entwicklungs- und Ausrüstungszentrum belasteten in den 1990er Jahren die Ertragslage, zudem erwies sich die Entscheidung, die Lohnkosten durch Verlagerung der Fertigung nach Osteuropa dauerhaft zu senken, als eine schwere Hypothek. Hinzu kam in Folge ungünstiger wirtschaftlicher Rahmenbedingungen und einem rückläufigen Naturhaarmarkt ein sinkender Umsatz. Dazu noch eine kuriose Geschichte: Für eine christliche charismatische Bewegung hatten die „Calwer Decken- und Tuchfabriken AG“ eine große Anzahl rosaroter Decken mit christlicher Aufschrift herzustellen. Die Bewegung weigerte sich letztlich, diese so hohe Produktionsmenge abzunehmen. Das Unternehmen blieb auf diesem Sonderauftrag sitzen! So kommt es im Jahr 1997 zur Auflösung des Unternehmens.

Die Metzinger Firma Gaenslen & Völter auf der Schwäbischen Alb hat alle wesentlichen Teile des operativen Geschäftes der „Calwer Decken“ übernommen.

## Weiterverarbeitung: Bettwäsche aus Laichingen

Da Laichingen auf der Schwäbischen Alb 1856 mit 450 Webstühlen den ersten Rang in Württemberg einnahm, hat bereits 1861 ein Heinrich Seemann dort die erste Fabrik-Weberei gegründet und dazu Handweber angeworben. Stilbildend war die 1873 gegründete „Webfachschule Laichingen" und eine europaweite Bedeutung bekommen die Laichinger Leinwandhändler durch ihre Teilnahme an der Pariser Weltausstellung. Die Spezialisierung auf Leinenverarbeitung für Aussteuern, Bettwäsche in feinster Damastqualität bringt im 20. Jahrhundert, insbesondere in der Nachkriegszeit um 1960, der Laichinger Textilindustrie einen ungeheuren Aufschwung. Von 4960 Einwohnern (1964) arbeiten 891 in der Leinenindustrie, dazu kommen noch 317 Einpendler. In dieser Blütezeit wird an 608 Webmaschinen gearbeitet (MANGOLD 2010, 14; weiterführende Literatur zur Sozialgeschichte der Laichinger Weberei: MEDICK 1997.)

DER UNTERNEHMER KURT HUOBER AN SEINEM SCHREIBTISCH 1979 (MEDICK 1997, ABB. 9).

Selbstbewusst sitzt der Leinenfabrikant an seinem Schreibtisch, hinter sich die Tradition seiner Vorfahren und die Gegenwart seines Unternehmens.

WEBMASCHINENSAAL DER FIRMA HUOBER UM 1960 (IN: MANGOLD 2010, 28).

In dieser Halle waren in den 1960er Jahren 168 Webmaschinen aufgestellt. Doch die Produktion wurde dann 2003 eingestellt.

NÄHSAAL DER FIRMA PICHLER 1952 (IN: MANGOLD 2010, 30/31).

Im großen Nähsaal arbeiten Stickerinnen und Näherinnen an Singer- und Adler-Nähmaschinen, im Vordergrund wird ein Stickmuster aufgepaust.

Verkaufsprospekt für Brautaussteuer um 1970 (In: Mangold 2010, 37).
Neben Bettwäsche gehörten auch Handtücher und Geschirrtücher dazu.

Was war unter einer Garnitur „Laichinger Bettwäsche“ zu verstehen? Die 10-teilige Bettwäsche-Garnitur mit 2 „Parade-Kissen“ (mit „handgeführten Stickereimustern“), 2 „Haipfeln“ (Kissen zum Liegen), 2 Oberleintüchern, 2 Unterleintüchern und 2 Damast-Bezügen. Lediglich die Damast-Bezüge waren aus feiner Baumwolle auf Jacquard-Webstühlen hergestellt worden, alles andere waren Reinleinen- oder Halbleinen-Gewebe. Schließlich wurde die Bettwäsche noch mit dem Monogramm der Braut bestickt.

Die Innovation der Leinenindustrie in Laichingen besteht darin, dass die Unternehmen mit ihren Webmaschinen erfolgreich den Übergang von der reinen Leinenproduktion in der Weiterverarbeitung zur europaweit berühmten „Laichinger Bettwäsche“ geschafft haben. Heute existiert in Laichingen nur noch die Firma Pichler mit ca. 80 Mitarbeiter, die Jacquardweberei, Stickerei und Konfektion betreibt.

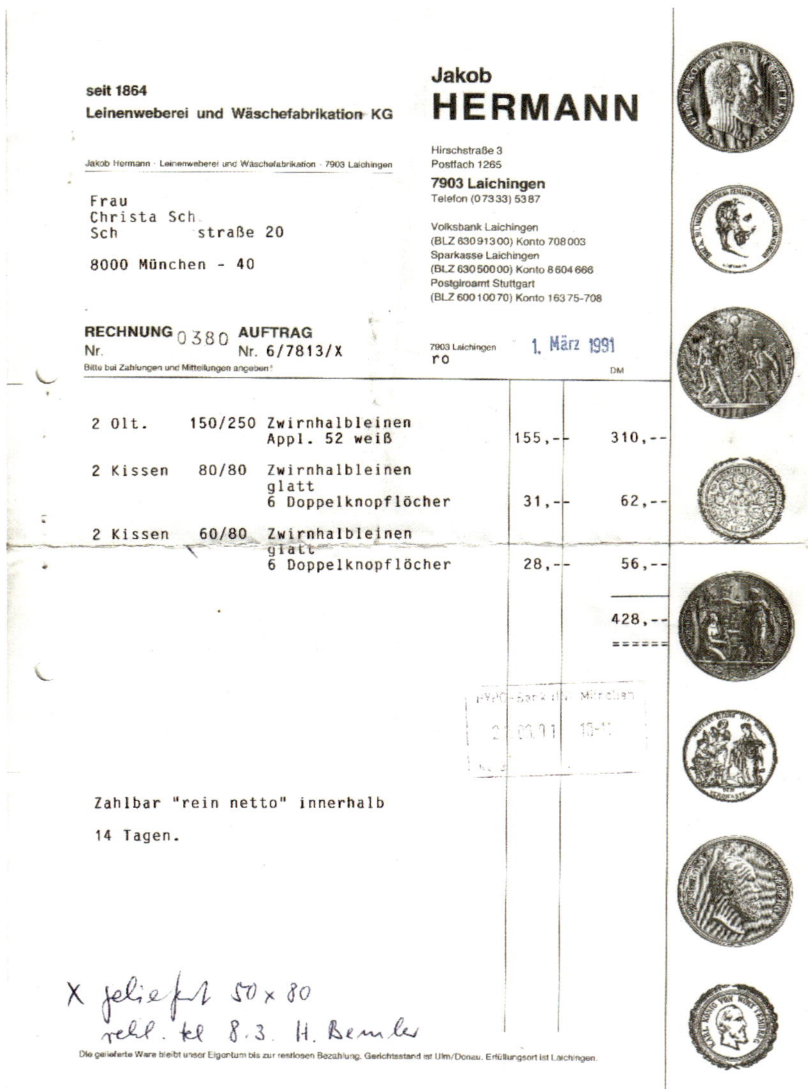
seit 1864
Leinenweberei und Wäschefabrikation KG

Jakob
HERMANN

Jakob Hermann · Leinenweberei und Wäschefabrikation · 7903 Laichingen

Frau
Christa Sch
Sch straße 20

8000 München - 40

Hirschstraße 3
Postfach 1265
7903 Laichingen
Telefon (07333) 5387

Volksbank Laichingen
(BLZ 630 913 00) Konto 708 003
Sparkasse Laichingen
(BLZ 630 500 00) Konto 8 604 666
Postgiroamt Stuttgart
(BLZ 600 100 70) Konto 163 75-708

RECHNUNG Nr. 0380 AUFTRAG Nr. 6/7813/X
Bitte bei Zahlungen und Mitteilungen angeben!

7903 Laichingen 1. März 1991
ro

| | | | | DM |
|---|---|---|---|---|
| 2 Olt. | 150/250 | Zwirnhalbleinen Appl. 52 weiß | 155,-- | 310,-- |
| 2 Kissen | 80/80 | Zwirnhalbleinen glatt 6 Doppelknopflöcher | 31,-- | 62,-- |
| 2 Kissen | 60/80 | Zwirnhalbleinen glatt 6 Doppelknopflöcher | 28,-- | 56,-- |
| | | | | 428,-- |

Zahlbar "rein netto" innerhalb 14 Tagen.

X geliefert 50 x 80
rekl. tel 8.3. H. Beml[illegible]

Die gelieferte Ware bleibt unser Eigentum bis zur restlosen Bezahlung. Gerichtsstand ist Ulm/Donau. Erfüllungsort ist Laichingen.

BESTELLUNG BEI LAICHINGER LEINENWEBEREI (ARCHIV FEGERT).

Eine typische Bestellung, wie sie bei einem Laichinger Aussteller auf der Handwerksmesse in München getätigt wurde. Das Unternehmen unterstreicht seine Qualität mit der Abbildung zahlreicher Auszeichnungen.

## Webereigenossenschaften in der „Neuen Welt“

Trotz der volkstümlich beinahe verklärten Darstellung bleibt das Leinenhandwerk herausfordernd, insbesondere in der als „Neue Welt“ gezeichneten südöstlichen Region des Bayerischen Waldes, der mit seinen unwirtlichen Lebensbedingungen erst in der Mitte des 18. Jahrhunderts durch Fürstbischof Joseph Maria von Thun und Hohenstein erschlossen wird.

In der Mitte des 18. Jahrhunderts kommen dann noch einige österreichische Gemeinden zum Fürstbistum Passau dazu. Andererseits sperrt Österreich die Einfuhr von fürstbischöflich-passauischen Stoffen. Es kommt zu Absatzproblemen der Bayerwald-Weber, die sich nach dem Anschluss des Fürstbistums Passau 1803 an Bayern noch verstärken. Im Bayerischen Wald hat die Leinenweberei inzwischen eine hohe Bedeutung erhalten, indem 1837 4050 Weber im „Unterdonau-Kreis des Königreichs Bayern“ verzeichnet werden.

Der Magistrat der Gemeinde Wegscheid stellt in einem Bericht vom 27. Juli 1889 das harte Leben heraus:

> „Infolge der hohen Lage zählt die hiesige Gegend zu einem mäßigen Gebirgsland mit andauernd starkem Schneefall und starken Frösten, so daß volle 6 Monate verstreichen – nämlich November mit April – bis sich die Bewohner landwirtschaftlichen Arbeiten hingeben können. Wenn so, bewahrt sich darum für den Magistrat: Was der Pflug gewinnt, verreißt das Gesind!“ [...] (StA Landshut, Rep. 168, Verz. 1, Fasz. 848, Nr. 4224).

Die Landwirtschaft erschweren zusätzlich die mageren, wenig tiefgründigen Granit- und Gneisböden, die fast nur den Flachsanbau zulassen.

Im letzten Drittel des 19. Jahrhunderts nehmen die Geschäftsleute den Webern die Erzeugnisse für schlechten Lohn ab unter der Bedingung, dass sie sofort die Hälfte des Erlöses wieder für Garn-Einkäufe bei ihnen ausgeben. Kleine Krämer, wie der der Kaufmann Franz Groiß in der Sattlersbrücke, betätigen sich also als Leinenhändler, sie bezahlen den Webern für ein 60-Meterstück 2,40 Reichsmark und zwingen sie, die Hälfte der Verkaufssumme statt in Bargeld in Waren aus dem Kramerladen entgegen zu nehmen.

Unter diesen unbefriedigenden Umständen gründen im Jahr 1899 die Weber in Breitenberg eine Genossenschaft und die Weber in Wegscheid folgen diesem Beispiel gleichfalls mit einer eigenen Genossenschaft im Jahr 1904, wie dies die Weber auf der Schwäbischen Alb bereits 1820 getan haben. Die Genossenschaften sollen den Fortbestand des Handwerks sichern und für stabile Verdienste sorgen.

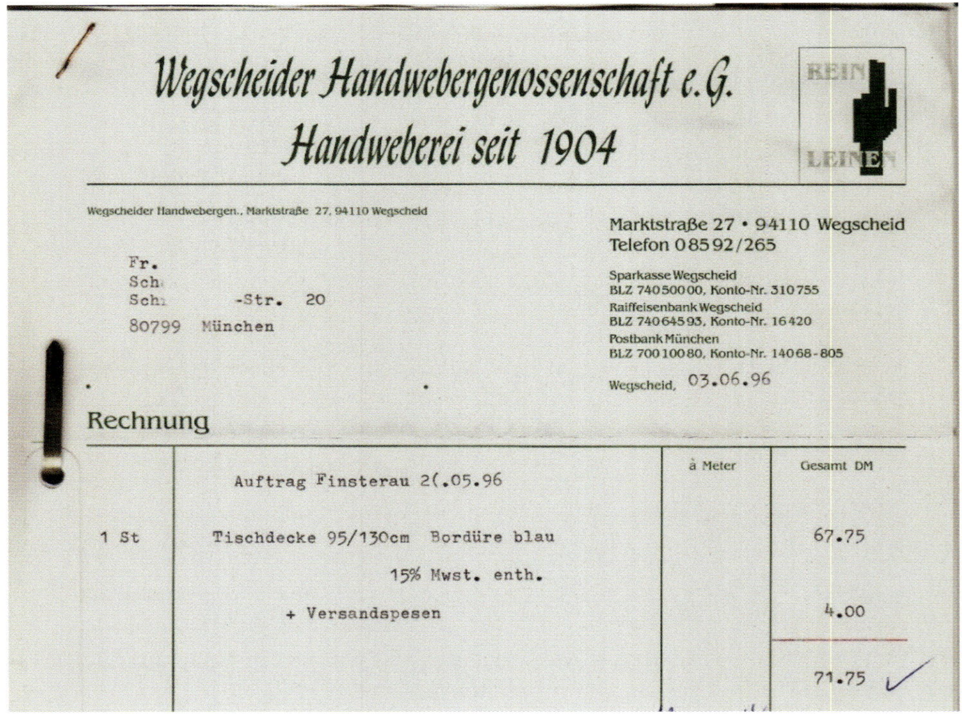

Wegscheider Handwebergenossenschaft e.G.
Handweberei seit 1904

REIN LEINEN

Wegscheider Handwebergen., Marktstraße 27, 94110 Wegscheid

Fr.
Sch
Sch -Str. 20
80799 München

Marktstraße 27 • 94110 Wegscheid
Telefon 08592/265

Sparkasse Wegscheid
BLZ 74050000, Konto-Nr. 310755
Raiffeisenbank Wegscheid
BLZ 74064593, Konto-Nr. 16420
Postbank München
BLZ 70010080, Konto-Nr. 14068-805

Wegscheid, 03.06.96

Rechnung

| | | à Meter | Gesamt DM |
|---|---|---|---|
| | Auftrag Finsterau 2(.05.96 | | |
| 1 St | Tischdecke 95/130cm Bordüre blau | | 67.75 |
| | 15% Mwst. enth. | | |
| | + Versandspesen | | 4.00 |
| | | | 71.75 |

RECHNUNG DER WEGSCHEIDER HANDWEBERGENOSSENSCHAFT, 3.6.1996 (ARCHIV FEGERT).
Die Wegscheider Genossenschaft war damals auch bei Handwerkertagen im Freilichtmuseum Finsterau im Bayerischen Wald vertreten. So wurde sie auch Urlaubern bekannt.

In den Protokollen der Webereigenossenschaft Wegscheid finden sich einige interessante Fakten wie etwa, dass 1911 die Weblöhne entsprechend der Qualität der Webware festgesetzt wurden: für Futterleinwand je m 4,00 M, für Leinwand Nr. 28 je m 5,50 M, für Leinwand Bettlaken 10,00 M, für Drillich 8,00 M und für Handtücher 5,00 M.

Decke der Wegscheider Handwebergenossenschaft aus den 1990er Jahren (Sammlung Fegert, Geschenk von Blaudruckermeister Josef Fromholzer, Ruhmannsfelden)

Das blaue Zackenmuster war ihm als Reminiszenz an die Wegscheider Webereigenossenschaft so bedeutsam, dass er die Tischdecke mit besonderer Betonung an den Autor verschenkt hat.

Decke der Wegscheider Handwebergenossenschaft aus den 1990er Jahren, Ausschnitt (Sammlung Fegert, Geschenk von Blaudruckermeister Josef Fromholzer, Ruhmannsfelden)

Das feine Durchbruchsmuster, die weißen Streifen und die zarten roten Fäden kennzeichnen das Muster.

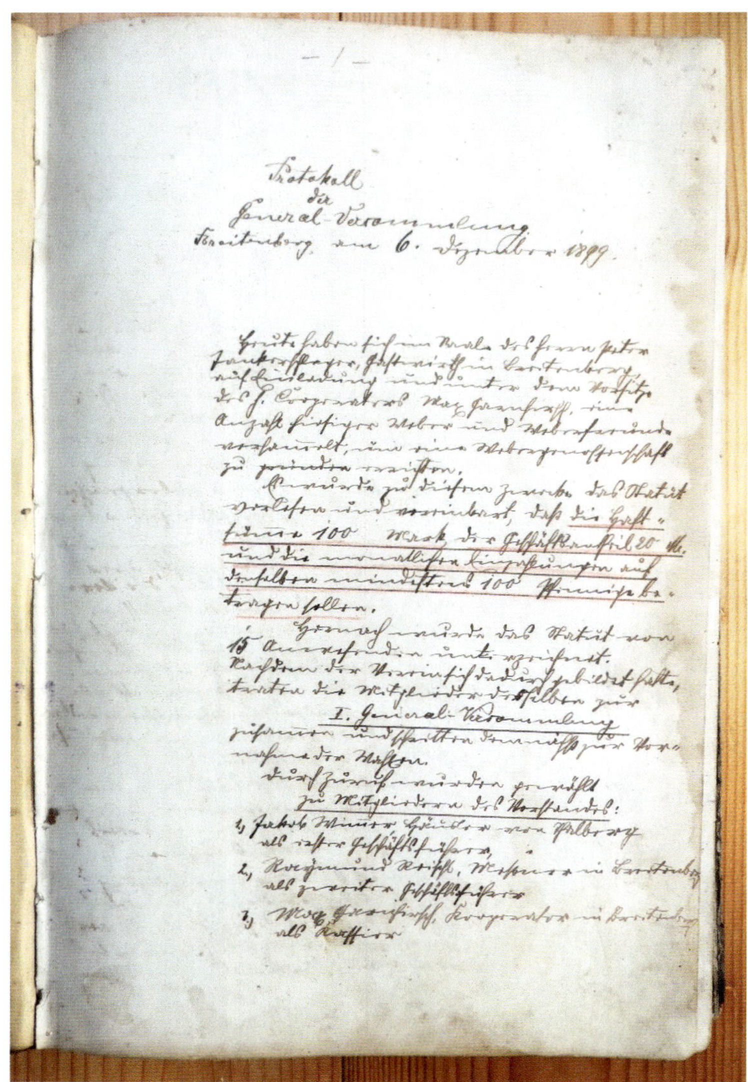

– 1 –

Protokoll
der
General-Versammlung
Breitenberg am 6. Dezember 1899.

Protokoll der Gründungsversammlung der Webereigenossenschaft in Breitenberg, 6. Dezember 1899 (Archiv Rührl).

In den handschriftlich rot unterstrichenen Zeilen wird festgelegt, „dass die Haftung der Genossen 100 Mark, der Geschäftsanteil 20 Mark und die monatlichen Einzahlungen auf denselben mindestens 100 Pfennige betragen sollen“.

Doch auch die Produktion in den Webereigenossenschaften birgt zu Beginn des 20. Jahrhunderts noch große Herausforderungen In einem Visitationsbericht des Gewerbeinspektors Götz vom 4. Dezember 1907 „An das K[önigliche] Staatsminsterium des K. Hauses und des Äußeren“ wird ein plastisches Bild der Situation des Weberhandwerks in Breitenberg und Wegscheid gezeichnet:

> „ [...] Im südöstlichen Teil des bayerischen Waldes ist seit altersher die Handweberei zuhause, die lange Zeit eine selbständige Erwerbsquelle bildete und einen befriedigenden Ertrag abwarf. Es wurde damals jahrein jahraus in jedem Hause auf mehreren (bis zu 4) Webstühlen gearbeitet.

Webermeister im Webereimuseum Breitenberg 1970er Jahre (Archiv Rührl).
Hier wird dem Besucher die mühsame Arbeit nahegebracht.

Seit der weiteren Ausdehnung des mechanischen Webstuhls, der die Fabrikation aus den Kleinwerkstätten in einzelne Großbetriebe konzentriert und durch vielfache Verbilligung und Beschleunigung der Produktion die Handweberei verdrängt hat, ist das wesentlich anders geworden. Die Absatzverhältnisse verschlimmerten sich bedeutend, sodaß die Weber schließlich froh waren, als einzelne Unternehmer sich auftaten und ihnen Beschäftigung verschafften. Nachdem sie so in ein Abhängigkeitsverhältnis von diesen gekommen waren, mußten sie sich schließlich den Lohnfestsetzungen fügen und mit kümmerlicher Bezahlung vorlieb nehmen. So kam es, daß immer mehr Webstühle verschwanden und die früher ganzjährige Arbeit sich auf den Winter beschränkte, wo die ohnehin bescheidene Ökonomietätigkeit ruhen muß. Solange sich nicht für die Leute eine andere Winterbeschäftigung finden läßt, sind sie auf ihren primitiven alten Webstuhl, der noch dieselbe Gestalt wie vor Jahrhunderten hat, angewiesen. Um nun die einzelnen Weber in ihren Erwerbsverhältnissen zu heben und ihnen unabhängig von den oben genannten Unternehmern Beschäftigung zu bringen, wurden die zwei Genossenschaften zu Breitenberg und Wegscheid begründet.

**Breitenberger Webergenossenschaft**
Telefon 76 — **Handweberei** — E.G.m.b.H.
**Breitenberg (Bayer. Wald)**
Bankkonto Bayer. Landesgewerbebank München Nr. 2004
Postscheckkonto München Nr. 2756
Prämiiert mit der Silbernen Medaille
Fol. ..............
Breitenberg, den 20. 1. 1956

BRIEFKOPF BREITENBERGER WEBERGENOSSENSCHAFT 1956 (ARCHIV RÜHRL).
Mit Stolz wird auf die Auszeichnungen mit der „Silbernen Medaille" Luitpolds von Bayern hingewiesen, der von 1886–1912 Prinzregent war.

Diese beiden Genossenschaften sind mit kaum nennenswerten Ausnahmen einzig und allein auf Haareslieferungen [= Flachlieferungen] angewiesen. Aber es ergeben sich bei der Effektierung dieser Lieferungen große Schwierigkeiten:

1. Garnbezug. Der Flachsanbau wurde als nicht mehr rentabel in der ganzen Gegend aufgegeben. Die Genossenschaften sind daher auf Bezug von auswärts angewiesen. Es hat sich nun gezeigt, dass es außerordentlich schwer ist, überhaupt Garn zu bekommen. Die Hauptbestellungen oder besser die einzigen Bestellungen gehen nach Sachsen. Einmal gelang es auch, in Bayern Garn zu bekommen, aber ein dauernder Bezug war

nicht möglich. Ebensowenig konnten auf die Dauer österreichische Lieferanten genommen werden wegen der bedeutenden Zollsätze. Der jetzige sächsische Lieferant kann aber nicht jederzeit liefern und es ergeben sich daraus Mißverhältnisse. Die Genossenschaften können ihre Bestellungen immer erst von Fall zu Fall nach erfolgtem Zuschlag für die Haareslieferungen machen. Erst nachdem sie den Zuschlag erhalten haben, wird der jährliche [?] und können Bestellungen abgeben. Bis zum Eintreffen des Garnes kann noch gewisse Zeit vergehen. Auf der anderen Seite müßen die Genossenschaften wieder zu anderen Zeiten günstige Offerten vernachlässigen, da sie über den Umfang und die Art der zu erwartenden Bestellungen nichts wissen und ein Kauf auf Kredit überdies nicht vorteilhaft wäre.

HANDELSZEICHEN LEINENHÄNDLER (WEBEREIMUSEUM HASLACH OÖ.).

Dieses Druckeisen stammt von Paul Löffler, Hinterweißenbach/OÖ.

2. Lieferfristen. Aus dem genannten Grunde ist die Nichteinhaltung der Lieferfristen fast chronisch geworden. Die Genossenschaften klagen ohnehin über eine angeblich knappe Bemessung derselben. An diesen Verzögerungen tragen allerdings auch noch andere Umstände die Schuld. Viele nämlich von den Genossen kommen bei Verteilung der Aufträge übernommenen Verpflichtungen auf Lieferung an so und soviel Metern einfach nicht nach und lassen die Genossenschaft dafür sorgen, wie sie sich aus der Schwierigkeit zieht.

Es rührt das einenteils von der Indolenz [= Gleichgültigkeit] und dem mangelnden Verständnis her, wie sie sich aus der Schwerfälligkeit des dortigen Volkscharakters ergeben, hat aber andernteil auch noch darin seinen Grund, daß eine noch bestehende finanzielle Abhängigkeit von Leinenhändlern manche Weber nötigt, auch für diese zu arbeiten.

Der Umstand, daß das ganze, oder wenigstens nahezu das ganze Betriebskapital Staatsgeld ist, scheint die Veranlassung zu sein, daß die Genossenschaften (wenigstens Breitenberg) das Bestreben haben, ihre Mitgliederzahl möglichst zu beschränken, damit auf den einzelnen von der bestellten Lieferung möglichst viel entfalle. Dieses Bestreben, das die Leitung der Breitenberger Genossenschaft offen zugibt, (bezüglich Wegscheid entzieht es sich meiner Kenntnis) ist bedauerlich und wird auf die Dauer nicht zu dulden sein, da es dem Genossenschaftsgedanken direkt widerspricht. [...]

In der Tat stehen die beiden Genossenschaften auf der denkbar bescheidensten Stufe und können sich nur durch die staatliche Hilfe weiterbringen. In der Höhe der Löhne haben sie immerhin bedeutende Besserung gebracht. Nach Angabe des Lehrers Meisl – Breitenberg sind die Löhne von 5 M 40 pro Woche auf 8 M 40 gestiegen (für bestimmte Stoffe). Dabei ist noch in Betracht zu ziehen, daß die ganze Familie mitzuhelfen hat.

Die technischen Kenntnisse, sowie die Webstühle selbst sind sehr primitiv. Ob durch eine bessere Ausbildung der Weber, wie sie die Kreiswebschule Passau sich angelegen sein läßt, in wirtschaftlicher Beziehung dem Weberstande noch erheblich zu helfen ist, dürfte zu bezweifeln sein. Die Leute sind so arm, daß ihnen die ratenweise Einzahlung des genossenschaftlichen Geschäftsanteils von 20 M außerordentliche Schwierigkeiten macht. Haftsumme 100 M, Aufnahmegebühr 2 M.

Der K. Gewerbeinspektor
Hans Götz."

Daraufhin hat das das Staatsministerium in München die K. Regierung von Niederbayern angewiesen, eine Vorort-Visitation vorzunehmen und einen noch detaillierten Bericht vorzulegen. Darin heißt es am 8. August 1908:

„[...] Während der Wintermonate wird in Wegscheid und Breitenberg sowie den umliegenden Ortschaften Kramerschlag, Meßnerschlag, Kaasberg, Thalberg, Rastbüchl, Sonnen, Jandelsbrunn etc. die Leinen-Handweberei von ca. 350 bis 400 Familien betrieben. Mit Beginn der Sommerzeit verlassen fast sämmtliche Handweber ihre Werkstätten um sich besseren Verdienst bei der Land- und Forstwirtschaft, Baugelegenheiten etc. zu suchen.

Ungefähr die Hälfte der angegebenen Familien ist mit Ackerbau und Viehzucht beschäftigt und betreibt die Handweberei während des Winters nur als Nebenerwerb. Eine geringe Anzahl, etwa 30 bis 40 Familien beschäftigt sich das ganze Jahr hindurch mit der Handweberei.

Die Arbeit wird etwa zur einen Hälfte durch die bestehenden Webergenossenschaften in Wegscheid und Breitenberg und zur anderen Hälfte durch ca. 12 bis 15 selbständige Webfabrikanten des Bezirks vermittelt.

Die zu fertigenden Artikel bestehen bei den Genossenschaften hauptsächlich in Militärleinen und bei den Fabrikanten in Bettleinen, Taschen-, Hand- und Wischtüchern, Servietten und Tischdecken.

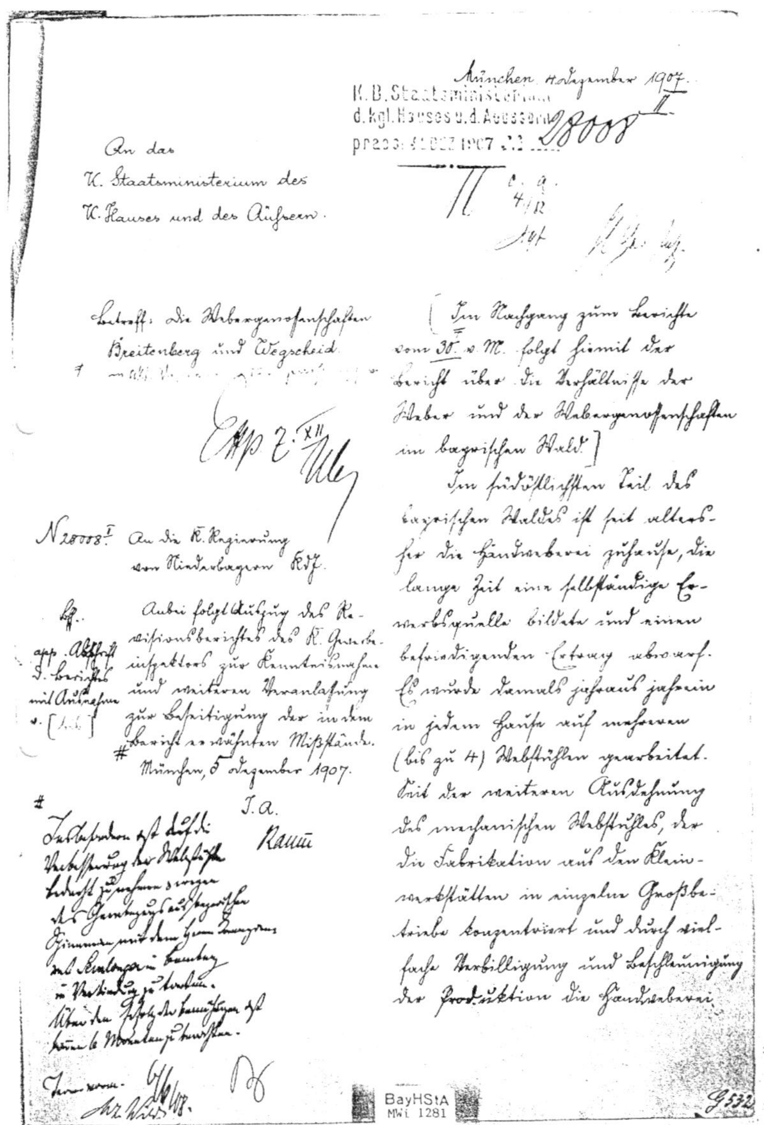

München 4. Dezember 1907.

K. B. Staatsministerium d. kgl. Hauses u. d. Aeussern praes: [illegible] DEZ 1907 28008

An das K. Staatsministerium des K. Hauses und des Äußern.

Betreff: Die Webergenossenschaften Breitenberg und Wegscheid.

[Im Nachgang zum Berichte vom 30. v. M. folgt hiermit der Bericht über die Verhältnisse der Weber und der Webergenossenschaften im bayerischen Wald.]

Im südöstlichsten Teil des bayerischen Waldes ist seit alters her die Handweberei zuhause, die lange Zeit eine selbständige Erwerbsquelle bildete und einen befriedigenden Ertrag abwarf. Es wurde damals durchaus fast in jedem Hause auf mehreren (bis zu 4) Webstühlen gearbeitet. Mit der weiteren Ausdehnung des mechanischen Webstuhles, der die Fabrikation aus den Kleinwerkstätten in einzelne Großbetriebe konzentriert und durch vielfache Verbilligung und Beschleunigung der Produktion die Handweberei

N 28008 I. An die K. Regierung von Niederbayern KdJ.

Anbei folgt Abdruck des Revisionsberichtes des K. Gewerbeinspektors zur Kenntnisnahme und weiteren Veranlassung zur Beseitigung der in dem Bericht erwähnten Mißstände.

München, 5. Dezember 1907.

I. A. Rauw [?]

BayHStA MWi 1281

G 532

Visitationsbericht des Gewerbeinspektors Götz vom 4. Dezember 1907 „An das K. Staatsministerium des K. Hauses und des Äußeren" (erste Seite). (BayHStA MWi 1281).

Die Transkription des Dokuments ist auf den vorhergehenden Seiten abgedruckt.

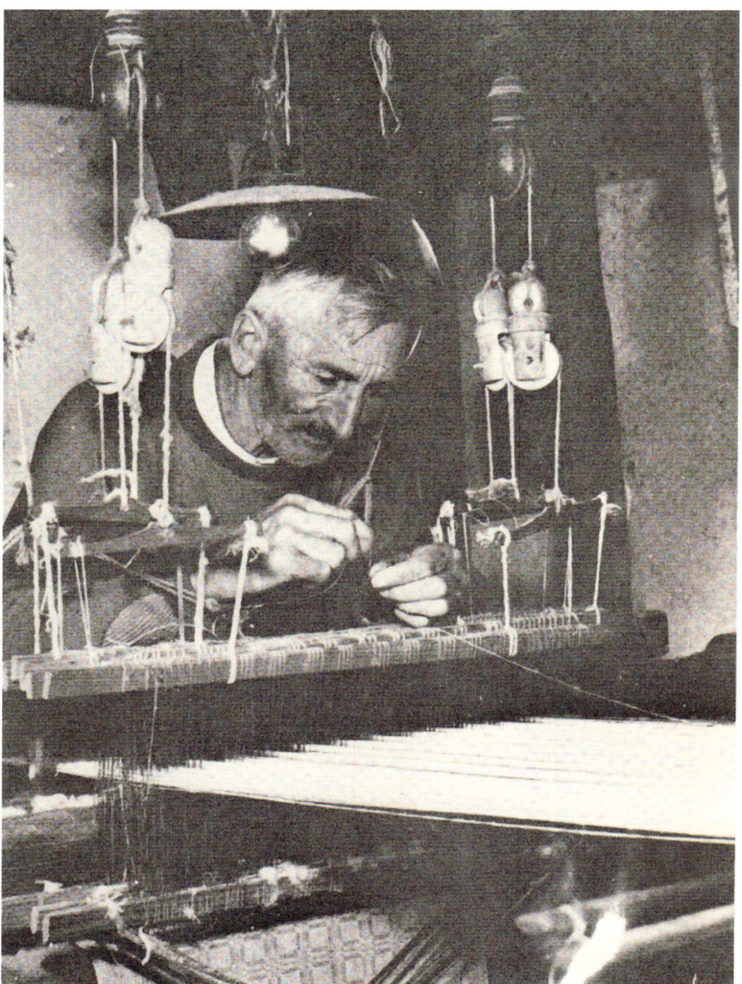

Heimweber wohl in der Wegscheider Gegend (Archiv Rührl).
Hier knüpft der Weber mit mühsamer Geduld einen gerissenen Faden an.

Infolge der stetig zunehmenden Produktionsfähigkeit der mechanischen Webstühle bleibt wie allen anderen Handwebern, auch dem Leinenweber im bayerischen Wald nur noch ein ziemlich bescheidener Arbeitslohn. Bei größtem Fleiß werden auf schmalen Webstühlen pro Woche und Stuhl 5 bis 8 Mk. Verdienst erreicht, während der

Wochenverdienst auf breiten Stühlen und Jaquardgeweben 10 bis 12 Mk. beträgt. Diese Löhne werden jedoch nur bei regelmäßiger Beschäftigungsgelegenheit erreicht und zwar unter Beziehung weiterer Familienglieder, denen das Spulen des Kett- und Schußgarnes, sowie die Besorgung der ziemlich zeitraubenden Vorbereitungsarbeiten obliegt.

Weber im Landkreis Regen um 1930 (Anton Pech, Archiv LWM Regen 1989/0093).

Die Beschaffenheit der im Betrieb angetroffenen Webstühle und Werkzeuge ist eine derartig mangelhafte, daß es fast unglaublich erscheint, auch nur die einfachsten Waren damit herstellen zu können. [...]

Den verbesserten, praktischen Handwebstühlen mit Regulator, Breithalter etc., wie er bereits bei den oberfränkischen Handwebern eingeführt ist und der dieselben noch einigermaßen vor der erdrückenden Konkurrenz des mechanischen Stuhles bewahrt, kennt der niederbayerische Weber noch nicht. [...]

Im Namen dieser Hilfsbedürftigen erlaube ich mir an hohes königliches Staatsminsterium die untertänigste Bitte zu stellen, die Mittel zur Bestellung von 10 verbesserten Webstühlen allergnädigst zu bewilligen. Die Anschaffungskosten eines completten Leinwandwebstuhles würden 120 Mk. betragen. [...]
A. Kaufmann
Wanderlehrer" (Fund durch Paul Praxl im BayHStA München MWi 1281)

Ob diese Webstühle bewilligt wurden, ist nicht bekannt. Doch kommt es noch zu einem kurzen Aufschwung in der Zeit des Wirtschaftswunders der 1950/60er Jahre und die Breitenberger Genossen hoffen vor allem auf Staatsaufträge für Militärkleidung.

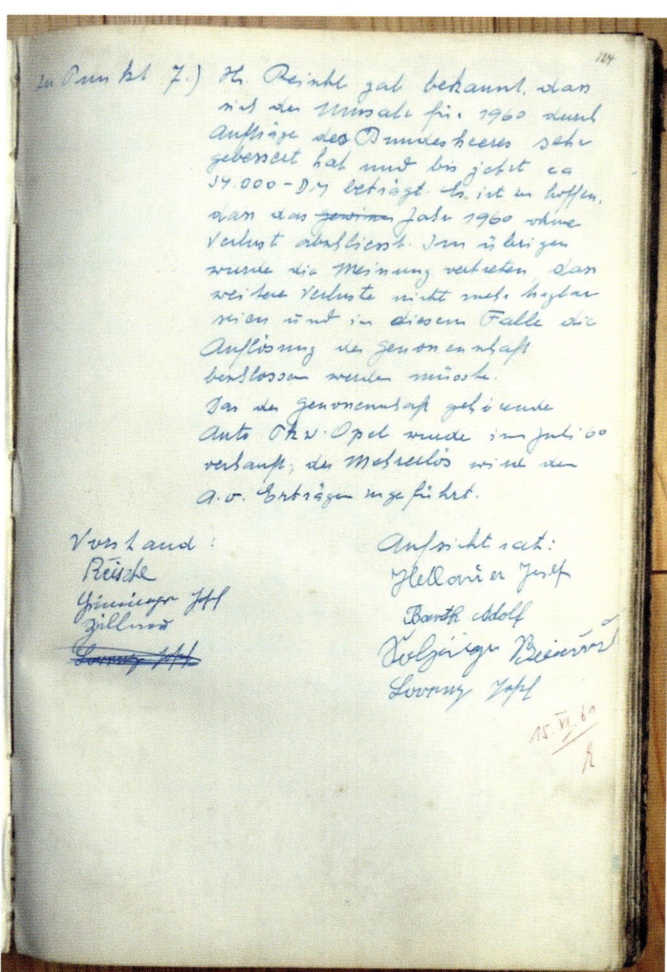

124

zu Punkt 7.) H. Reinhl gab bekannt, daß sich der Umsatz für 1960 durch Aufträge des Bundesheeres sehr gebessert hat und bis jetzt ca 54.000.- DM beträgt. Es ist zu hoffen, daß das ~~gewinn~~ Jahr 1960 ohne Verlust abschließt. Im übrigen wurde die Meinung vertreten, daß weitere Verluste nicht mehr tragbar seien und in diesem Falle die Auflösung der Genossenschaft beschlossen werden müßte.
Das der Genossenschaft gehörende Auto Pkw. Opel wurde im Juli 60 verkauft; der Mehrerlös wird den a.o. Erträgen zugeführt.

Vorstand:
Reische
[illegible] Josef
Zillner
~~Lorenz Josef~~

Aufsichtsrat:
Hellauer Josef
Barth Adolf
[illegible]
Lorenz Josef

15. VI. 60
R

Protokoll der Webergenossenschaft Breitenberg, 14. Oktober 1960 (Archiv Rührl).
Erfolgte Lieferungen an die Bundeswehr, aber auch der Verkauf des genossenschaftseigenen PKW werden protokolliert.

In diesem Protokoll des Breitenberger Genossenschaftsvorsitzenden Reischl wird erläutert, dass sich

> „der Umsatz durch Aufträge des Bundesheeres sehr gebessert hat und bis jetzt ca. 34.000 DM beträgt. Es ist zu hoffen, dass das Jahr 1960 ohne Verlust abschliesst. Im übrigen wurde die Meinung vertreten, dass weitere Verluste nicht mehr tragbar seien und in diesem Falle die Auflösung beschlossen werden müsste.
> Das der Genossenschaft gehörende Auto PKW Opel wurde im Juli 60 verkauft; der Mehrerlös wird den a. o. Erträgen zugeführt.“

Im Jahr 1965 löst sich die Webereigenossenschaft Breitenberg tatsächlich auf, während die in Wegscheid noch bis 2001 bestehen bleibt.

Mitglieder

der Breitenberger Webergenossenschaft 1952

| Nr. | Name | | Ort | | Post |
|---|---|---|---|---|---|
| 1. | Almansberger Heinrich | in | Oberneureuth | | |
| 2. | Altendorfer Fritz | in | Gegenbach | | |
| 3. | Altendorfer Raymund | in | Breitenberg | | |
| 4. | Ascher Rosa | in | Hirschenberg | | |
| 5. | Ascher Franz | in | Schönberg | | |
| 6. | Bartlweber Xaver | in | Gegenbach | | |
| 7. | Ascher Kaytan | in | Rastbüchl | | |
| 8. | Barth Adolf | in | Gegenbach | | |
| 9. | Hellauer Johann | in | Gollnerberg | | |
| 10. | Hellauer Georg | in | " | | |
| 11. | Hellauer Josef | in | Breitenberg | | |
| 12. | Hein Franz | in | " | | |
| 13. | Hartl Fritz | in | Gegenbach | | |
| 14. | Hellauer Maria | in | Gollnerberg | | |
| 15. | Eggersdorfer Johann | in | Rastbüchl | | |
| 16. | Fesl Adolf | in | Breitenberg | | |
| 17. | Fenzl Josef | in | Rastbüchl | | |
| 18. | Grübl Berta | in | Mitterleinbac | | |
| 19. | Grinninger Josef | in | Breitenberg | | |
| 20. | Geretschläger Luswig | in | Gollnerberg | | |
| 21. | Hellauer Ludwig | in | " | | |
| 22. | Hartl Jeosef | in | Schönberg | | |
| 23. | Hartl Josef | in | Breitenberg | | |
| 24. | Höpfl Gustav | in | " | | |
| 25. | Jnetzberger Georg | in | Oberneureuth | | |
| 26. | Grübl Josef | in | Schönberg | | |
| 27. | Lerach Waldburga | in | Breitenberg | | |
| 28. | Klinginger Paul | in | " | | |
| 29. | Krieg Johann | in | " | | |
| 30. | Kinadeter Otto | in | " | | |
| 31. | Krig Josef | in | Kleigsenget | | |
| 32 | Krieg Georg | in | Hirschenberg | | |
| 33. | Ledermüller Johann | in | Michleck | | |
| 34. | Ledermüller Fritz | in | Schönberg | | |
| 35. | Laus Franz | in | Gollnerberg | | |
| 36. | Lorenz Josef | in | Breitenberg | | |
| 37. | Lang Katharine | in | Schauberg | | |
| 38. | Löffler Fritz | in | Breitenberg | | |
| 39. | Lehner Alois | in | Gollnerberg | | |
| 40. | Lichtenauer Josef | in | " | | |
| 41. | Leitner Johann | in | Breitenberg | | |
| 42. | Lehner Roberg | in | " | | |
| 43. | Lechner Karl | in | Schönberg | | |
| 44. | Brandstetter Maria | in | Gegenbach | | |
| 45. | Obermüller Josef | in | Schönberg | | |
| 46. | Peschl Alois | in | Gollnerberg | | |
| 47. | Penzenstadler Johann | in | Schönberg | | |
| 48. | Reischl Fritz sen. | in | Gegenbach | | |
| 49. | Reischl Josef | in | Burgstalberg | | |
| 50. | Reitner Xaver | in | Schönberg | | |
| 51. | Reischl Max | in | Gegenbach | | |
| 52. | Reischl Fritz jun. | | Rastbüchl | | |
| 53. | Reischl Raymund | in | Schönberg | | |
| 54. | Rauch Otto | in | Gollnerberg | | |
| 55. | Reischl Georg | in | Gollnerberg | Post | Breitenberg |
| 56. | Ramesberger Xaver | in | Breitenberg | " | " |
| 57. | Springer Rosa | in | " | " | " |
| 58. | Salzinger Raymund | in | " | " | " |
| 59. | Sommer Josef | in | Rastbüchl | " | " |
| 60. | Seibold Xaver | in | Hirschenberg | " | Sonnen |
| 61. | Schauberger Luswig | in | Gollnerger | " | Breitenberg |
| 62. | Schauberger Max | in | Breitenberg | " | " |
| 63. | Steininger Josef | in | Schönberg | " | " |
| 64. | Steininger Johann | in | Gollnerberg | " | " |
| 65. | Stockinger Georg | in | Kleingsenget | " | Neureichenau |
| 66. | Thaler Josef | in | Rastbüchl | " | Breitenberg |
| 67. | Wimmer Max | in | Breitenberg | " | " |
| 68. | Wimmer Xaver | in | Rastbüchl | " | Sonnen |
| 69. | Wimmer Josef | in | Breitenberg | " | Breitenberg |
| 70. | Windorfer Josef | in | Gegenbach | " | " |
| 71. | Weidinger Josef | in | Breitenberg | " | " |
| 72. | Wimmer Alfons | in | " | " | " |
| 73. | Zoidl Georg | in | Stüblhäusrer | " | Sonnen |
| 74. | Zillner Fritz | in | Gegenbach | " | Breitenberg |
| 75. | Zimmermann Josef | in | Ungarsteig | " | " |
| 76. | Zinöcker Fritz | in | Breitenberg | " | " |
| 77. | Zillner Rosa | in | Gegenbach | " | " |
| 78. | Zillner Xaver | in | " | " | " |
| 79. | Zillner Josef | in | Rastbüchl | " | " |
| 80. | Rauch Jhann | in | Kriegwald | " | Julbach |
| 81. | Reischl Johann | in | Gegenbach | " | Breitenberg |
| 82. | Zimmermann Martin | in | " | " | " |
| 83. | Höpfl Joann | in | " | " | " |
| 84. | Grims Josef | in | Gollnerberg | " | " |
| 85. | Kasberger Josef | in | Breitenberg | " | Breitenberg |
| 86, | Donaubauer Max | in | Gegenbach | " | " |
| 87. | Krinniber Johann | in | Breitenberg | " | " |

Reischl

Mitglieder der Breitenberger Webergenossenschaft 1952 (Archiv Rühl).

## Leinwandfabriken in der "Neuen Welt"

Mit der Abschaffung der Zünfte kommen die „Verleger" ins Geschäft. Sie versuchen der billigen englischen Importware zu begegnen. Sie besorgen den Webern das Garn, das, wie oben dargestellt, inzwischen nur sehr schwer zu bekommen ist. Andererseits sorgen sie für den Verkauf der Fertigwaren auf den städtischen Märkten. (Wesentlichen Fakten dieses Kapitels fußen auf der Zulassungsarbeit von Rainer MOSCHEK, 1974).

So entstehen auch im Bayerischen Wald solche Unternehmen. Ein Schwerpunkt der Weberei ist der südöstliche Untere Bayerische Wald, auch als die „Neue Welt" bezeichnet, da diese Gegend sehr abseits an der Grenze zu Oberösterreich liegt.

Bekanntlich sind 1907 nur etwa 10 % der Weber in der Gegend um Breitenberg und Wegscheid noch ganzjährig als Weber tätig, die übrigen betreiben die Weberei nur noch im Nebenerwerb. Die Hälfte der Aufträge wird von den Genossenschaften bewältigt, während die andere Hälfte von „ca. 12 bis 15 Webfabriken" durchgeführt werden.

Das größte Verlagsunternehmen in der Gegend ist die Leinwandweberei Fenzl, die bereits 1820 in Wegscheid gegründet wird. Sie beschäftigt 800 Lohnweber, denen sie auch die Lohnhöhe diktieren kann. Immerhin hat Fenzl im Dezember 1863 in seinen Fabrikräumen mit 60 mechanischen Webstühlen gearbeitet (StA Landshut, Rep. 168, Verz. 1, Fasz. 1879, Nr. 1191). Im Jahr 1907, also in dem Jahr, in das die oben genannten Dokumente datieren, kauft Josef Nöpl aus Jandelsbrunn dieses Unternehmen. Er beginnt damit, in der eigenen „Mechanischen Leinenweberei" in großem Stil selbst zu produzieren und baut das Unternehmen aus.

Leinenweberei Franz Fenzl in Wegscheid, Marktstraße um 1900 (Archiv Rührl).

Stolz steht der Unternehmer (2. von links) mit Büro- sowie Fabrikarbeitern als „Kgl. Hoflieferant“ vor seinem stattlichen Anwesen.

NÖPL-BLEICHE IN DER NÄHE VON WEGSCHEID NACH 1907 (ARCHIV RÜHRL).

Neben den alten Waldler-Häusern ragt die Bleiche als quadratisches Gebäude heraus, davor werden ausgebreitete Leinenbahnen mit Wasser begossen.

JOSEF NÖPL UNTERWEGS (ARCHIV RÜHRL).

Der begüterte Unternehmer sitzt stolz neben dem Wagenlenker. „II C“ des Nummernschildes steht ab 1906 für „Kreis Niederbayern“.

Verlagsunternehmen Nöpl in Wegscheid um 1920 (Niederbayrisches Landwirtschaftsmuseum Regen 1987/0075).

Links hinten steht eine Jacquard-Maschine, davor breitere (links) und „gemischte" Webstühle, die eine Webbreite von 160–210 cm erzeugen konnten. Die an den Seiten angebrachten „Schützengitter" fingen die Weberschiffchen auf, die bei einem Schussbruch mit hoher Geschwindigkeit herausgeschossen wurden.

Der Unternehmer Nöpl beginnt – nach Aussage des ehemaligen Werkmeisters Hildner, der dort von 1956–1967 beschäftigt war – mit 9 mechanischen Webstühlen und erweitert dann auf 51 Webmaschinen, von denen jede 1911 immerhin 1000 Mark kostet. Darunter befinden sich auch 3 Jacquard-Maschinen. Als zusätzliche Maschinen wurden zu den 51 Webmaschinen noch 3 Kettspulmaschinen, 3 Schussspulmaschinen und 2 Schärmaschinen (jeweils für eine breitere bzw. schmalere Ware) benötigt. Als nach 1945 die Löhne höher steigen, kauft Nöpl in den Jahren 1958–1962 vollautomatische Spulmaschinen.

VERLAGSUNTERNEHMEN NÖPL IN WEGSCHEID UM 1920 (NIEDERBAYRISCHES LANDWIRTSCHAFTSMUSEUM REGEN 1987/0074).

Wenn man hier noch das vorherige Bild dazu nimmt, so sieht man in dem Websaal insgesamt 24 Webmaschinen, die von 15 Arbeitern bedient werden.

Auf dem mechanischen Webstuhl konnten nach Auskunft von Willi Hildner eine Reihe von Mustern gewebt werden: „großer und kleiner Stern, Schattenstern, Kleeblatt-, Gelände-, Streifen- und Karomuster". Die Lochkarten dazu bezieht Nöpl damals aus einem Atelier im Rheinland.

Die Produktion einer Webmaschine liegt damals zwischen 12 und 45 Meter Länge entsprechend der Garnstärke. Danach kommt das Rohleinen in die „Ausrüstung", in der es entweder gebleicht wird oder sofort geschärt und gemangelt wird und dann als „Stuhlware" verkauft wird. Auf der „Schärmaschine" werden der Flor und auch Flachsteile, die von unreinem Garn stammen, weggeschnitten. So erhält man das glatte Leinen, das damit zum Bahn-Versand fertig ist. Mit der Bahn kommen damals auch die weißen und farbigen Garne, die in Spinnereien in Bayreuth,

Sachsen, dem Rheinland und der Lambacher Spinnerei im oberösterreichischen Linz erzeugt werden.

Die Produktpalette der Firma Nöpl ist sehr breit gefächert vom groben Sackleinen bis zum feinen Damast, vom „Reinleinen" bis zum „Halbleinen": Sack-Drillich für die Landwirtschaft, Rupfen für Strohsäcke, dazu auch Tischdecken, Servietten, Gläser- und Handtücher. Bettwäsche erzeugt die Firma Nöpl in der Mitte des 20. Jahrhunderts mit unterschiedlichen Mustern: „Chrysanthemen-, Maiglöckchen-, Nelken- und Streifenmuster". Tischwäsche wird u. a. mit „Sternmuster, Kleeblatt- und Karomuster" angeboten. Wenn die Ware farbig bedruckt werden soll, beauftragt Nöpl damit Druckereien in Deggendorf, München und Oberfranken.

Nur schwierige Muster lässt der Unternehmer weiterhin von Heimwebern herstellen. Damit werden die meisten Heimarbeiter zu Fabrikarbeitern, obwohl zeitgleich immer noch die Webereigenossenschaft besteht!

Bis in die Zeit von 1959/60 floriert der Absatz bei der „Mechanischen Weberei Nöpl". Gasthäuser und Krankenhäuser gehören zu den Kunden. Klöster und Ordinariate lassen Tischdecken mit einer Abendmahlsszene in der Mitte weben. Das Militär im Dritten Reich und die Bundeswehr nach dem Krieg bestellen Drillich für Arbeitskleidung, Reichsbahn und Bundesbahn ordern Leinen für Bettwäsche und Handtücher.

Zum Dank für seine Aufbauleistung wurde Nöpl bereits recht schnell vom bayerischen Staat zum Kommerzienrat ernannt. Mitglieder des bayerischen Königshauses verkehrten bei Nöpl. Wenn Kronprinz Rupprecht mit dem Kommerzienrat zur Auerhahn-Jagd aufbrach, spielte – wie der Autor Franz Baumer berichtet – allerdings die Wegscheider Blaskapelle – zur Freude der Auerhähne, die sich dann verkrochen!

Als „Königlich Bayerischer Hoflieferant" erhält Nöpl auch im wahrsten Sinne des Wortes Großaufträge, zu denen ein „Hofwebstuhl" aufgestellt wird, auf dem 1910 und 1913 Damast-Tischwäsche für den bayerischen Königshof in einer Breite von 3,70 m und 10 m Länge gewoben wird. Dazu lädt Nöpl dann auch die Bevölkerung zur Besichtigung ein: Zwei Weber sind damit beschäftigt, in mehreren Wochen 13.000 Kettfäden, wohlgemerkt auf dem Handwebstuhl, zu verarbeiten.

VERLAGSUNTERNEHMEN NÖPL IN WEGSCHEID UM 1920 (NIEDERBAYRISCHES LANDWIRTSCHAFTSMUSEUM REGEN 1987/0073).

Im Vordergrund ist eine Kettspulmaschine im Einsatz, deren Fäden auf das Schärmaschinengatter abgeseilt und geschärt wurden. Die Maschinen werden hier allesamt von Frauen bedient.

Mit dem Beginn des 1. Weltkrieges steigt der Leinenbedarf für militärische Uniformen massiv, und damit der Preis des Flachses. Um diese Entwicklung einzudämmen, verbietet die Reichsregierung den Landwirten auch im Bayerischen Wald den privaten Verkauf von Flachs. Die vom Preußischen Kriegsministerium geschaffene „Kriegsflachsbau-Gesellschaft m. b. H." beschlagnahmt die komplette Ernte zu einem von ihr fixierten Preis. Als Ankäufer für den Bezirk Wegscheid wird die „Leinenfabrik J. Nöpl" bestimmt.

Dies hat Auswirkungen auf die Heimweber. So berichtet Ortspfarrer A. Hesenbach:

> „Im Winter hocken sie in gebückter Haltung am Webstuhl, wenn sie einen Auftrag haben. Gerne bringen sie das Opfer und holen [...] das Garn in Breitenberg oder Wegscheid beim Vorstand der Genossenschaft oder beim Herrn Nöpl [...]. Wenn dann zwei

> Personen eine Woche lang anstrengend gearbeitet haben, meist von früh 6 Uhr bis abends 10 Uhr, dann verdienen sie miteinander 5–6 Mark. Also nicht eine Person, sondern zwei täglich eine Mark, also ein Stundenlohn von etwa 10 Pfennigen […].“

So gibt es dann in den 1930er Jahren nur noch 117 Lohnweber, die bei einer Tagesleistung von 1 Meter, also das Weberschiffchen 2500 hin und her, lediglich 60 Pfennig Lohn verdienen, wobei bereits 1 Kilogramm Mehl 40 Pfennig kostet.

Im Februar 1933 stirbt der als Gemeindebevollmächtigter bekannte und sozial gesinnte Josef Nöpl. Bei seiner Beerdigung wird zum letzten Mal der bekannte Brauch des „Leinwandtragens“ in Wegscheid geübt. Wie beim Tod eines Webers wird unter dem Sarg ein Stück Leinwand durchgezogen. So trug man den geachteten Leinwandunternehmer zu Grabe.

Bei reichen Leuten wurde, so wie es der Bayerwald-Dichter Max Peinkofer belegt, der Sarg mit Leinen bedeckt, was dann als Opfer an die Kirche ging. Er zeigt es an Beispielen in Kirchberg v. Wald (1914) und Ruhmannsfelden (1812).

Baumsarg alamannisches Gräberfeld von Oberflacht (Archiv Fegert).

Dieser Holzsarg aus dem 4./5. Jahrhundert n.Chr. stammt vom südwestlichen Rand der Schwäbischen Alb und hat durch Konservierung im Moor die Zeit überdauert. Der Leichnam in solch einem Sarg war in Leinen gehüllt.

## Bettwäsche aus Laichingen

MUSTERBÜCHLEIN DER LEINENFABRIK NÖPL IN WEGSCHEID(ARCHIV RÜHRL).
„Bauernleinen grob 90 cm breit“ und „Bauernleinen fein blau 90 cm breit“.

Im Dritten Reich kommt es im Zuge der Autarkie-Bestrebungen zu einem wahren Boom in der Leinenerzeugung der Firma Nöpl. Das Wegscheider Leinen wird 1936 auf der Leipziger Messe als sogenanntes „Bayerisches Ostmark-Rohleinen“ ausgestellt.

Josef Nöpl jun. ist ein Gegner des Nationalsozialismus und so wird er wegen „staatsfeindlicher Beziehungen“ von der Gestapo in Stadelheim inhaftiert. Doch er muss nach zwei Jahren Haft schließlich entlassen werden, da man ihm nichts nachweisen kann.

Will man die Leistung der „Mechanischen Leinenfabrik Nöpl“ für die Bevölkerung der Gegend würdigen, so kann dies mit einigen (ausgewählten) Zahlen belegt werden:

| Beruf | 1937/38 | 1945 | 1949/50 | 1959/60 | 1967/68 |
|---|---|---|---|---|---|
| Weber | 38 | 5 | 19 | 22 | 6 |
| Weberinnen | 1 | 3 | 1 | - | - |
| Weberlehrling | 4 | 2 | 1 | 1 | 1 |
| Spulerin | 19 | 11 | 15 | 7 | 1 |
| Stückputzer | 4 | 1 | 1 | 2 | 1 |
| Stückputzerin | 1 | 2 | . | . | . |
| Bleicher | 4 | 1 | 5 | 6 | 2 |
| Handweber | - | - | . | . | . |
| Werkmeister | 2 | 2 | 1 | 1 | 1 |
| Webereitechniker | - | - | 1 | 1 | 1 |

(. = keine Angaben, wohl nicht mehr vorhanden; - = kein Beschäftigter)
(Quelle: Moschek 1974).

Da der unverheiratete Besitzer der Leinenfabrik Josef Nöpl jun. keinen Nachfolger hat, pachtet sein Neffe und Betriebsleiter 1940 die Firma. Dessen Tochter übernimmt 1960 das Unternehmen. Doch diese Nachkriegsbesitzer haben weder eine Ausbildung in der Webtechnik noch eine kaufmännische Ausbildung. Notwendige technische Erneuerungen unterbleiben und bei den Staatsaufträgen kann das Unternehmen dem Konkurrenzdruck nicht standhalten. Finanzielle Probleme sind die Folge. Die Leinenfabrik Nöpl muss so im Jahr 1970 Konkurs anmelden. Damit ist die Ära der „Mechanischen Leinenfabrik Nöpl“ zu Ende.

Ein vergleichbares Unternehmen in Breitenberg ist lange Zeit die Firma Rapp, die 200 Lohnwebern Brot gibt. Doch sie hat auch schon lange ihren Betrieb eingestellt.

## Elsass – Zentrum der Textilindustrie

Fig. 862. Webereisaal von Ch. Rogelet in Bühl im Elsaß.

WEBEREISAAL DER FIRMA ROGELET IN BÜHL IM ELSASS (BUCH DER ERFINDUNGEN BD. VI, 64).

Das Elsass war im 19. Jahrhundert das europäische Zentrum der Leinenfabrikation in großen Stil: „Die Textilindustrie schuf innerhalb von 30 Jahren 40 000 neue Arbeitsplätze im Departement Haut-Rhin/Oberelsass. Damit waren drei Viertel der neu geschaffenen Arbeitsplätze im Haut-Rhin/Oberelsass in der Textilindustrie angesiedelt. Im Jahr 1840 waren 69 000 Personen in diesem Zweig der Industrie beschäftigt, im *Second Empire* stieg die Zahl auf 74 000. Dieses beeindruckende Wachstum kann erklärt werden durch die Mechanisierung der Spinnerei und der Weberei (ab 1802 bzw. 1826). Zwischen 1802 und 1826 eröffneten im Elsass 42 große Baumwollspinnereien, wovon 31 unabhängig produzierten und elf zu einer Textildruckerei gehörten. In den folgenden Jahren wurde dann die Weberei mechanisiert. Zwischen 1826 und 1831 wurden 17 Webereifabriken gegründet.

Ein weiterer Grund für die hohen Wachstumsraten in der Textilindustrie war die Diversifizierung der Produktpalette. Neben den klassischen Indiennes [= bedruckte Baumwollstoffe, die Stoffen aus Indien besonders in Frankreich und der Schweiz nachgeahmt wurden] (18. Jh.), wurden nun auch Leintücher, Stoffe aus eingefärbtem Faden, Mischstoffe, Musselin, Velours, Moleskin, Seidenbänder, Tücher für andere Industriezweige oder Nähgarn produziert.

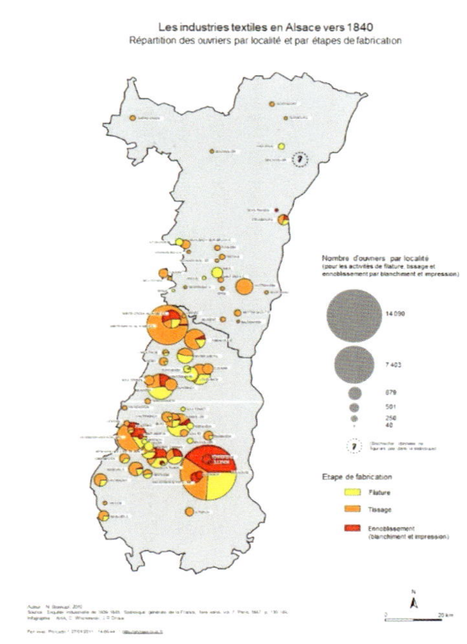


DIE TEXTILINDUSTRIE IM ELSASS UM 1840, NACH ORTEN UND PRODUKTIONSSCHRITTEN (Nicolas STOSKOPF, Die Textilindustrie im Elsass um 184. In: Atlas historique d'Alsace, www.atlas.historique.alsace.uha.fr, Université de Haute Alsace, 2011.)

(gelb = Spinnerei, orange = Weberei, rot = Weiterverarbeitung)

Im Elsass gelang es, in der Textilindustrie den Prozess einer ‚aufsteigenden" Industrialisierung' (*processus d'industrialisation remontante*) in Gang zu bringen, also einer Produktion, die von der Stofferzeugung zur Weiterverarbeitung führte. Weiter gelang es im Elsass, die Produktpalette in bemerkenswerter Weise zu diversifizieren.

Auf der Karte ist gut zu erkennen, dass sich die Unternehmen der Textilveredelung, zu denen der Druck gehört, in größeren Zentren zusammenfanden (Mulhouse, aber auch Wesserling, Thann und Münster). Die der Veredelung vorgeschalteten Spinnereien und Webereien hingegen sind stärker in der Region verstreut. Auf der Karte wird deutlich, dass der Süden des Departements Bas-Rhin/Unterelsass mit seinen Spinnereien und Webereien als Peripherie der im Haut-Rhin/Oberelsass angesiedelten Textilveredelungsindustrie angesehen werden muss. Eine Ausnahme bilden die Unternehmen in Strasbourg und Schiltigheim, wo Unternehmen angesiedelt waren, die Wachstücher herstellten."

http://www.atlas.historique.alsace.uha.fr/de/nach-themen/122-les-industries-textiles-en-alsace-vers-1840.html

## „Die Jüdischkeit in der Textilindustrie“

Im Rahmen eines Forschungsauftrags der „Landesstiftung Baden-Württemberg“ ist der ehemalige Landesrabbiner Joel Berger unter dem oben genannten Titel der Frage nachgegangen, warum jüdische Unternehmer sich der Textilindustrie zugewandt haben. Zunächst zitiert er zwei Bibelstellen:

> „Der Begriff ‚Schatnes‘ (Mischgewebe) bezeichnet eine Fasermischung aus Wolle und Leinen in einem Stoff, welche nach biblischer Verordnung ein Jude nicht tragen darf (3. Buch Mose 19:19 und 5. Buch Mose 22:11). Den biblischen Verboten der Vermischung von unterschiedlichen Geweben in der Kleidung liegt vermutlich der Gedanke der Heilighaltung der je eigenen göttlichen Schöpfung des Menschen wie der Pflanzenarten und jener Tiere zugrunde, welche die Grundlagen zu den Stoffen liefern.
>
> […] Die beiden erwähnten grundsätzlichen biblischen Zitate, aus denen das Mischgewebeverbot abzuleiten ist, werden vervollständigt durch den Vers: ‚Meine Satzungen sollt ihr halten (das hebräische Wort heißt ‚bewahren‘), dass du dein Vieh nicht lassest mit anderlei Tier zu schaffen haben, und dein Feld nicht besäest, mit mancherlei Samen und kein Kleid an dich komme, das mit Wolle und Leinen gemengt ist.‘ (3. Buch Mose 19:19) und ‚Du sollt nicht anziehen ein gemengtes Kleid von Wolle und Leinen zugleich.‘ (5. Buch Mose 22:11). Hier finden wir noch einmal den ‚Fachausdruck‘ Schatnes, also eine Mischform von zweierlei unterschiedlichen Stoffen.
>
> Wir kennen vier Verbote der Artenmischung aus der Bibel: Die Mischsaat, das Pfropfen von Bäumen, verschiedene Gattungen von Vieh z. B. beim Pflügen zusammenzuspannen, und Stoffe zu mischen. Allerdings haben diese Verbote einen unterschiedlichen Stellenwert. Das Verbot der Mischung von Stoffen wie Flachs und Wolle ist nach Maimonides (Rambam) [= jüdischer Philosoph, Rechtsgelehrter, Theologe und Arzt] damit zu begründen, dass das, was Gott bei der Schöpfung voneinander getrennt hat, die Unterscheidungen, die die göttliche Schöpfung uns vorgelegt und zum Bewahren auferlegt hat, der Mensch nicht ‚verwischen‘ soll. […]
>
> Warum nun war die Textilindustrie im 19. und 20. Jahrhundert ein so beliebtes und erfolgreiches Geschäftsgebiet für jüdische Familien? Der ursprüngliche Grund war das Schatnes-Gebot, die Bewahrung der biblischen Werte der Schöpfung. Historisch gesehen waren Juden vom gewerblichen Wirtschafts- und Handwerk lange Zeit bis zu ihrer Emanzipation 1822 ausgeschlossen und von der Ausübung der Produktion verdrängt worden. So wandten sie sich der ‚Abfallwirtschaft‘ zu. Häufig waren sie mangels anderer Tätigkeit als Hausierer gezwungen, bereits gebrauchte oder sogar verbrauchte Textilien und Stoffreste zu sammeln. Sie waren bemüht, diese als Putzlappen für die häusliche und gewerbliche Reinigung brauchbar zu machen. Viele wandernden Juden

wurden also im Laufe der Zeit sogenannte ‚Lumpensammler'. Einige von ihnen wurden in unserer Region [Schwäbische Alb] sowohl durch ihre Ausdauer als auch ihren Fleiß nach der Emanzipation Betriebsgründer und entwickelten sich im Laufe der Zeit zu führenden Textilunternehmern.

Briefkopf der Mechanischen Bunt-Weberei & Färberei B. Baruch & Söhne 13.1.1893 (In: Blickle/Högerle 2013, 56).

Dreistöckige Gebäude mit Kaminschloten im Nordwesten der Stadt Hechingen und die württembergischen Auszeichnungsmedaillen zeugen von der wirtschaftlichen Bedeutung des Unternehmens. Der Rückfluss des Wassers aus einem unterirdischen Kanal in den Sulzbach weist auf die Wasserkraft als Energieträger hin. Im Hintergrund thront die Burg Hohenzollern über der Landschaft der Schwäbischen Alb.

Am Anfang des 20. Jahrhunderts war in Untertürkheim die Baumwoll- und Putzwollfabrik Wolf & Söhne bekannt und anerkannt. Es war ebenso bekannt, dass der Vater Wolf sein Geld noch als Lumpensammler verdient hatte und die Möglichkeit dazu erwirtschaftete, dass seine Söhne zu renommierten Fabrikanten aufsteigen konnten. Bei einigen der ehemaligen Lumpensammler kamen wirtschaftliche und politische Umstände ihrer Zeit zur Hilfe. Wolf & Söhne produzierte im 1. Weltkrieg auch jene Stoffe, aus denen den Soldaten des Heeres Uniformen geschneidert wurden. Wie lukrativ dieses Geschäft sein musste, beweist die Tatsache, dass sie dem König Wilhelm II. einen kompletten Lazarettzug schenken konnten.

Wenn man die Vielfalt der jüdischen Textilindustrie betrachtet, dann muss man auch Leo Goldberger (1878-1945) hervorheben, der in Ungarn eine der größten europäischen Textilunternehmungen KISTEXT gründete. Seine Vorfahren waren noch wandernde Stoffhändler gewesen, er jedoch hat schrittweise eine immer größer werdende Textilmanufaktur aufgebaut. Er erkannte die Bedeutung des Blaudruckhandwerks beizeiten und industrialisierte es. Zu den wichtigsten Einrichtungen und Werkzeugen der Blaudruckerei gehörte vom 19. Jahrhundert an die Perrotin-Maschine, mit der man auch ‚mustern' konnte. Goldberger, dessen Familie aus dem deutschsprachigen Siedlungsgebiet Mähren stammte, beobachtete ständig die neuesten Errungenschaften der Baumwoll- und Leinenfärberei und Baumwoll- und Leinenweberei.

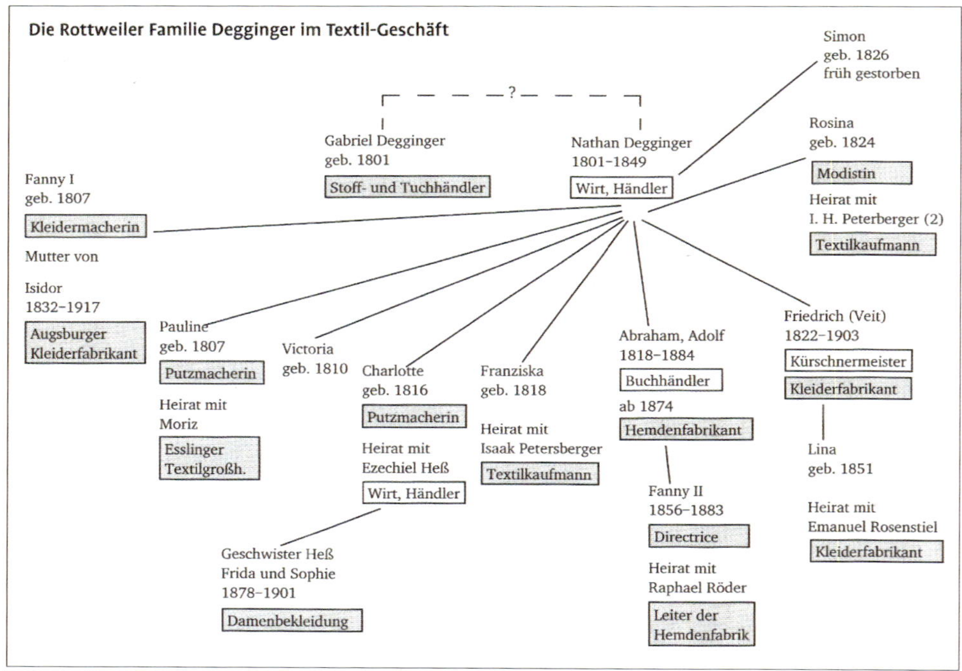


ROTTWEILER FAMILIE DEGGINGER IM TEXTILGESCHÄFT (IN: BLICKLE/HÖGERLE 2013, 100).
Die Familie, ihre Verflechtung und deren Berufe demonstrieren exemplarisch, wie jüdische Familien in die Textilindustrie im wahrsten Sinne „verwoben" waren.

WARENHAUS WERTHEIM BERLIN, UM 1900.
In der „Kathedrale des Konsums“ bietet das jüdische Unternehmen in einem mehrstöckigen Lichthof die Vielfalt der Textilerzeugnisse an.

Hier zeigt sich ein weiterer Aspekt für den Erfolg der jüdischen Textilunternehmer. Sie hatten auf Grund der unzähligen früheren Vertreibungen und Wanderungen in ihren Familiengeschichten ein sicheres Gespür für Mode, für Stoffe und ihrer Gestaltung entwickelt. Einerseits konnten sie schnell auf die Veränderungen in der Mode reagieren, andererseits waren sie häufig auch in der Lage, die sich wandelnden Geschmacksrichtungen durch ihre schnell entwickelten Kollektionen zu beeinflussen. Die Ausgrenzung aus der Mehrheitsgesellschaft zwang Juden im Laufe ihrer Geschichte immer wieder, die Veränderungen in der Gesellschaft zu registrieren und auf sie zu reagieren. Ihr Leben lehrte sie Flexibilität, die ihnen in wirtschaftlichen Bereichen zugute kam.

Wenn wir über Textilproduktion und Vertrieb sprechen, so sollte nicht der Eindruck entstehen, dass mit den ‚Arisierungen‘ und den furchtbaren Geschehnissen in den Jahren des Holocaust alles vorbei war. Schon kurz nach der Befreiung aus den deutschen Konzentrationslagern ergriffen die Überlebenden und Flüchtlinge aus den osteuropäischen Ländern wie Polen, Tschechoslowakei und Ungarn die altbewährte Tätigkeit des jüdischen Handelsreisenden. Sie knüpften Kontakte zu den sich langsam wieder öffnenden Werk- und Lagerstätten der Webereien und organisierten mit einfachsten Mitteln die Versorgung der Menschen auf dem Lande. Mit der Konsolidierung der Lebensverhältnisse, insbesondere im Westen Deutschlands, und in Folge der Währungsreform prosperierte das im Krieg vernichtete Handelsnetz“ (BERGER 2013, 177 ff.).

## VOM KUNSTGEWERBE ZUM TEXTILDESIGN

Zu Beginn des 20. Jahrhunderts verändert sich die Haltung zum Weben als handwerkliche Tätigkeit, die lediglich alltagstaugliche Gewebe hergestellt hat. Nun gerät das Weben als Ausdrucksform einer künstlerischen Äußerung in das Blickfeld.
Der entscheidende Impuls kommt der Bewegung des „Bauhaus“ zu. Dort etabliert sich von 1919 bis 1933 die „Werkstatt für Weberei“, in der vor allem Frauen studieren. Zunächst wird eine Frauenklasse geschaffen, um die von den Männern eher mißachteten Bewerberinnen unterzubringen, und Oskar Schlemmer erhebt sich ironisch: „Wo Wolle ist, ist auch ein Weib, das webt, und sei es nur zum Zeitvertreib.“ In dieser Werkstatt wird den Studierenden sowohl traditionelles Weben als auch industrielles Weben beigebracht. Doch tendenziell ist das Ziel, reproduzierbare Entwürfe zu erstellen, damit allmählich ein Wandel von der Handweberei zum Textildesign stattfindet.

### Frauen weben am Bauhaus

In erster Linie ist dabei Gunta Stölzl zu nennen, die 1897 in München geboren wird und bis 1983 in der Schweiz lebt. Sie hat das Weben im Bauhaus beflügelt und wird zur ersten und einzigen Web-Meisterin im Bauhaus. Im Ersten Weltkrieg arbeitet sie als Rotkreuz-Schwester und beginnt danach ihr Studium am Bauhaus in Weimar.

> „Anfangs war Gunta Stölzl in der Klasse für Wandmalerei eingeschrieben, denn für ein Handwerk mussten sich alle Bauhäusler entscheiden. Die ‚Lehre‘ bestand jedoch aus der kräftezehrenden Sanierung des alten Hochschulgebäudes.

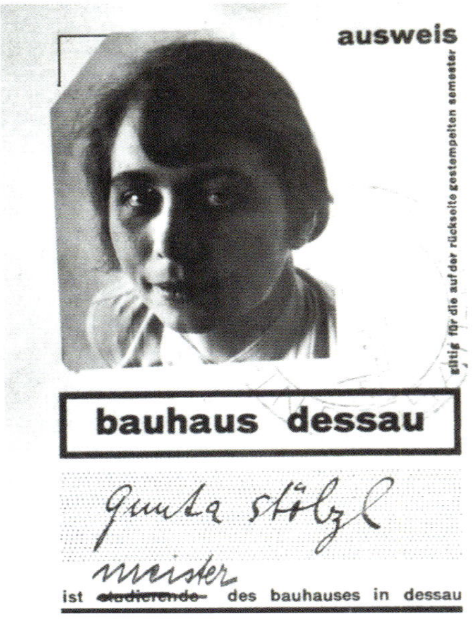


BAUHAUS-AUSWEIS VON GUNTA STÖLZL.

DIE WEBEREIKLASSE HINTER EINEM WEBSTUHL, BAUHAUS DESSAU 1927 (BAUHAUS-ARCHIV/MUSEUM FÜR GESTALTUNG, BERLIN, INV. NR.: 2084/22).

Der Urheber des Fotos als Silbergelatineabzug ist unbekannt. Die Schülerinnen von vorn v. l. n. r.: Lotte Stam-Beese, Anni Fleischmann-Albers, Ljuba Monastirskaja, Rosa Berger, Gunta Stölzl, Otti Berger, Werkmeister Walter Warnke; hinten, v. l. n. r.: Lisbeth Östreicher, Gertrud Preiswerk, Lena Meyer-Bergner, Grete Reichardt.

Als Gunta Stölzl in einem der Räume Webstühle entdeckte, setzte sie mit anderen Frauen durch, eine Textilklasse am Bauhaus zu gründen. Deren Zielsetzung änderte sich im Laufe der Jahre. Hatten die Frauen zu Beginn noch aus Stoff und Wollresten bildhafte Wandteppiche und Spielzeug produziert, ging es nach dem Umzug nach Dessau vor allem darum, funktionale Stoffe aus neuen Materialien zu kreieren. [...]

In Dessau wurde sie [Gunta Stölzl] zunächst Werkmeisterin und war dann als einzige Frau am Bauhaus ganz für eine Klasse verantwortlich, allerdings ohne die Bezüge und Pensionsansprüche ihrer männlichen Kollegen. Dabei steuerte die Weberei erheblich zum finanziellen Überleben der Institution bei. Um die Produktivität zu steigern, sollten in Dessau sogar mechanische Webstühle angeschafft werden. Gunta Stölzl lehnte dies jedoch ab.

‚Prinzipiell ist kein Unterschied zwischen Handwebstuhl und der Maschine. Das System Verkreuzung, also der Webvorgang ist derselbe, nur das Tempo ist ein anderes. Da wir in der Hauptsache pädagogisch arbeiten, ist unsere Pädagogik aufgebaut auf Produktion. Der Handwebstuhl hat sehr viel mehr Möglichkeiten als die Maschine.‘ Sie forcierte zwar, wie verlangt, die Musterherstellung für die Industrie, beharrte jedoch auf ihren Lehrgrundsätzen“ (THIELE 2022).

DIE WEBEREIKLASSE (1927/28) AUF DER BAUHAUSTREPPE.

Oskar Schlemmer hat die Klasse auf der Treppe trapiert. Auf dem Treppenabsatz in der Mitte Gunta Stölzl. Dazu schreibt Lionel Feinigers Sohn:

*„Am Tag der Aufnahme trafen sich alle Beteiligten, amongst whom war Oskar Schlemmer. Während die Gruppe gestellt wurde, gab Schlemmer Ratschläge für die Komposition. Er erzählte uns, dass er seit längerer Zeit an einem ‚Treppenbild‘ arbeitete.“* [Brief T. Lux Feininger an das Bauhaus-Archiv/Museum für Gestaltung Berlin]

Das Foto rechts zeigt im Detail: auf der Treppe vorn, von oben nach unten: Gunta Stölzl, Grete Reichardt, Ljuba Monastirskaja (Brille), Otti Berger, Elisabeth Müller (gemusterter Pullover), Lis Beyer[-Volger] (weißer Kragen), Rosa Berger (dunkler Pullover), Lene Meyer-Bergner (links, helle Bluse), Ruth Hollos[-Consemüller] (rechts außen), Lisbeth Oestreicher (vorn rechts)]

Gerade die genannte Aussage Stölzls ist bezeichnend, denn sie verdeutlicht damit die für sie wichtige Bedeutung des Handwerklichen. Die Arbeit mit dem Handwebstuhl ist für sie die Verlängerung aus dem Kopf in die Hand. Der langsamere Fortschritt in der Arbeit beflügelt die Vielfalt in der Gestaltung.

[Gunta Stölzl sagt:] „Der Reichtum von Farbe und Form wurde uns zu selbstherrlich, er fügte sich nicht ein, er ordnete sich dem Wohnen nicht unter. Wir suchten uns zu vereinfachen, materialgerechter und zweckbestimmter zu werden" (In: THIELE 2022).

TEXTIL VON GUNTA STÖLZL 1927/1928.

Eine weitere bedeutende Textilkünstlerin ist Anni Albers, die als Annelise Fleischmann 1899 in Berlin geboren wird. Sie studiert ab 1922 am Bauhaus in Dessau. Nach dem Umzug des Bauhauses nach Weimar tritt sie in die inzwischen von Gunta Stölzl geleitete Klasse ein. Nach ihrer Emigration in die USA lehrt sie als Webkünstlerin am Black Mountain College in North Carolina. Die Biografin Carmela Thiele zitiert Anni Albers:

> „‚Bei einer Auftragsarbeit muss ich mich sehr genau mit der Wahl des Materials und der Technik beschäftigen. Ich war aber immer auch an dem interessiert, was wir normalerweise als Kunst bezeichnen. Dennoch empfinde ich es als großes Problem, dass die Leute dazu neigen, sich Textilien nur in einem funktionalen Kontext vorzustellen. Sie wollen darauf sitzen, sie möchten sie tragen. Sie wollen sich nicht vorstellen, dass das an der Wand hängt und Qualitäten eines Gemäldes oder einer Skulptur hat.‘
>
> Anni Albers in einem Interview, das 1968 in ihrem Haus in New Haven stattfand. Sie war 69 Jahre alt und erhielt repräsentative Aufträge wie die Wandarbeit ‚Six Prayers‘ für das Jüdische Museum in New York oder den monumentalen Wandbehang für die Bar des Hotels Camino Real in Mexiko City. […] ‚Anfangs konnte ich [Anni Albers] mit der Weberei nichts anfangen. Ich dachte, weben sei Weiberkram, nur diese Fäden. Ich war nicht im Mindesten interessiert. Aber die einzige Möglichkeit, am Bauhaus zu bleiben, war, diese Werkstatt zu besuchen. Und nachdem ich einmal damit angefangen hatte, hat es mich immer mehr fasziniert.‘
>
> Es war Anni Albers wie fast allen anderen Frauen gegangen, die sich vom Bauhaus in Weimar angezogen fühlten: Sie wurde in die Weberei-Werkstatt abgeschoben. Die aus den Wirren nach dem Ersten Weltkrieg hervorgegangene Reform-Kunsthochschule hatte 1922, als Anni sich bewarb, bereits Schlagzeilen gemacht. Kunst und Handwerk sollten unter dem Dach der Architektur zu einem Ganzen verschmelzen. Doch hatte niemand einen genauen Plan, wie das gehen sollte. Auch nicht die damals bereits berühmten Formmeister Paul Klee oder Wassily Kandinsky. ‚Ich bewunderte Klee sehr. Aber was ich von ihm lernte, lernte ich beim Betrachten seiner Bilder. Als Lehrer war er nicht sehr gut‘“ (THIELE 2019).

Die Textilarbeiten des Bauhauses heben sich grundlegend von den Formen des Jugendstils ab: Geometrische Formen wie Rechtecke, Dreiecke, Quadrate, Kreise bestimmen das Design. Kräftige Farben dominieren: Blau, Rot, Gelb, Grün. Wie die nebenstehende Abbildung zeigt, kommen auch Streifenmuster in abgestuften Grau- bzw. Schwarz-Weiß-Tönungen zur Geltung. Darin sind die Einflüsse von Kandinsky, Itten und Klee zu erkennen.

TEXTILARBEIT VON GUNTA STÖLZL AUF EINEM MARCEL-BREUER-STUHL, 1922.

Um die Wirtschaftlichkeit des Bauhauses zu erhöhen, wird die Produktion am Bauhaus in den 1920er Jahren auf industrielle Fertigung ausgerichtet. So konzentriert sich die Weberei u. a. auf Möbelstoffe.

## Die „Pausa“ in Mössingen

Ähnlich innovativ wird bei der Weberei „Pausa“ gearbeitet. Die jüdischen Brüder Artur und Felix Löwenstein übernehmen 1919 in Mössingen, am Fuß der mittleren Schwäbischen Alb, die bereits 1871 gegründete mechanische Weberei Hummel, die 1909 bereits über 114 Webautomaten verfügt. Sie geben ihrer neuen Firma den Namen „Pausa“ nach einem von ihnen 1911 gepachteten Betrieb in der Gemeinde Pausa im Vogtland.
In den zwanziger Jahren des zwanzigsten Jahrhunderts treffen die Brüder Löwenstein eine umwälzende Entscheidung: Sie erweitern ihren Betrieb von der reinen Weberei zur Stoffdruckerei mit Indanthren-Farben. Im Zuge dessen gestalten sie neue Muster und Dessins. Sie entwickeln neue Farbkombinationen und eine innovative grafische Gestaltung. Wichtige Impulse bringen der 1907 gegründete „Deutsche Werkbund“ und die 1897 gegründeten „Vereinigten Werkstätten für Kunst und Handwerk“ sowie die Einflüsse des Jugendstils. Ebenso beeinflussen die bewusste Hinwendung zum Bauhaus und der briefliche Austausch mit Walter Gropius über das Bauhaus-Konzept die Entwicklung des Unternehmens.

Webmuster der Firma „Pausa“, um 1930/31 (In: Scherer/Schröter/Ferstl 2013, 255).
Das Stoffmuster „Lumina“ entstand, als Ljuba Monastirskaja Leiterin des Entwurfsbüros war.

Zwei Künstlerinnen von Bauhaus in Dessau kommen nach Mössingen. So ist Ljuba Monastirskaja aus der berühmten Webereiklasse des Bauhauses als Leiterin des künstlerischen Ateliers, also des Entwurfsbüros des Löwensteinschen Unternehmens, von 1929 bis 1932 tätig und Lisbeth Oestreicher gestaltet als Volontärin kreative Entwürfe. Im Jahr 1932 kommt es zur technischen Veränderung, so dass von nun an statt mit Holzmodeln mit dem Filmdruck gearbeitet wird.

Vorhangstoff, Webprobe Baumwolle, Entwurf: Lisbeth Oestreicher 1928 (In: Scherer/Schröter/Ferstl 2013, 301).

Die Webkünstlerin gibt genaue Anweisungen über Schablonen und Fadenführung („Schärzettel" und „Schusszettel").

## Blau-Färben vom Färberwaid zum Indanthren

In der kulturgeschichtlichen Frühzeit Mitteleuropas hat die Farbe Blau etwa in den neolithischen Felsmalereien keine Rolle gespielt. In der Zeit der Griechen und Römer finden sich verschiedene Rottöne beim Färben, daneben die Farben Weiß und Schwarz. Ab der Mitte des 12. bis Mitte 13. Jahrhunderts kommen als neue Farbkombinationen aus Gelb, Grün und Blau auf. Der Färberwaid als Blaufärbemittel beginnt in Deutschland seinen Siegeszug. Das Haupthandelszentrum liegt bis ins 18. Jahrhundert in Erfurt. Den entscheidenden Durchbruch erzielt William Henry Perkin mit der Entdeckung des ersten violetten Farbstoffes aus Anilin, dem „Anilinpurpur“ oder „Mauvain“ im Jahr 1856. Die Indigo-Synthese schafft letztlich Adolf von Baeyer (1835–1917) im Jahr 1878. Die Technologie des Färbens erfährt den entscheidenden neuen Impuls durch die Erfindung des Chemikers der BASF, Dr. René Bohn, der am 6. Februar 1901 das Indanthren als „Verfahren zur Darstellung eines blauen Farbstoffes der Anthracenreihe“ zum Patent angemeldet hat. Es ist der lange gesuchte Küpenfarbstoff, der „Lichtechtheit, Waschbeständigkeit und Wetterfestigkeit“ aufweist.

Literatur:

FEGERT, Friedemann ([2]2019): Oh wie schön ist Indigo. Färber- und Blaudruckerhandwerk im Wandel der Zeit. Freyung

PASTOUREAU, Michel ([3]2015): Blau. Die Geschichte einer Farbe. Berlin.

ST CLAIR, Kassia ([2]2020): Die Welt der Farben. Hamburg.

FÄRBERWAID ERFURT (ARCHIV FEGERT).
Die Blätter werden zermahlen und fermentiert.

DRUCK MIT FÄRBERWAID (ARCHIV FEGERT).

NATURINDIGO (ARCHIV FROMHOLZER).
Der Indigo wird mit Stahlkugeln zermahlen.

Färbung mit Naturindigo um 1870 (Archiv Fromholzer).

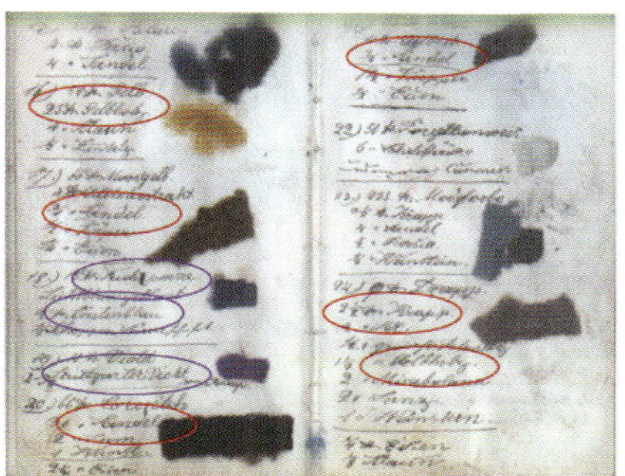

Rezeptbuch Alois (III) Fromholzer um 1880 (Archiv Fromholzer).

Naturfaben (rot), synthetische Farben (violett)

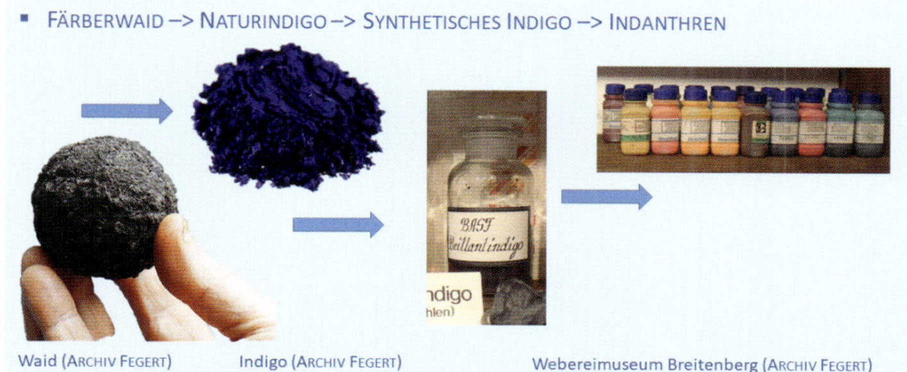


Die Entwicklung der Blaufärbung (Entwurf/Gestaltung Fegert).

Der Färberwaid wie auch der Naturindigo wird aus fermentierten Blättern gewonnen, wohingegen der synthetische Indigo und das Indanthren von Chemikern im letzten Drittel des 19. Jahrhunderts entwickelt wurden.

Durch den Filmdruck wächst nun der Farb-Druckbereich des Löwensteinschen Unternehmens schneller als die Weberei. Bei der Weltausstellung 1929 erringt die Firma Pausa den „Gran Premio“ für Dekorationsstoffe. Die Brüder Löwenstein gewinnen Willi Häussler, den Direktor der „Vereinigten Werkstätten für Kunst und Handwerk“ in München als künstlerischen Berater.

PAUSA-MUSTER „KOREA“ 1932 (IN: SCHERER/SCHRÖTER/FERSTL 2013, 249).
Das lichtechte Muster wird in verschiedenen Farben gewoben.

Mit der Machtergreifung der Nationalsozialisten nimmt der Druck auf die jüdischen Besitzer Löwenstein massiv zu und diese werden gezwungen, ihr Unternehmen zu verkaufen. Der Rottenburger Landrat rechtfertigt dieses Vorgehen auf zynische Weise:

> „Die Sorge um das Schicksal einer Belegschaft von 120 teils hochqualifizierten Arbeitern und Angestellten veranlasste uns zu jahrelangen Bemühungen, die mech. Weberei Pausa A. G. in zuverlässige, arische Hände zu bringen. Sie sind nach schwierigen Verhandlungen im Dezember 1936 dadurch in Erfüllung gegangen, dass die Firma von Herrn Richard Burkhardt, Wannweil übernommen wurde. Herr Burkhardt hat nun unter erheblichen finanziellen Aufwendungen den weithin verwahrlosten Betrieb so weit gebracht, dass er sich wieder in den geordneten Produktionsprozess der deutschen Wirtschaft eingliedern konnte" (bei: Hermann BERNER, in: BERNER/FIFKA 2006, 34)

FIRMENLOGO VON HAP GRIESHABER (IN: BERNER/FIFKA 2006, 198).
Grieshaber hat zahlreiche Entwürfe gestaltet, u. a. das Firmenlogo mit webenden Menschen.

## Färbemethoden

Das Färben ist eine hohe Handwerkskunst, deren Grundbegriffe etwa bei der Textilwissenschaftlerin Hecht (1991) dargestellt werden.

Naturfasern haben schon selbst eine Eigenfarbe wie der Flachs, der ein helles Braun aufweist. Doch schon früh in der Kulturgeschichte machen die Menschen die Erfahrung, dass es Säfte von Pflanzen gibt und Farbstoffe im Boden, die den Fasern leuchtende Farben wie Rot, Gelb oder Blau gaben. Doch zunächst waren diese Farben nicht abriebfest und waschecht. Erst im Farbbad konnten dauerhaftere Verbindungen zwischen der Farbe und der Faser hervorgebracht werden. Diese anspruchsvollen Verfahren wurden in Indien, China, Ägypten, Mexiko, Peru und Griechenland entwickelt.
Es gibt grundsätzlich drei unterschiedliche Färbeverfahren:

### Substantive oder Direktfarbstoffe

Zum einen gibt es Farbstoffe, die, wenn sie ins Färbebad gegeben werden, das Gewebe direkt färben. Entweder werden sie direkt absorbiert oder es findet eine chemische Reaktion statt. Sie werden deshalb substantive oder Direktfarbstoffe genannt. Dabei handelt es sich nur um wenige Farbstoffe, die aus Wurzeln, Flechten und Früchten hergestellt werden. In den Vegetationsgebieten Mitteleuropas gibt es Rinden und Hölzer, die gelb und braun färben. So liefert die Eichenrinde einen dunkelbraunen Farbton, wobei der Gerbstoff der Rinde die Beständigkeit des Farbtons erzeugt. Walnüsse können ebenfalls zur Braunfärbung herangezogen werden. Eine große Gruppe von Färbepflanzen stellen die Flechten dar. Sie beinhalten farblose Säuren, die meist dadurch erschlossen werden, dass die Flechten zerrieben, in Wasser ausgekocht und zwei bis drei Wochen fermentiert werden. Diese Färbeflechten, wie Cudbear, Orseille und Persio, stammten von den Kanarischen Inseln, den Azoren und dem schottischen Hochland.

### Küpenfarbstoffe

Es gibt Farbstoffe, die nicht wasserlöslich sind und erst in einer alkalischen Lösung oder Lauge durch Reduktion in wasserlösliche Bestandteile aufgeschlossen werden. Der Sauerstoff entweicht. In dieser „Leukoverbindung" kann der Farbstoff auf der Textilfaser aufziehen. An der Luft erhält die Farbe durch Oxidation ihre Beständigkeit.

Der bekannteste und wichtigste Küpenfarbstoff ist der Indigo, der als „König der Farbstoffe" (CHRIST 1953) bezeichnet wird und als einziger in dieser Gruppe kalt gefärbt wird. Der wasserunlösliche blaue Indigo wird durch Reduktion in die wasserlösliche weiße Leukoverbindung überführt. In der Luft schlägt dann diese weiße Farbe durch Oxidation in die wasserunlösliche blaue Farbe um:

| Aufnahme von Elektronen | | Abgabe von Elektronen |
|---|---|---|
| REDUKTION | | OXIDATION |
| Farbstoff | Leukoverbindung | Farbstoff |
| (wasserunlöslich) | (wasserlöslich) | (wasserunlöslich) |
| Indigoblau | Indigoweiß | Indigoblau |

Es gibt etwa 50 verschiedene Pflanzen, die sich zur Gewinnung des Farbstoffes eignen. In Mitteleuropa wird im Mittelalter und der frühen Neuzeit besonders der Färberwaid (Isatis tinctoria) zur Herstellung dieser blauen Farbe verwendet. Ein anderer in der Geschichte der Farben wichtiger Stoff, der als farblos erst beim Sonnenlicht seine leuchtend rote Farbe entwickelt, ist der Purpur, die Farbe der Fürsten. Er wird aus den Drüsen der Purpurschnecke gewonnen.

## Beizenfarbstoffe

Durch Beizen wird eine dauerhafte, überwiegend wasch- und lichtechte Bindung zwischen den Fasermolekülen und dem Farbstoff erzeugt. Als Beizmittel werden Metallsalze verwendet, die im Boden, gelöst im Schlamm oder als lösliche Bestandteile in Pflanzen vorkommen. In den daraus hergestellten Salzlösungen werden die Fasern bzw. Textilstoffe gekocht oder die Beize wird direkt in das Farbbad gegeben.

Alaun (= Kaliumaluminiumsulfat) gilt als eines der ältesten Beizmittel, mit dem eine breite Palette wasch- und lichtechter Rot- und Gelbtöne erzeugt werden können. Bekannte Farbstoffe wie Krapp, Cochenille, Blauholz erhalten ihre Haftung an der Textilfaser erst durch das Beizen, indem die molekularen OH-Gruppen der Farbstoffe eine chemische Verbindung mit den Metallatomen der Beizmittel eingehen und mit den Eiweißverbindungen der Textilfaser reagieren, also eine dauerhafte Farbwirkung hervorbringen. Das Krapp-Rot stammt meist von der Strauchpflanze Rubia tinctoria. Cochenille wird aus roten Schildläusen gewonnen, die historisch den mexikanischen Feigenkaktus als Wirtspflanzen nutzten. 1 400 000 getrocknete Weibchen ergeben 1 kg roten Farbstoff (BÖHMER 1990, 61). Den wichtigsten Gelb-Farbstoff liefert der Färberwau (Reseda luteola), der je nach Beizmittel, etwa mit Alaun ein kräftiges Gelb, mit Chrom einen Goldton, mit Zinnsalz ein grelles Gelb und mit Eisen ein dunkles Oliv bis Braun erzeugt. Zahlreiche Färbehölzer, wie Blau- und Gelbholz, sind Beizenfarbstoffe.

Nach dem Zweiten Weltkrieg schafft die Pausa den Aufstieg zur Weltfirma, indem sie namhafte Künstler als Entwerfer gewinnen kann: HAP Grieshaber liefert ab 1948 Entwürfe, dann gestaltet das Unternehmen auch „Dekorationsstoffe nach Künstlerentwürfen" von Willi Baumeister, Verner Panton, Anneliese May und Elsbeth Kupferoth.

DESSIN „LEGENDE" (AUSSCHNITT), ENTWURF VON WILLI BAUMEISTER (STOFFSAMMLUNG PAUSA, IN: BERNER/FIFKA 206, 125).

Das Muster ist nicht gedruckt, sondern mit einer besonderen Steuerung gewoben worden.

Mit Spezialaufträgen macht sich die Pausa einen Namen, indem sie Bühnenvorhänge für die Salzburger Festspiele, das Cuvilliéstheater in München, das Große Haus der Staatsoper Stuttgart und das Kurhaus in Baden-Baden in herausragender künstlerischer und technischer Qualität gestaltet. Ab 1983 werden auch Modestoffe gedruckt.

Nach dem wirtschaftlichen Höhepunkt im Jahr 1991 geht es mit der Firma allerdings rapid abwärts, obwohl das Unternehmen immer wieder innovative Ideen hervorgebracht hat, u. a. „Foliendrucke" und „Laserdrucke". Im Jahr 2001 beantragt die Pausa mit damals noch 175 Beschäftigten die Insolvenz.

## Textildesign im 21. Jahrhundert

Gerade im 21. Jahrhundert gibt es zahlreiche Textilkünstler, die zunehmend die Leinenfaser als Ausgangsmaterial für ihre gestalterischen Ideen wieder entdecken.

Als Beispiel für diese hohe Kreativität soll hier exemplarisch die Kunst der Textildesignerin Eva Graml-Lösche aus Dießen am Ammersee dienen.

Während ihr Mann Wolfgang Lösche neben den typischen Granatapfel-Mustern der historischen Ausgrabungen auf dem Werkstattgelände moderne Keramik herstellt, gestaltet Eva Graml-Lösche auf ihrem Handwebstuhl in fragiler Textur Wandbehänge in zartem Licht- und Farbenspiel, luftig wie feine Spinnweben und voller Energie in ihrer Farbigkeit.

Eva Graml-Lösche um 2000 (Sammlung Ch. u. G. Schaumann).

Die Künstlerin gestaltet aus Leinengarn luftige Tapisserien in flächigem Hintergrund und darauf frei flottierenden Kettbahnen, auf die wiederum pointiert rechteckige bzw. quadratische Farbflächen gewoben sind.

## TEXTILPRODUKTION IM 21. JAHRHUNDERT

### Qualität und Individualität

Wie ist die Situation für Webereien in Deutschland heute im 21. Jahrhundert? Welche Herausfoderungen tun sich auf? Denn es gibt nur noch wenige Hersteller, die in Deutschland selbst produzieren.

German | English

Über 125 Jahre Erfahrung, Know-how und Leidenschaft für ein unvergleichliches Produkt.

Die Manufaktur Hohenberger steht für exklusive Cashmere-Schals sowie feinste Tuch-Variationen und Decken. Als kleines, mittelständisches und somit äußerst flexibles Unternehmen entwickeln wir seit 1884 hochwertigste Weberzeugnisse. Darüber hinaus sind wir gerne Ihr zuverlässiger Partner, wenn es um "private Labeling" geht.

Lernen Sie uns auf den folgenden Seiten ein bisschen besser kennen, verschaffen Sie sich einen kleinen Einblick in unseren traditionsreichen Familienbetrieb und seien Sie unser "virtueller" Gast – herzlich Willkommen bei der Weberei Hohenberger!

"Ein Schal ist nicht einfach nur ein Schal! Um etwas Unvergleichliches zu erschaffen, werfen wir viel Herzblut, modische Kreativität und über Jahrzehnte gereifte Erfahrung in die Waagschale.

Homepage der Firma Hohenberger 2022 (https://www.weberei-hohenberger.de/produkte/individuelle-produkte/).

Seit 1864 besteht beispielsweise die Weberei Hohenberger in nordbayerischen Hof. Heute produziert das Familienunternehmen mit 15 Mitarbeitern hochwertige Schals aus „Cashmere“ und „Lambswool“. Als „Manufaktur“ besteht ihre Nische darin, dem „Kunden als König“ Produkte nach individuellen Wünschen herstellen zu können.

## Handweberei am Beispiel der Handweberei Moser

In der „Neuen Welt“ des Bayerwaldes überlebte als letzter neben der kleinen Handweberei Holler lediglich der stattliche Handwerksbetrieb F. X. Moser in Wegscheid.

Der Gründer der Handweberei Franz Xaver Moser kam nach dem 2. Weltkrieg wieder zurück in seinen Heimatort Gollnerberg bei Breitenberg im Bayerischen Wald.

Er hatte keinen Beruf, aber er hatte weben gelernt. Auf dem Dachboden fand sich ein Webstuhl aus der Familie. So stellte er zwei Webstühle in einem alten „Ihaisel“ [= kleines Gebäude für den Alt-Bauern] auf und begann zu weben.

Franz Xaver Moser Senior am Webstuhl um 1956 (Archiv Moser).
An einem seiner historischen Webstühle arbeitet der Senior-Chef unermüdlich.

Betriebsgebäude der Handweberei Moser in der Zeit um 1956 (Archiv Moser).
Offensichtlich sind gerade betuchte Kunden mit ihrem Mercedes-Benz beim Einkauf.

Die Weber in Breitenberg waren darauf spezialisiert, Tischdecken herzustellen. So kam auch Franz Xaver Moser auf die Idee, nicht nur Trachtenmuster zu weben, sondern auch Tischdecken.

Tischdecken der Handweberei Moser 2021 (Foto: Fegert).

Da nach dem Krieg Trachtenstoffe in Mode kamen, bekam Franz Xaver Moser die Gelegenheit, solche Stoffe im Auftrag des Bezirks Niederbayern zu weben.

TRACHTENSTOFFE HANDWEBEREI MOSER VON 1956, AUSSCHNITT (ARCHIV MOSER).

Es handelt sich auf der Musterkarte um „Halbwollstoffe“, die gemustert bzw. leinenbindig waren. Interessant ist auch die Steigerung des Meterpreises von 8 DM auf 23,80 DM bzw. 26,50 DM.

Zu den Trachtenstoffen für Röcke hat dann Franz Xaver Moser die dazu passenden Schürzen- und Blusenstoffe entworfen und gewebt.

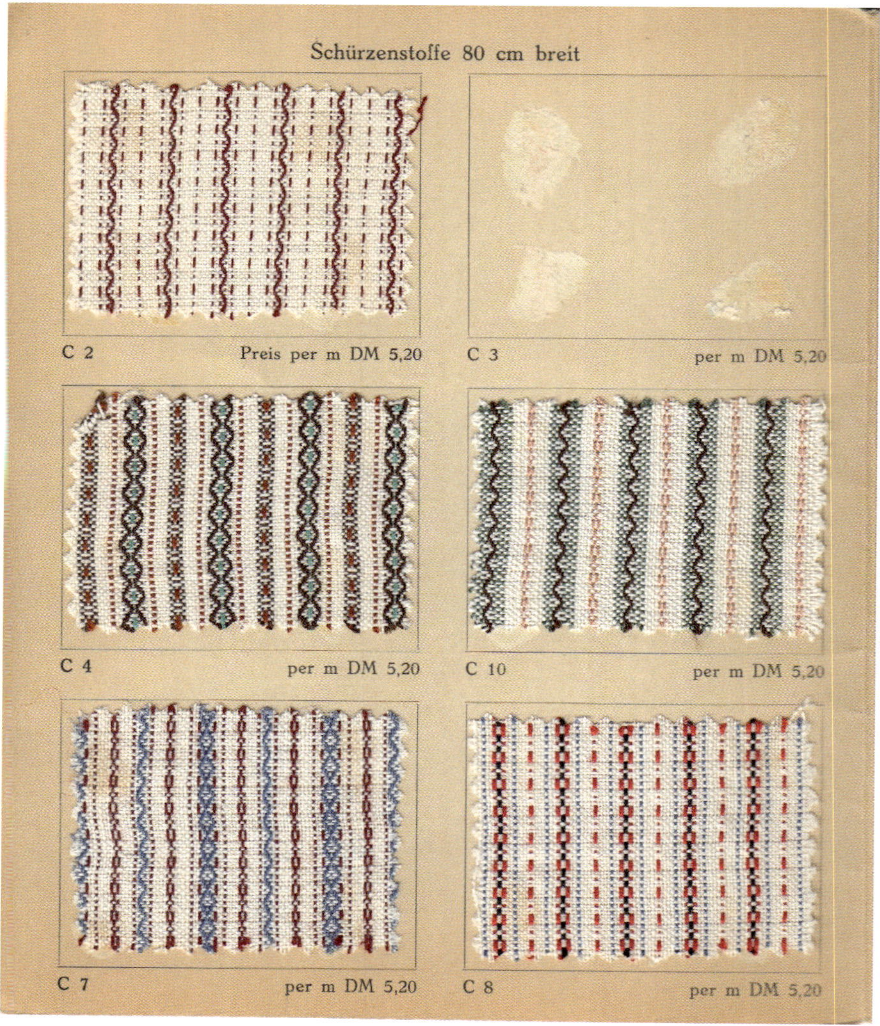


SCHÜRZENSTOFFE DER HANDWEBEREI MOSER VON 1956, AUSSCHNITT (ARCHIV MOSER). Es handelt sich auf der Musterkarte um mit Streifen gemusterten Leinenstoffe.

ROCK FÜR EIN MÄDCHEN AUS LEINENSTOFF DER HANDWEBEREI MOSER UM 1990 (ARCHIV FEGERT). Die Handweberei fertigt auch ausgesuchte Trachtenstoffe, wie hier mit dem Muster C 31.

„Mit den Trachten- und Schürzenstoffen [wie hier C 31] wurde unser Vater von der Regierung in Niederbayern beauftragt, Trachtenstoffe für die Vereine zu weben. Seitdem gibt es die gleichen Muster seit ca. 1955. Die Webereigenossenschaft bekam den Auftrag Leinentischdecken anzufertigen. Unser Vater[der unabhängig von der Genossenschaft als Selbstständiger gearbeitet hat] hat dann aber später die Produktpalette erweitert, was im Nachhinein wichtig für den Fortbestand war“ (Johannes MOSER).

FRANZ XAVER MOSER MIT KUNDINNEN IM VERKAUFSRAUM UM 1956 (ARCHIV MOSER).
Im Verkaufsregal lagern Tischdecken mit Preisschild und Meterware, ja selbst ballenweise und zum Versand bereits verpackt.

VERKAUFSGESPRÄCH IN DER HANDWEBEREI MOSER UM 1956 (ARCHIV MOSER).
Franz Xaver Moser im weißen Leinenhemd und seine Frau Thekla im weißen Leinenschurz. Es geht offensichtlich um den Zuschnitt einer Tischdecke, denn die Kundin hat ihrem Maßzettel in der Hand und der Maßstab liegt bereit.

Dem Senior-Meister war es in seiner Zeit wichtig, sozialversicherte Arbeitsplätze zu schaffen. Im Jahr 2023 arbeiten an vierzehn Webstühlen – der älteste ist 160 Jahre alt – abwechselnd fünf Weberinnen in dem Familienbetrieb und der Meister, Franz Xaver Moser junior. Sein Bruder Johannes ist für den Verkauf zuständig, dessen Frau Waltraud ist der gestalterische Kopf des Familienbetriebes. Sie entwirft immer wieder neue Muster und entscheidet über Farbharmonie und Garne. Die Handweberei Moser stellt Tischdecken und Läufer in vielen Mustern und Farben, duftige Gardinenstoffe, hochwertige Fleckerl- und Wollteppiche, Trachtenstoffe und Stoffe für die historischen Passauer Goldhauben her, und selbst Bezugsstoffe für Autositze. Dabei werden nur hochwertige Naturmaterialien verarbeitet, wie Reinleinen, Halbleinen, Baumwolle und Wolle.

Sets aus dem Muster Eva der Handweberei Moser 2022 (Archiv Moser).

„Kette: Leinenzwirn Nm 19,5/2 gebleicht oder beige (B-)Schuss: Leinengarn Nm 10,5/1 gebleicht oder indanthren gefärbt; Gewicht:260 gr/qm" (Technische Daten Handweberei Moser).

HANDWEBEREI MOSER
IM BAYERISCHEN WALD
(FILM VON MANUEL RIGEL).

VERKAUSRAUM IN DER HANDWEBEREI MOSER 2022 (ARCHIV MOSER).

Nach Farben geordnet zeigen die Mosers den Kunden die Vielfalt ihrer Muster.

Schwedenstern (Archiv Moser).
Das Muster ist in 20 verschiedenen Farben zu haben.

Der Schwedenstern, den Tini Schwarz aus Rabenstein angeregt hat, besteht aus

> „2800 Kettfäden aus reiner ägyptischer, weißer Baumwolle, in Deutschland gesponnen, verteilen sich auf eine Webbreite von 170 cm. Das Muster entsteht durch einen 8-schäftigen Einzug, bei dem 66 verschiedene Tritte notwendig sind, bis ein Stern gewebt ist. Im Schuss kommt ein gebleichtes bzw. indanthren gefärbtes Leinengarn aus Italien zum Einsatz“ (https://handweberei-moser.de/produkte/der-schoene-tisch/tischdecken/tischdecke-schwedenstern).

Passauer Goldhaube (Archiv Moser).
Die Kette ist aus Baumwolle, der Schuss aus Nickelgoldgespinst.

Die Goldbänder sind das Grundband für die Passauer- bzw. Linzer-Goldhaube. Die Bänder werden in Kursen auf einen Holzrahmen gespannt und dann mit Goldblättchen bestickt. Zahlreiche Goldhauben-Gruppen in Oberösterreich, Salzkammergut und dem Passauer Land tragen diese Hauben bei Umzügen oder besonderen Anlässen. Das Band wird aus Nickelgoldgespinst von Hand gewebt.

JOHANNES MOSER (ARCHIV MOSER).
Beide widmen sich der Kundenberatung, während der Bruder als Webermeister das Weben betreut. Johannes organisiert den Verkauf.

WALTRAUD MOSER (ARCHIV MOSER).
Waltraud ist der gestalterische Kopf des Familienbetriebs.

In einem Interview im Jahr 2022 erklärt Johannes Moser, dass 90 % der Webgarne, die sie heute verarbeiten, in China gesponnen und in der Nähe des oberitalienischen Bologna eingefärbt oder nach eigenen Vorgaben individuell gestaltet werden. Sie hätten auch Garne von einer italienischen Weberei bezogen, doch da habe die Qualität zu wünschen übriggelassen. Es gebe noch eine Firma in Frankreich, die selbst spinne und färbe. Beim Bezug von mehr als 100 kg Garn betrügen die Rohstoffkosten derzeit 20 € je kg. Werden geringere Garnmengen geordert, komme es zu einem Zuschlag bis zu 4,50 € je kg. Im Januar 2022 hätten sie 500 kg Leinen-Garn bezogen, wobei etwa 400 kg im Jahr verwoben würden. Als Schussfaden werde Garn mit der Garnstärke nm 10 (d. h. auf 1 kg laufen 10.000 Meter Garn) verarbeitet, während für den Kettfaden Zwirn mit der Stärke nm 20 eingesetzt werde. Beim Handweben gebe es eine Grenze, wie dünn der Faden sein dürfe, denn je dünner der Faden sei, etwa nm 26, desto weniger Gewebe-Länge werde erreicht, bei gleichem Zeiteinsatz, da doppelt so viele Schüsse notwendig seien. Also lohne sich der Einsatz dann nicht mehr.

Wollgarnlager der Handweberei Moser für Fleckerlteppiche (Foto: Fegert).

Johannes Moser betont, dass es ihnen immer darum gegangen sei, mit der Webereigenossenschaft zusammen zu arbeiten. Denn gemeinsam sei man stärker. Weiterhin meint er, „mir wäre es am liebsten, wenn in Wegscheid noch zehn andere Weber wären. Wenn alles, was in Deutschland webt, in Wegscheid wäre, wäre mir das am allerliebsten. Je mehr sich rührt, um so mehr ist los. Die Leute fahren her. Für uns alleine von München herzufahren oder von Regensburg, da muss ich sagen, ok, das verbinde ich mit was anderem. Wenn ich weiß, da sind noch drei, vier, fünf Webereien da, ist es einfach interessanter. Jeder macht das Seine, dem einen gefällt das eine, dem anderen das andere“ (Johannes Moser im Gespräch mit dem Autor, 30.07. 2022).

Auf die Frage, wie eine Zukunftsperspektive für die Webereien im Bayerischen Wald aussieht, erläutert Johannes Moser, dass eine Studentin vor 10 Jahren festgestellt habe, dass es „damals noch 10 Handwebereien in Deutschland gegeben hat, die davon noch leben konnten.“ Die Handweberei Moser sei nicht, wie der Autor fragt, „die größte, sondern die vielseitigste Handweberei in Deutschland, vielleicht in ganz Europa. Es gibt Teppich-Weber, die noch mehr Beschäftigte haben als wir.“ Es gebe neben Frau Holler und einem Herrn Lichtenauer in Breitenberg, der im Nebenerwerb Fleckerlteppiche bis 80 cm Breite webe, eben nur noch die Handweberei Moser in der Region. Die nächste Teppichweberei sei in Waldmünchen. Auch das Weberhandwerk ist von Nachwuchs-Sorgen betroffen. Laut Johannes Moser hatte ihre Werkstatt in den Siebziger-Achtziger Jahren viele Lehrlinge, auch aus Baden-Württemberg, so etwa aus Künzelsau und Stuttgart:

„Das war aber eher so eine alternative Welle. Die [Gesellin], die bei uns ist, das war die letzte [als Lehrling], und die ist auch bei uns beschäftigt.“ Es gebe ja viele Handweberinnen in Deutschland, die freizeitmäßig weben und sich auf Facebook austauschen. Dort finden sich auch „Webermeisterinnen und –gesellinnen, die die tollste Sachen machen, die weben mit feinen Fäden, da spielt die Zeit nicht unbedingt die Rolle, da spielt das Schöne, Wertvolle, von der Haptik, von der Feinheit her, die das künstlerisch betreiben.“ Wenn jemand tatsächlich mit dem Weben anfangen wolle, da würden wöchentlich alte Webstühle bei der Vereinigung „Weben plus“ angeboten. Betriebe würden immer wieder altersbedingt aufhören.

Ihre eigene Tochter, so sagt Johannes Moser, solle das machen, was sie selbst wolle. Sie „kanns Weben“, habe den Trachtenstoff in Leinen für ihr Hochzeitskleid selbst gewoben, doch sie ist glückliche Lehrerin geworden. Die Arbeitsteilung zwischen seinem Bruder als Webermeister und ihm und seiner Frau, die sich einbringe und daran Spaß habe, Farben zusammenzustellen, bedeute einen „riesen Vorteil“. Die meisten Handweber seien sowieso etwas introvertiert, zurückgezogen, nicht so kommunikativ, aber man müsse auch verkaufen können.

Bezogen auf die eigene Perspektive stellt Johannes Moser fest, dass er als Sechzigjähriger erfreulicherweise bei guter Gesundheit sicherlich noch zehn Jahre arbeiten werde. Es komme „eh anders als man denkt, und der Herrgott wird es schon in die Wege leiten.“ So bleibt doch die Hoffnung, dass sich womöglich noch „eine Webmeisterin findet. Man muss mal schauen. Es wäre schade, wenn wir zusperren müssten. Vielleicht findet sich jemand. Wir haben ja einen Namen.“ Johannes Moser räumt einem möglichen Nachfolger ein, die Angebotspalette zu verändern und eigene Ideen umzusetzen. „Das sind halt so die Gedanken, die wir so ein bisschen im Hinterkopf haben. Es kennen uns doch einige Leute und die erzählen dies weiter“ (Johannes MOSER, 30.07.2022).

## Problematik – Eine Welt

Die Journalistin Sarah Kramer berichtet am 23.06.2017 im Tagesspiegel:

„Arbeitsbedingungen in der Textilproduktion. Wer sich wehrt, wird entlassen.

Zehn bis zwölf Stunden pro Tag an der Nähmaschine, dazu immer wieder Schläge, verbale Attacken und sexuelle Belästigung durch Vorgesetzte sowie ein Lohn, der weder soziale Sicherheit noch Bildung für die Familie ermöglicht: Laut der Dienstleistungsgewerkschaft Verdi sind die Arbeitsbedingungen in der globalen Textilproduktion multinationaler Konzerne in Asien immer noch menschenverachtend. Gewerkschafter, die etwa die Verhältnisse bei Zulieferern in Indien, Bangladesch oder Sri Lanka anprangerten und in ihren Fabriken für fairere Bedingungen kämpften, seien besonders häufig Repressalien ausgesetzt und würden nicht selten entlassen, sagte Gewerkschafter Heiner Köhnen vom internationalen Bildungsnetzwerk Tie am Freitag. ‚Dabei stehen die Modeunternehmen in der Pflicht, auf ihre Lieferanten Druck auszuüben, damit sich die Arbeitsbedingungen endlich verbessern', forderte Verdi-Bundesvorstandsmitglied Stefanie Nutzenberger. […]

Kinderarbeit in Bangladesh 2014 (Reuters).

In engen Reihen sind hier überwiegend Mädchen damit beschäftigt, zu Billiglöhnen Bettbezüge zu nähen, die in den Export gehen.

> Die Einschätzung von Verdi beruht auf eigenen Beobachtungen und Augenzeugenberichte aus asiatischen Textilfabriken sowie auf einem Papier der National Garment Workers Federation, das in diesem Monat veröffentlicht wurde. In dem Dokument listet die Organisation auf, wie schlecht Zulieferfirmen von H&M, Primark, C&A, sowie Tschibo, Aldi, Lidl und Kik ihre Beschäftigten behandeln. Taslima Taslima arbeitete jahrelang als Näherin in einer Textil-Manufaktur in Gazipur (Bangladesch), um den Lebensunterhalt für sich und ihren Sohn zu verdienen. In dem Land bezahlt die Branche Arbeiterinnen wie Taslima durchschnittlich 9,50 Euro pro Monat; die junge Frau musste dafür wie ihre rund 1000 vornehmlich weiblichen Kollegen praktisch täglich zehn oder mehr Stunden arbeiten – so lange, bis das von internationalen Modefirmen bestellte Kontingent an Hosen, Hemden oder T-Shirts fertig genäht war. ‚Wir saßen häufig bis in die Nacht an der Nähmaschine', erinnert sich die 30-Jährige an ihren früheren Job. Wer das vorgegebene Pensum nicht erfüllt habe, sei mit Drohungen zum Weitermachen getrieben worden. ‚Nicht einmal auf Schwangere wurde Rücksicht genommen.'
>
> Gewerkschaftern wird oft gekündigt
> Mittlerweile ist die Näherin ebenso wie mehr als 100 ihrer Kolleginnen ihre Arbeit los. ‚Das Management hat uns gekündigt, als wir uns zusammengeschlossen haben, um bessere Bedingungen bei unserem Arbeitgeber einzufordern', sagt Taslima. Statt darauf einzugehen, habe das Unternehmen Leute angeheuert, um die organisierten Beschäftigten im Betrieb einzuschüchtern. Später seien fristlose Kündigungen gegen Aktivistinnen ausgesprochen worden, ohne die Arbeiterinnen für die geleistete Arbeit zu bezahlen. Für sie sei es nun praktisch unmöglich, eine neue Arbeit bei einer der großen Nähereien im Land zu finden, sagt Taslima: ‚Alle Gewerkschafterinnen stehen nebst Foto und Identifikationsnummer auf einer schwarzen Liste der Industrie.' Aufgeben will die 30-Jährige dennoch nicht. ‚Gewerkschaften sind essentiell, um bessere Arbeitsbedingungen in der Branche durchzusetzen', sagt sie"" (https://www.tagesspiegel.de/wirtschaft/arbeitsbedingungen-in-der-textilproduktion-wer-sich-wehrt-wird-entlassen/19974654.html).

2020 konnte man im Fernsehen die Sendung „Quarks" des WDR mit dem Titel „Der Kleiderwahnsinn und wie wir ihm entkommen können" sehen, bei der es um den Produktionsweg eines T-Shirts geht. Darin wird eine Grafik gezeigt, die verdeutlicht: Bei einem Verkaufspreis von 4,99 € sind 0,55 € für Material zu veranschlagen, 0,35 € für den Transport, 0,35 € erhält der Zwischenhändler und der Handel in Deutschland kann 3,65 € erzielen. So bleiben bei besagtem Verkaufspreis von 4,99 € als Lohn für die Textilarbeiter lediglich 0,10 €.

DER KLEIDERWAHNSINN UND WIE WIR IHM ENTKOMMEN KÖNNEN. (HIER IN: ARD ALPHA 10.7.2020)
Bei einem Verkaufspreis von 4,99 € bleiben dem Textilarbeiter lediglich 0,10 € als Lohn.

In der Sendung wird gezeigt, dass der Weg eines T-Shirts mit dem Anbau der Baumwolle in einem der größten Anbauländer Indien, China und USA beginnt. Die Baumwolle dieses Shirts stamme aus der Türkei, dem sechstgrößten Anbauland. Pestizidverseuchte Baumwollfelder seien an der Tagesordnung. Der Wasserverbrauch sei enorm hoch. Da benötige man für das 250 g leichte Shirt 2300 l Wasser. Wegen der Baumwollindustrie komme es zur Austrocknung großer Landflächen, wie etwa dem Aralsee. Dann werde die Baumwolle nach Südindien transportiert, um dort das Garn zu spinnen und daraus der Stoff zu weben.

Die Arbeit sei dort Sklavenarbeit von Kindern armer Familien, 14 Stunden lang für einen Hungerlohn. Die Reise gehe weiter nach China. Dort werde der Stoff gebleicht oder gefärbt. Eingesetzte Chemikalien würden oft ungeklärt in die Flüsse geleitet. Dazu seien bis zu diesem Produktionsschritt des T-Shirts 230 g Chemikalien verbraucht worden. Das Nähen finde in Bangladesch statt. Um die unmenschlichen Arbeitsbedingungen zu beleuchten, weist der Moderator des Fernsehbeitrags, Ralph Caspers, auf den Einsturz der Nähfabrik Rana Plaza hin, bei dem am 2013 1 100 Menschen ums Leben kamen. Auch in Europa gebe es Hersteller mit miserablen Sozialstandards, wie in Italien, Rumänien und anderen Billiglohnländern. Von Bangladesch gehe das T-Shirt nach Deutschland. Nach 20 000 km ende die Reise des T-Shirts in einem Klamotten-Laden zu einem Endpreis von 4,99 €.

Baumwollbäuerin in Uganda (In: Der Kleiderwahnsinn und wie wir ihm entkommen können. ARD Alpha 10.7.2020).
Sie berichtet vom Erfolg ihrer Zusammenarbeit mit der Stiftung „Cotton made in Africa".

Um die Situation der Arbeitnehmenden in Billiglohnländern menschenrechtlich zu verbessern, wurde in Deutschland zwischenzeitlich das „Lieferkettensorgfaltspflichtengesetz" (LkSG) verabschiedet. Nach einigen Anlaufschwierigkeiten wurde es 2021 erlassen und trat zum 1.1.2023 in Kraft. Dies ist ein wichtiger Schritt, um global Verantwortung zu übernehmen, wenn auch auch Menschenrechtsaktivisten und –aktivistinnen Nachbesserungen im Gesetz und eine konsequente Überprüfung der gesetzlichen Standards fordern.

Umso spannender sind Projekte wie „Cotton made in Africa" der „Aid by trade Foundation", das nachhaltige Teilhabe der Baumwolle produzierenden Kleinbauern und -bäuerinnen fördert. Um an dem CMIA-Projekt teilzunehmen, müssen Unternehmer faire Bezahlung, Gesundheitsschutz und Verbot von Kinderarbeit sowie Pflanzen- und Klimaschutzmaßnahmen nachweisen. Die Stiftung arbeitet mit ca. 900.000 Kleinbauern und-bäuerinnen (2022), deren Abnehmer z. B. Otto, Tchibo oder S. Oliver sind. Die Landwirte erhalten Zugang zu Schulung über neue Anbaumethoden. Dies führe zur Ertragssteigerung und Erhöhung der Lebensqualität, wie Elikan Shilinde berichtet: „Weil ich mehr verdiene, können meine Kinder und ich uns ausgewogener ernähren. Ich konnte Rinder kaufen, die mir die Arbeit auf den Feldern erleichtern. […] Wir sind inzwischen ein kleines Familienunternehmen geworden" (https://cottonmadeinafrica.org, 29.04.2023).

## Baumwolle

Baumwolle ist eine sehr alte Kulturpflanze, die sowohl in Amerika, Afrika und Asien als wichtige Textilfaser entdeckt worden ist. Es handelt sich um eine nahe Verwandte der Malvengewächse. Aus den Samenhaaren der Strauchpflanze werden die Fasern gewonnen. Die Samenkapseln der einjährigen Pflanze reifen in 55 Tagen. Die ältesten Belege für Baumwolle finden sich in Indien (ca. 6000. v. Chr.). Eine afrikanische Sorte hat sich wohl nach Nordafrika und dem Nahen Osten ausgebreitet. In Mittel- und Südamerika war die Baumwolle schon lange verbreitet, bevor sie von den Arabern in Spanien und Italien kultiviert wurde.

Um 1600 war Baumwolle allerdings in Europa noch ein Luxusgut, das in der Tuchherstellung dreimal so lange dauerte wie beim Leinen. Die Ostindienkompanie führte im 17. Jhdt. gegen den Widerstand der Wollhersteller Baumwollstoffe aus Indien nach England ein. Mit der Erfindung der „Spinning Jenny" 1764, mit der die kurze Faser der Baumwolle verarbeitet werden konnte, und der Ausweitung des Fernhandels setzte sich die Massenproduktion von Baumwollgewebe in Nord- und Mitteleuropa im späten 19. Jhdt. letztlich gegen das Leinen durch. Die USA erwirtschaften 1851 60 % ihres Exports mit Baumwolle. Im Jahr 2012 erzeugte China 26,4 % der Weltproduktion, Indien 20,5 % und die USA 13,9 %.

Baumwollblüte (Gossypium barbadense) (Aus: Köhler 1897).

Baumwollfeld USA (United States Department of Agriculture 2015).

## Nachhaltigkeit – Neues Handeln in Deutschland

Erfreulicherweise gibt es auch junge Unternehmer in Deutschland, denen die Nachhaltigkeit von entscheidender Bedeutung ist. So hat beispielsweise der Karlsruher Unternehmer Fabian Krüger begonnen, Freizeitkleidung für junge Leute unter dem Motto „Fair Fashion“ statt „Fast Fashion“ herzustellen.

### Nachhaltige Mode ist gefragt – wenn es nicht zu teuer wird

**Der Fokus liegt auf ökologischen Materialien und fairer Produktion / Die Zertifizierung ist für kleinere Betriebe oft kostspielig**

*Von unserem Redaktionsmitglied Lara Teschers*

**Karlsruhe.** Idealistisch ist Fabian Krüger die Gründung seines Labels „Get Lazy“ angegangen. Er verkauft bequeme Pullis und Jogginghosen. Ein wichtiger Aspekt ist dabei die nachhaltige Produktion. Die Kleidungsstücke lässt er in Karlsruhe beim Freundeskreis Asyl nähen, der Stoff dazu kommt von der schwäbischen Alb – hergestellt aus Bio-Baumwolle aus der Türkei.

Der Anteil an Bio-Bekleidung und -Schuhen wächst laut Gesellschaft für Konsumforschung stetig. Seit Ende 2018 googeln immer mehr Leute Begriffe wie „Nachhaltigkeit“, „nachhaltige Mode“ und „nachhaltige Kleidung“. „Nachhaltige Kleidung heißt, dass man auf die Auswirkungen auf die Umwelt und Menschen achtet“, erklärt Anna Deckert von der Jugendinitiative der Nachhaltigkeitsstrategie Baden-Württemberg. Am nachhaltigsten sei, nichts neu Hergestelltes zu kaufen. Bei neuer Kleidung könne man auf eine nachhaltige und ökologische Produktion mit möglichst wenigen Auswirkungen achten: Das schließe die gesamte Wertschöpfungskette ein, inklusive Transport und Verpackung.

Ein Pullover von „Get Lazy“ kostet 90 Euro. Im Einzelhandel kann Krüger die Produkte nicht anbieten, denn die Läden bräuchten eine höhere Gewinnmarge und müssten deswegen den Preis anheben. „Das bezahlt dann niemand mehr“, so Krüger. Billiger produzieren könne er nicht, wenn er die Nachhaltigkeit beibehalten wolle. So bleibt es beim Online-Shop und dem kleinen Lager im Perfekt Futur auf dem Karlsruher Schlachthof-Gelände.

Nachhaltige Mode geht mit fairer Mode einher. So wird neben den Materialien auch auf die Arbeitsbedingungen beim Anbau, der Stoffproduktion und in der Näherei geachtet. „Eine ökologische und faire Produktion macht die Nachhaltigkeit aus und erzeugt soziale Mehrwerte“, sagt Deckert. In der Branche nennt man das Fair Fashion („gerechte Mode“). Sie steht der Fast Fashion („schnelle Mode“) gegenüber: Billig und in Massen produzierte Kleidung schlechterer Qualität, die schnell vom nächsten Trend überholt wird. Laut Landesumweltministerium legt so ein Fast-Fashion-T-Shirt, dessen Baumwolle aus den USA kommt, dessen Stoff in China produziert und in Bangladesch genäht wird, rund 30 000 Kilometer zurück, verursacht rund sechs Kilogramm $CO_2$ und genauso viele Chemikalien.

„Get Lazy“ ist für Fabian Krüger und seinen Geschäftspartner nur ein Nebenverdienst. Denn der anfängliche Idealismus wurde von den Kunden gedämpft. Im Laufe der Zeit machte er die Erfahrung, dass es den Kunden egal war, wie die Kleidung produziert wird: Hauptsache, irgendwo stünde das Wort „nachhaltig“. Das merkte er, als er seine Produkte auf einer Verkaufsplattform für nachhaltige Kleidung einstellte: „Sobald eine andere Marke ähnliche Produkte billiger angeboten hat, sank bei uns der Umsatz.“ Ein Problem sei, dass es zwar viele grüne Siegel gebe, für Konsumenten aber schwer nachzuvollziehen sei, was dahinter stecke.

Die Siegel sind mal mehr, mal weniger nachhaltig und fair. Anna Deckert von der Jugendinitiative der Nachhaltigkeitsstrategie nennt zwei, die die gesamte Wertschöpfungskette betrachten: Das Siegel der Fair Wear Foundation, bei dem es vor allem um die Arbeitsbedingungen geht, und den Global Organic Textile Standard (bekannt als GOTS), bei dem der Fokus auf der Umwelt liegt. „Das GOTS-Siegel ist das einzige, das Sinn ergibt“, findet auch Krüger. Deckert gibt zu bedenken, dass kleine Labels sich die kostspielige Zertifizierung nicht immer leisten könnten. Das ist auch bei „Get Lazy“ der Fall. Deswegen helfe es, nachzufragen, so Deckert.

Einen anderen Aspekt nachhaltigen Kleidungskonsums unterstützt das Karlsruher Start-up Klyda (ausgesprochen „Kleider“). Auf dessen Internetseite können Nutzerinnen ihre Abendkleider verleihen und Kleider anderer ausleihen. Gründerin Daria Morosow erklärt: „Viele meiner Freundinnen haben sich beschwert, dass sie für jeden Anlass ein neues Kleid kaufen müssen, weil sie nicht zweimal das gleiche tragen wollen. Das kostet Zeit und Geld und ist nicht nachhaltig – vor allem, wenn man die Kleider nur einmal trägt.“ Durch das Teilen der Kleider werde der Konsum nachhaltiger.

***Nachhaltiges Entspannen:*** *Anziehsachen für Zuhause verkauft Fabian Krüger mit seinem Label „Get Lazy“. Bei den Materialien und der Produktion achtet er auf Fairness und Nachhaltigkeit.* *Foto: Lara Teschers*

NACHHALTIGE TEXTIL-PRODUKTION DES LABELS „GET LAZY“ (BADISCHE NEUESTE NACHRICHTEN, 1.10.2020)

Mit ökologischen Materialien, fairer handwerklicher Herstellung und nachhaltigem Design will der junge Unternehmer Fabian Krüger zum Bewusstseinswandel beitragen.

Fabian Krüger hat sich zum Ziel gesetzt, das sich immer schneller drehende Karussell der Modedesigner, das die Kunden verleitet, sogar Luxusmode schnell wegzuwerfen, hinter sich zu lassen:

> „ […] Das Leben nach dem Kleiderschrank
> Bei Fast Fashion wird nicht auf die Umstände geachtet. Wenn Kleidungsstücke öfter getragen werden, gehen sie aufgrund der schlechten Qualität sehr schnell kaputt. Anstatt die Löcher zu reparieren oder zum Schneider zu gehen, wird das Kleidungsstück aus dem Kleiderschrank verbannt. Wenn Kleidungsstücke aussortiert werden, landen sie in der Tonne, oder sie werden an Second-Hand-Läden weitergegeben oder in die

Altkleidersammlung gegeben mit der Hoffnung, dass die aussortierten Sachen an Bedürftige gehen. Bei manchen großen Modeeinzelhändlern hat man sogar die Möglichkeit die eigene alte Kleidung dort abzugeben und dann im Gegenzug einen Gutschein [erhalten], den man in diesem Geschäft benutzen kann, was für den Kunden als eine gute Alternative erscheinen kann.

Die Realität sieht jedoch anders aus. Durch die Qualitätsverluste des Fast Fashion ist manchmal die Kleidung am Ende so beschädigt, dass sie nicht im Second-Hand-Laden verkauft werden oder in der Altkleidersammlung gebraucht werden kann. Dann passiert Folgendes: Falls die Kleidung zum Recycling freigegeben wird, ist es sehr schwer alle Fasern in neue Stoffe zu verwandeln, da heutzutage diese aus verschiedenen Materialien gemischt werden und die Technologie noch nicht vorhanden ist um die Fasern nach Materialien zu trennen. Die Stücke, die eine Mischung aus Materialien sind, werden zu Putzlappen oder ähnliches gemacht, die schließlich auch im Müll irgendwann landen werden. Kleidung, die in der Altkleidersammlung landet, wird häufig an Unternehmen weitergegeben, die die Kleidung hauptsächlich nach Afrika und Lateinamerika bringen, um diese dort an Straßenverkäufer zu verkaufen. Auch dort ist das Problem groß, dass diese Kleidung häufig nicht nutzbar ist und dann weggeworfen und schließlich verbrannt wird. Was passiert aber mit der Kleidung, die die großen Modeeinzelhändler nicht verkaufen? Der gute Mensch glaubt, dass diese entweder dafür genutzt werden, um neue Kleidung herzustellen, recycelt oder an Bedürftige weitergegeben werden. Falsch! Denn es ist für die Unternehmen um einiges billiger die Kleidung zu verbrennen als es zu recyceln.

Was kann man nun als Einzelperson vermeiden, damit die Kleidung nicht sofort wieder in der Tonne landet?
Einmal sollte man, bevor man Kleidung einkaufen geht, einen genauen Blick in seinen eigenen Kleiderschrank werfen. Oftmals entdeckt man dabei Kleidungsstücke, die in Vergessenheit geraten sind. Beim Einkaufen sollte man sich bewusst machen, ob man das Kleidungsstück wirklich braucht, das man gerade im Geschäft in den Händen hält. Außerdem sollte man auf Fair Fashion achten, denn da kann man sich sicher sein, dass die Umstände für die Näher*innen fair sind. Obwohl die Preise bei Fair Fashion höher sind, muss man sich bewusst sein, dass bei Fair Fashion alles menschengerecht abläuft. Eine weitere Möglichkeit ist eine Tauschparty zu veranstalten, bei der man seine Kleidung mit anderen tauscht. Schließlich kann man seine Kleidung auch upcyclen. Hierbei nimmt man sein altes Kleidungsstück und kann es zu einem neuen Teil machen. Mit dem Upcyclen kann man verschiedene Teile kombinieren und daraus eins machen, wie wir das mit unseren Inlays des individuellen Get Lazy Hoodie tun. […]" (KRÜGER 2022).

**Get Lazy Hoodie „Classic" Men**

89,95 €

inkl. MwSt.

zzgl. **Versandkosten**

**Get Lazy Hoodie „Classic"Women**

89,95 €

inkl. MwSt.

zzgl. **Versandkosten**

Get Lazy Hoodie Kollektion (https://get-lazy.com/shop).

Dabei setzt sich das Unternehmen für faire Arbeitsbedingunen sowohl im Ausland als auch im Inland ein. Neben ewiner nachhaltigen Produktion geht es beim Label „Get lazy" auch darum, das Handwerk zu stärken:

> Handwerk stärken
> Das Schneiderhandwerk ist in Deutschland nahezu ausgestorben. Mit jedem Kleidungsstück von Get Lazy unterstützt du seine Wiederbelebung. Wir lassen alle Hoodies, Hosen und Sweater von Hand in Deutschland nähen. Damit erreichen wir nicht

nur eine herausragende Qualität unserer Produkte – auch das Handwerk der Schneider erfährt so seine verdiente Würdigung.

Biobaumwolle
Biolebensmittel sind in aller Munde. Genauso sollte deine zweite Haut frei von chemischen Pestiziden und Toxinen sein. Unsere Biobaumwolle kannst du ohne vorheriges Waschen auf der Haut tragen und dir sicher sein, dass du dich geborgen fühlst. Egal ob der elegante Hoodie oder die Get Lazy Pants, hochwertiges Handwerk beginnt für uns beim Material, zertifizierter Biobaumwolle.

Made in Germany
Deutschland war vor 50 Jahren bekannt für seine ökologischen und hochwertigen Textilien. Genauso soll unsere Get Lazy Kleidung es heute sein. Der Stoff aus Albstadt rundet die lokale Produktion ab. Jeden unserer Partnerbetriebe haben wir bewusst und sorgfältig ausgewählt. Weil wir uns sicher sind, dass hochwertige Kleidung, wie der elegante Hoodie, nie aus der Mode gekommen ist.

Nachhaltigkeit
Kurze Produktionswege und ein möglichst geringer CO2-Ausstoß sind für uns die Basis von unserem nachhaltigen Handeln. Wir wollen heute ein Zeichen für morgen setzen. Der elegante Hoodie sorgt mit seiner durchdachten Form und Funktion für Freude bei dir und unserer Umwelt" (https://get-lazy.com/ueber-uns).

Im Gesprächsaustausch mit dem Autor erklärt Fabian Krüger, inwieweit das Upcyclen für das Unternehmen mittlerweile zum Lebenskonzept geworden ist:

„Meine Perspektive: Kleidung wirkt. Nach innen und nach außen.

Get Lazy ist ein Produkt, mit dem wir Menschen im Höher-Schneller-Weiter einen Rückzugsort zum Anziehen schaffen.

Man könnte sagen ‚Mit Get Lazy kann ich mit gutem Gefühl faul sein'. Dies spielt auf die Qualität, Herkunft und die Materialien an, aber auch für den Nutzer, das ‚Richtige' zu tun. Nachhaltige Produkte konsumieren, alte Produkte upcyclen und sich um das eigene Wohlbefinden zu kümmern.

Unsere Erkenntnis der letzten Jahre ist, dass den Kunden die Wichtigkeit des Abschaltens unklar ist. Um die Wichtigkeit zu verstehen und einen Weg aus dem Hamsterrad zu erhalten, erfordert dies ein gewisses Maß an Sensibilität und Wissen beim Kunden.

An dieser Stelle haben wir verstanden, dass Get Lazy nur die Symptome des „Höher-Schneller-Weiter" bekämpft. Daher haben wir vor 4 Jahren Relaxaholic (www.relaxaholic.de) gegründet. Weil ca. 80 % der Deutschen die Arbeit als den größten Stressor ansehen, arbeiten wir bei Relaxaholic mit Unternehmen zusammen, um die mentale Gesundheit und die Selbstfürsorge am Arbeitsplatz zu fördern.

So können wir das Verhalten der Mitarbeitenden und die Rahmenbedingungen der Arbeit für eine menschenzentrierte Arbeitswelt beeinflussen."

KAPUZENINLAY MIT UPCYCLETEN STOFFEN DES JEWEILIGEN KUNDEN (FILM VON GET LAZY).

Die bewusst faire Herstellung mit Stoff aus Albstadt in Baden-Württemberg, bei der in Zusammenarbeit mit dem „Freundeskreis Asyl", einer Schneidermeisterin in Passau und Flüchtlingen elegante und hochwertige „Hoodies" hergestellt werden, hat auch ihren Preis. Ein Pullover kostet 90 Euro und liegt damit 10 % über dem durchschnittlichen Preisniveau der Konkurrenten. Ein höherer Preis werde allerdings von den Kunden nicht akzeptiert. Um diese Preise halten zu können und Kosten minimieren, setzt der Unternehmer auf ausschließlichen Online-Verkauf, (https://get-lazy.com/ueber-uns).

## Pflanzen als Bausstoff

JINGKIENG DIENG JRI LIVING ROOT BRIDGES OF THE KHASIS, INDIA (WATSON, Julia (2020): LO–TEK. DESIGN BY RADICAL INDIGENISM, 47/48).

Der Volksstamm der Khasis in Nord-Indien baut lebende Brücken und Leitern aus dem Gummibaum *Ficus elastica* im Monsunregenwald.

„Die lebenden Wurzelbrücken und Wurzelleitern der Khasis sind Beispiele für Infrastrukturen, die reaktionsfähig, produktiv, anpassungsfähig und widerstandsfähig sind. Durch die Verwendung von lebenden Bäumen als Baumaterial kann diese Infrastruktur mit der Zeit an Stärke und Größe zunehmen, die natürlichen Zyklen nur minimal stören und die Artenvielfalt insgesamt erhöhen, während sie gleichzeitig auf Umweltbelastungen wie Zersetzung und Überschwemmungen reagiert. Diese Bäume brauchen fünfzig Jahre, um zu wachsen, und leben danach noch Hunderte von Jahren.

Treppenleiter aus Gummibaum-Geflecht (Watson 2020, 54)

Im Laufe ihres Wachstums reagieren sie auf die natürlichen Kräfte der turbulenten Monsunflüsse, indem sie stärker werden, indem sie höher wachsen und tiefer wurzeln, wodurch sie ihre Tragfähigkeit außerordentlich effizient steigern. Indem sie mit der angeborenen Intelligenz der Natur arbeiten, hat diese einheimische Innovation hochentwickelte und widerstandsfähige wasserbasierte Infrastrukturen hervorgebracht. In Städten, in denen Überschwemmungen und der Anstieg des Meeresspiegels unvermeidlich sind und die Infrastrukturen ständig versagen, was die Bevölkerung anfällig macht, bieten diese Beispiele für die Symbiose von Mensch und Natur neue Wege für Designer und Ingenieure" (Watson, Julia 2020, 63, Übersetzung Fegert).

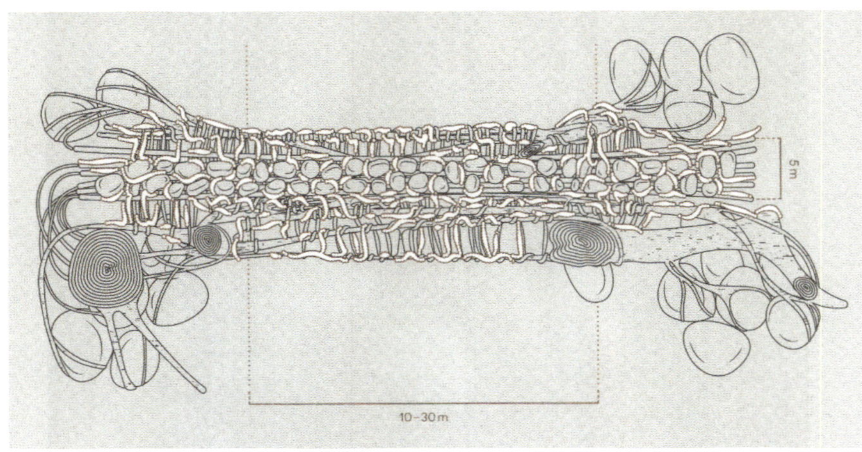


Wurzelbepflanzung (Watson 2020, 57)
Ein Netzwerksystem aus Brücken und Leitern dient als Basis einer integrierten Infrastruktur.

Auf dem Schulweg (Watson 2020, 61)
Kinder auf ihrem täglichen Schulweg überqueren die Mawlynnong-Wurzelbrücke, die sogar mit Steinen „gepflastert“ ist.

Die Autorin Julia Watson ist Leiterin des nach ihr benannten Designstudios, das sich an der Schnittstelle von Anthropologie, Ökologie und Innovation bewegt. Watson betreibt ein Studio für Landschafts- und Städtebau, das auf Renaturierung und globale Nachhaltigkeitsziele spezialisiert ist. Sie unterrichtet Städteplanung in Harvard und an der Columbia University. In ihrem Buch, das auf der „Lo–TEK Design-Bewegung“ fußt, wird traditionelles, ökologisches Wissen wiederbelebt, Einstellungen von Menschen unterschiedlicher Kulturen weltweit dokumentiert und in komplexe Ökosystemen implementiert, um Nachhaltigkeit zu fördern. Watson zeigt, dass indigene Praktiken keineswegs primitiv sind, sondern nachhaltige Innovationsimpulse hervorrufen. Ihr Anliegen ist es, die indigene Philosophie zu verstehen und naturnahe Technologien zu entwickeln, um die Symbiose von Mensch und Natur zu fördern.

## Neue Wege – Pavillon aus Flachs

Seit einiger Zeit gibt es auch Bestrebungen, die Baubranche nachhaltiger zu gestalten. Forscherteams verschiedener Disziplinen sind daher auf der Suche nach neuen Technologien und Materialien. So ließen sich Forscher aus Freiburg und Stuttgart von einem Kaktur inspirieren:

> „Es ist verblüffend, wie leicht und doch stabil der vertrocknete Überrest des Saguaro-Kaktus ist. Kein Wunder, dass Thomas Speck darin ein Vorbild für etwas Größeres sah. Das Größere ist nun ein Pavillon aus gewickelten Flachsfasern geworden, der im Botanischen Garten der Universität Freiburg steht. Hier lehrt und forscht Professor Speck zur Botanik – mit dem Schwerpunkt funktionelle Morphologie und Bionik. Vereinfacht gesagt: Er schaut, was man sich bei Pflanzen abgucken kann.
>
> Im Fall des Saguaro-Kaktus war es die netzartige Struktur, die dem Körper eine besondere Stabilität verleiht. Der ‚LivMatS'-Pavillon besteht aus drei Elementen aus gewellten Stützen. Die Flachsfasern sind mit Harz und Sisal versetzt zur besseren Stabilität. Die daraus entstandenen Stränge ergeben verflochten eine Struktur, die viele Löcher lässt und eher nach futuristischer Kunst als nach Funktion aussieht. ‚Das ist alles form follows function', sagt Speck aber. Die Form ergibt sich also aus dem Nutzen. Keine überflüssige Schnörkelei.

PAVILLON ÜBERWIEGEND AUS FLACHSFASERN IM BOTANISCHEN GARTEN DER UNIVERSITÄT VON FREIBURG IM BREISGAU (ICD/ITKE/INTCDC UNIVERSITY OF STUTTGART).

> Das Bogentragewerk sei in dreimal 15 Komponenten unterteilt, deren Maße für Herstellung, Transport und Montage noch gut handhabbar seien, erklärt Ingenieur Jan Knippers vom Institut für Tragkonstruktionen und Konstruktives Entwerfen an der Uni Stuttgart. […]

[Flachs] lasse sich einmal, manchmal sogar zweimal im Jahr ernten. Zudem wachse es von Finnland bis Afrika in Gebieten, auf denen keine Nahrungsmittel angebaut werden könnten. ‚Es gibt also keine Konkurrenz‘, sagt Speck. Eine uralte Nutzpflanze werde nun mit Hightech verarbeitet.

ELEMENT BEI DER FERTIGUNG MITTELS ROBOTER (ICD/ITKE/INTCDC UNIVERSITY OF STUTTGART).

Am Computer entworfen kümmern sich Roboter um das Wickeln der Fasern. Die Produktion eines Teiles des Pavillons habe etwa einen Tag gedauert, erläutert Knippers. […] Auf fünf Jahre ist das Projekt angelegt. ‚Der hält locker 20 durch‘, ist Speck sicher.

Auch Knippers sagt, UV-Beständigkeit, Witterungsbeständigkeit und Brandbeständigkeit seien eher die Herausforderung als die Tragfähigkeit der Konstruktion.Eine Installation für die Biennale in Venedig sei für eine Last von 400 Kilogramm pro Quadratmeter ausgelegt und zeige kaum Verformungen oder Schwingungen, auch bei intensiver Nutzung. ‚Die Statik ist also eigentlich kein Problem‘, so Knippers. Als Trägerwerk könnte das Material nach Specks Einschätzung bis zu sechs Stockwerke halten. Auch müsse daran geforscht werden, den Bau noch umweltbewusster zu machen. Erstellt wurde der Pavillon nämlich mit Kunstharz, wie Speck einräumt. ‚Hier arbeiten wir an Ersatz aus biobasierten Harzen.‘

Eine Installation für die Biennale in Venedig sei für eine Last von 400 Kilogramm pro Quadratmeter ausgelegt und zeige kaum Verformungen oder Schwingungen, auch bei intensiver Nutzung. ‚Die Statik ist also eigentlich kein Problem‘, so Knippers. Als Trägerwerk könnte das Material nach Specks Einschätzung bis zu sechs Stockwerke halten. Auch müsse daran geforscht werden, den Bau noch umweltbewusster zu machen. Erstellt wurde der Pavillon nämlich mit Kunstharz, wie Speck einräumt. ‚Hier arbeiten wir an Ersatz aus biobasierten Harzen.‘“ (BADISCHE ZEITUNG: Forscher aus Freiburg und Stuttgart entwickeln Pavillon aus Flachs. 30. November 2021, weiterführende Literatur findet sich in: BAUPRAXIS, Pavillon aus Flachsfasern: Von Robotern gewoben und gebaut. 20.07.2021. In https://www.baublatt.ch/baupraxis/pavillon-aus-flachsfasern-von-robotern-gewoben-und-gebaut-31374.
Video: https://www.youtube.com/watch?v=jfll4ucV3RY).

## DEN SACK ZUMACHEN

Der Ausgangspunkt für mein Buch war der Leinensack meines Urgroßvaters. Nun gilt es für das vorliegende Buch den Sack zuzumachen.

### „Den Faden verlieren"

Man kann den Faden schon mal verlieren, doch aber nicht beim Weben, denn dann wird es langwierig und nervenaufreibend. Es gilt den Faden über Kulturkreise der Erde hinweg zu knüpfen, Weben als eine Völker verbindende Handwerkskunst mit einer Vielzahl unterschiedlicher Webstuhl-Varianten, vom horizontalen Zehenwebstuhl bis zum modernen Webautomaten. Vom Leinenhandtuch „Yaglik" aus der Türkei bis zu den Künstler-Entwürfen der Bauhaus-Designerinnen.

### „Das Handtuch werfen"

Das Leben der Weberinnen und Weber ist bis heute eine mühsame Arbeit. Zahlreiche Fäden müssen eingezogen werden, tausendmal wird das Weberschiffchen hinüber und herüber geschossen. Der Konkurrenzdruck und die Mechanisierung haben viele Weberinnen und Weber dazu gebracht, das Handtuch zu werfen. Diese Tragik haben auch Künstler thematisiert: Goethe mit „Faust" und dem Gretchen, Hauptmann mit den „Webern" und die Bayerwaldlerin Emerenz Meier mit dem „Brechlbrei".

### „Unter einer Decke stecken"

Der Klimawandel macht bewusst, dass Flachs bei geringerem Wasserbedarf nachhaltiger ist als Baumwolle. Flachs ist die „Faser der Zukunft, weil sie in unseren Regionen anbaubar ist. Transportwege entfallen. In der Autoindustrie, in der Flugzeugindustrie. Sie finden heute überall Flachs", so die Professorin für Textiles Gestalten und Kulturgeschichte Bärbel Schmidt.
Neue Impulse über Jahrzehnte hinweg haben das Weben erhalten und verändert: die „Spinning Jenny", das Genossenschaftswesen, der Schwedenstern der Mosers, Fair-Trade-Projekte mit Afrika und der Flachspavillon in Deutschland.

Wer weiß, was noch alles unter der Leinen-Decke steckt – an Innovationen und neuen Erkenntnissen aus dieser jahrhundertelangen Tradition. Also gilt es den Leinensack nicht allzu fest zuzumachen, denn das Handwerk von Flachs und Leinen hat noch eine vielfältige Zukunft vor sich!

POSTKARTE „DEN SACK ZUMACHEN“, MEHLSÄCKE AUS HANDGEWEBTEM BAUERNLEINEN, 1883 BZW. 1. HÄLFTE 20 JH. (TEXTILES ZENTRUM HASLACH/OÖ.).

# LITERATUR

## PRIMÄRLITERATUR

GRIMM, Jacob und Wilhelm (1812, 1815): Kinder- und Hausmärchen. 2 Bände. Berlin.

HAUPTMANN, Gerhart (1970): De Waber. In: MÜNCHOW, Ursula (Hrsg) (1970): Naturalismus1892–1899. (Ost-)Berlin und Weimar. (= erste Fassung des Dramas in der ursprünglichen schlesischen Mundartfassung).

KEMAL, Yaşer (1985): Das Lied der tausend Stiere. Frankfurt (Deutsche Ausgabe des türkischen Titels (1971): Bin Bogalar Efsanesi. Istanbul).

KERNER, Justinus (1886): Das Bilderbuch aus meiner Knabenzeit. Erinnerungen aus den Jahren 1786–1804. Stuttgart.

MEIER, Emerenz (1897): Aus dem bayrischen Wald. Erzählungen. Herausgegeben von Karl SCHRATTENTHAL. Königsberg i. Pr. (Reprographischer Nachdruck Charleston, SC. USA 2013).

ORGA, Irfan (1960): Die Karawane zieht weiter. München.

SOLTANI, Manzar (2005): Tent talk with a nomad. In: VINCENZ, Susanne (Hrsg.): Letters from Tentland. Zelte im Blick: Helena Waldmanns Performance in Iran.

GOETHE, Johann Wolfgang (1829 ): Wilhelm Meisters Wanderjahre. Leipzig 1952.

## SEKUNDÄRLITERATUR

ASMUS, Gesine (Hrsg.) (1982): Hinterhof, Keller und Mansarde. Einblicke in Berliner Wohnungselend 1901–1920. Reinbeck bei Hamburg.

BADISCHE ZEITUNG: Forscher aus Freiburg und Stuttgart entwickeln Pavillon aus Flachs. 30. November 2021.

BALPINAR ACER, Belkis (1983): Kilim – Cicim – Zili – Sumak. Türkische Flachgewebe. Istanbul.

BAUPRAXIS: Pavillon aus Flachsfasern: Von Robotern gewoben und gebaut. 20.07.2021. In https://www.baublatt.ch/baupraxis/pavillon-aus-flachsfasern-von-robotern-gewoben-und-gebaut-31374 (06.06.2022).

BEER, Jasmin (2013): Flachsbrechen. Vom Leinsamen zum Tuch. (Schriften des Freilichtmuseums Finsterau). Landshut.

BEHRINGER, Wolfgang ([4]2016): Tambora und das Jahr ohne Sommer. Wie ein Vulkan die Welt in die Krise stürzte. München.

BERGER, Joel (2013): Die Jüdischkeit in der Textilindustrie. In: SCHERER, Irene/SCHRÖTER, Welf/FERTL, Klaus (Hrsg.) (2013): Artur und Felix Löwenstein. Würdigung der Gründer der Textilfirma Pausa und geschichtliche Zusammenhänge. Mössingen-Talheim.

BERNER, Hermann/FIFKA, Werner (Hrsg.) (2006): Das Bauhaus kam nach Mössingen. Geschichte, Architektur und Design der einstigen Textilfirma Pausa. Mössingen-Tailheim.

BIRKNER, Siegfried (1973): Das Leben und Sterben der Kindsmörderin Susanna Margaretha Brandt. Nach den Prozeßakten dargestellt. Frankfurt.

BLAU, Josef (1918): Böhmerwälder Hausindustrie und Volkskunst. II. Teil Frauen-Hauswerk und Volkskunst. Prag. (Reprint 1993).

BLICKLE, Karl-Hermann/HÖGERLE, Heinz (Hrsg.) (2013): Juden in der Textilindustrie. Dokumentation der Tagung des Gedenkstättenverbundes Gäu-Neckar-Alb am 10. Oktober 2010. Horb-Rexingen.

BOHNSACK, Almut (1981): Spinnen und Weben. Entwicklung von Technik und Arbeit im Textilgewerbe. München.

BRANDLMEIER, Thomas (2002): Die Spinning Jenny von James Hargreaves. In: DEUTSCHES MUSEUM (Hrsg.): Meisterwerke aus dem Deutschen Museum. Band IV. München 2002, S. 16–19.

BUCHWALD, Dagmar (2013): Julie Wallach. In: www.unglaublich-weiblich.de/pdf/1890_julie_wallach_geb_zunsheim.pdf (02.04.2015).

DEUTSCHES MUSEUM (2022): Spinnmaschine „Spinning Jenny“. In: https://digital.deutsches-museum.de/de/digital-catalogue/collection-object/25202/#.

DIEFENBACH, Margarethe ([2]1984): Hessischer Trachtenalltag. Tracht im Spiegel ländlicher Lebensweisen 1925–1935. (Hrsg: Wolfgang SCHELLMANN, Siegfried BECKER, Gaby MENTGES und Ingeborg WEBER-KELLERMANN). Frankfurt.

DREY, Astrid/WARTH, Margarethe (1994): Textiles Kunsthandwerk bei den Yörük. In: KUNZE, Albert (Hrsg.) (1994): Yörük. Nomadenleben in der Türkei. Hechingen.

DÜWEL-HÖSSELBARTH, Waltraud ([2]2015): Ernteglück und Hungersnot. Klimageschichte in Baden-Württemberg. Darmstadt.

ENDRES, Franz Carl (1916 a): Die Türkei. Bilder und Skizzen von Land und Volk. München.

ENDRES, Franz Carl (1916 b): Die Türkei. Mit 215 Abbildungen. Zusammengestellt und eingeleitet von Franz Carl Endres. München.

FASTNER, Herbert ([2]1980): Bauernmöbel des Bayerischen Waldes. Grafenau.

FEGERT, Friedemann (1992): Der „Diklantoni“-Hof in Zwölfhäuser – eine junge Waldhufen-Gründung am "Goldenen Steig". Ein mikroanalytischer Beitrag zur Siedlungs- und Agrargeographie des Passauer Abteilandes. In: Ostbairische Grenzmarken. Passauer Jahrbuch XXXIV/1992.

FEGERT, Friedemann ([2]2014): „Ihr ghönt es Eich gar nicht vorstelen wie es in Amerigha zu ged!“ Auswanderung aus den jungen Rodungsdörfern des Passauer Abteilandes nach Nordamerika seit der Mitte des 19. Jahrhunderts. Freyung.

FEGERT, Friedemann (2018): „Wie hinh mein Schiksal führt." Von Herzogsreut nach Chicago – Die Auswanderung der Stadler-Schwestern nach Amerika. Freyung.

FEGERT, Friedemann ($^{2}$2019): Oh wie schön ist Indigo. Färber- und Blaudruckerhandwerk im Wandel der Zeit. Freyung.

FEHR, Hubert/HEITMEIER, Irmtraut (Hg.) (2014): Die Anfänge Bayerns. Von Raetien und Noricum zur frühmittelalterlichen Baiovaria. St. Ottilien.

FÜRSTLICH UND GRÄFLICH FUGGERSCHE STIFTUNGS-ADMINISTRATION (Hrsg.) (2022): Familienunternehmen Fugger. Die bedeutendste Firma ihrer Zeit.
In: https://www.fugger.de/geschichte/die-bedeutendste-firma-ihrer-zeit (24.05.2022).

FREUNDESKREIS FREILICHTMUSEUM SÜDBAYERN E. V. (Hrsg.) (2003): Freundeskreisbätter 42. Großweil. Darin LOBENHOFER-HIRSCHBOLD, Franziska: Was wächst denn da? Historische Kulturlandschaft im Freilichtmuseum Glentleiten.

GABLER, Astrid (Hrsg.) (2020): Die Fuggerei. Familie, Stiftung und Zuhause seit 1521. München.

GEMEINDE BREITENBERG (Hrsg.) (2015): Webereimuseum Breitenberg. Breitenberg.

GESAMTVERBAND LEINEN (2015): Leinen und Flachs. In: http://www.gesamtverband-leinen.de/home/index,id,21.html (02.03.2015).

GOLDSCHMIDT, AENNE (1966): Handbuch des deutschen Volkstanzes. (Ost-) Berlin.

HAHN, Elmar (1987): Altes Dorfhandwerk in Hohenlohe. Schwäbisch Hall.

HALLER, Reinhard (1993): Holzkunst im Bayerischen Wald. Grafenau.

HANDWEBMUSEUM RUPPERATH (2022): Der afrikanische Zehenwebstuhl. In: https://www.handwebmuseum.de/der-afrikanische-zehenwebstuhl (20.05.2022).

HAUPTMANN, Gerhart ($^{3}$ 1998): Die Weber. In: SCHWAB-FELISCH, Hans ($^{3}$ 1998): Gerhart Hauptmann. Die Weber. Dichtung und Wirklichkeit. Berlin.

HECHT, Ann (1991): Webkunst aus verschiednen Kulturen. Färben, Spinnen, Weben – ein Querschnitt durch Techniken, Geräte und Material. Bern/Stuttgart.

HERMBSTÄDT, Sigismund Friedrich (1804): Allgemeine Grundsätze der Bleichkunst oder theoretische und praktische Anleitung zum Bleichen des Flachses, [...], Berlin. (Digitalisat der UNIVERSITÄTS- UND LANDESBIBLIOTHEK DÜSSELDORF).

HOHENAUER, Theresa (2010): Die ehemalige Verbreitung von Hanf, Flachs und Biber. Eine sprachwissenschaftlich-kulturhistorische Analyse von Örtlichkeitsnamen in Österreich In: https://doczz.net/doc/5974059/die-ehemalige-verbreitung-von-hanf--flachs-und-biber.

HOHENLOHER FREILANDMUSEUM (Hrsg.) 1984): Alte Texilien im Bauernhaus. Schwäbisch Hall.

HÜTTEROTH, Wolf Dieter (1982) Türkei. Wissenschaftliche Länderkunde. Stuttgart.

KAUFHOLD, Karl Heinrich (1978): Das Gewerbe in Preußen um 1800 (Göttinger Beiträge zur Wirtschafts- und Sozialgeschichte, Bd. 2). Göttingen.

KAMEL KAWAR, Widad/TAMARI NASIR, Tania (1991 ?): Stickerei aus Palästina. Traditioneller „Fallahi" Kreuzstich. München.

KERSCHER, Otto (1998): Land- und Bauernleben vom Böhmerwald bis zum Gäu. Grafenau.

KRAMER, Sarah (2017): Arbeitsbedingungen in der Textilproduktion. Wer sich wehrt, wird entlassen. In: Tagespiegel 23.06.2017.

KUBŮ, František/ZAVŘEL, Petr (2001): Der Goldene Steig. Historische und archäologische Erforschung eines bedeutenden mittelalterlichen Handelsweges. 1. Die Strecke Prachatitz – Staatsgrenze. Passau.

KRAJICEK, Helmut/LOBENHOFER-HIRSCHBOLD, Franziska/THURNWALD, Andrea (1991): Ländliche Kleidung zwischen Mode und Tradition. Ausstellungsbegleitheft Freilichtmuseum des Bezirks Oberbayern an der Glentleiten. Großweil.

KRÜGER, Fabian (2022): Das Leben danach – Was mit unserer Kleidung nach dem Abtragen passiert (In: https://get-lazy.com/das-leben-danach-was-mit-unserer-kleidung-nach-dem-abtragen-passiert).

KUNZE, Albert (Hrsg.) (1994): Yörük. Nomadenleben in der Türkei. Hechingen.

LAHNSTEIN, Peter (1977): Report einer „guten alten Zeit". Zeugnisse und Berichte 1750–1805. München.

LÄPPLE, Alfred (1996): Kleines Lexikon des christlichen Brauchtums. Augsburg.

LÖBE, W. (1850–52): Encyclopädie der Landwirtschaft, der Staats, Haus- und Forstwirtschaft. Leipzig.

MÄHRLEIN, Johannes (1861): Die Darstellung und Verarbeitung der Gespinste und die Papierfabriken im Königreich Württemberg. Stuttgart.

MANGOLD, Gudrun ([2] 2010): Hunger ist der beste Koch. Karge Zeiten auf der rauen Alb. Rezepte und Geschichten. Tübingen.

MEDICK, Hans ([2]1997): Weben und Überleben in Laichingen 1650–1900. Lokalgeschichte als Allgemeine Geschichte. (Habilitätionsschrift) Göttingen.

MOOS, Veronika (2017): Von der blauen Blume. Kleine Anleitung zum Leinanbau. In Kooperation mit Textile Kultur Haslach. Haslach.

MOSCHEK, Rainer (1974): Die Leinenwebereien Fenzl und Nöpl in Wegscheid von 1820–1969. Zulassungsarbeit an der Pädagogischen Hochschule Regensburg.

NICKEL, Heinrich L. (Hrsg) (1970: Deutsche Romanische Bildteppiche aus den Domschätzen zu Halberstadt und Quedlinburg. Leipzig.

PASSAUER NEUE PRESSE (2014): Monika Holler webt seit 50 Jahren per Hand (1.06.2014).

PASSAUER NEUE PRESSE (2014): Einzige Weberin mit dem Schaftwebstuhl (11.06.2014/Lokales Untergriesbach).

PASTOUREAU, Michel ([3]2015): Blau. Die Geschichte einer Farbe. Berlin.

PETERSEN, Eugen/LUSCHAN, Felix von (Hrsg.) (1889): Reisen in Lykien Milyas und Kibyratien. Ausgeführt auf Veranlassung der Österreichischen Gesellschaft für archaeologische Erforschung Kleinasiens. I. und II. Band. Wien.

PICTON, John/MACK, John (1989): African Textiles. London (Reprint 1995).

PRAXL, Paul (1976): Der Goldene Steig. Grafenau.

PETER, Max ([12]1985): Grundlagen der Textilveredelung. Handbuch für Textilingenieure und Textiltechniker. Frankfurt/M.

REINHARDT, Manfred (2006): Das goldene Vlies. Als die Merinoschafe nach Württemberg kamen. Münsingen.

RENNER, Dorothee (1985): Die Spätantiken und koptischen Textilien im Hessischen Landesmuseum in Darmstadt. Wiesbaden.

SCHERER, Irene/SCHRÖTER, Welf/FERTL, Klaus (Hrsg.) (2013): Artur und Felix Löwenstein. Würdigung der Gründer der Textilfirma Pausa und geschichtliche Zusammenhänge. Mössingen-Talheim.

SCHMOLLER, Gustav (1870): Zur Geschichte der deutschen Kleingewerbe im 19. Jahrhundert. Statistische und nationalökonomische Untersuchungen. Halle.

SCHNEIDER, Gudrun (1981): Weben. Handwerk und Hobby. Ravensburg.

SCHWAB-FELISCH, Hans ([3] 1998): Gerhart Hauptmann. Die Weber. Dichtung und Wirklichkeit. Berlin.

STAATLICHES MUSEUM FÜR VÖLKERKUNDE (Hrsg.) (1980): Beduinen im Negev. Eine Ausstellung der Sammlung Sonia Gidal. Text und wissenschaftliche Bearbeitung Friderike KORSCHING. München.

ST CLAIR, Kassia (2020): Die Welt der Farben. Hamburg.

STIGLMAIR, Anton (1988): Tiere und Pflanzen im alten Dorf. Schwäbisch Hall.

THIELE, Carmela (2019): Anni Albers: Als Textilkünstlerin zu Weltruhm. In: https://www.deutschlandfunkkultur.de/vor-25-jahren-gestorben-anni-albers-als-textilkuenstlerin-102.html (05.03.2022).

THIELE, Carmela (2022) Vor 125 Jahren geboren. Wie Gunta Stölzl am Bauhaus das moderne Textildesign entsponn. In: https://www.deutschlandfunk.de/beitrag125-grburtstag-von-gunta-stoelzl-100.html (05.03.2022).

UNERTL, Auguste (1924): Emerenz Meier. Eine Erinnerungsskizze zum 50. Geburtstag der Dichterin des Bayernwaldes. In: Donau-Zeitung (Passau), Nr. 234 v. 3.10.1924, S. 6–7.

UNSELD, Werner (1991): Säcke und Sackzeichen. Begleitheft zur Ausstellung 27. Juni–27. Oktober 1991. (FREILICHTMUSEUM NEUHAUSEN OB ECK (Hrsg.), Kleine Schriften 8). Tuttlingen.

VEREIN FÜR COMPUTERGENEALOGIE (2016): Geld und Kaufkraft ab 1803. In: https://wiki-de.genealogy.net/Geld_und_Kaufkraft_ab_1803.

WALLACH, Moritz (1961): Das Volkskunsthaus Wallach in München. Archiv des Leo Baeck-Instituts New York. In: http://access.cjh.org/417603 (20.03.2015).

WATSON, Julia (2020): Lo–TEK. Design by Radical Indigenism. Köln.

WEBER, Andreas Otto (2000): Zum Handel über den Scharnitzpaß seit mehr als 500 Jahren. In: JOOSTEN, Hans-Dirk/KÜRZEDER, Christoph (2000): Via Claudia. Stationen einer Straße. 200 Jahre unterwegs zwischen Zirl und Partenkirchen. Großweil. (Begleitband zur gleichnamigen Ausstellung im Freilichtmuseum Glentleiten 2001).

WIRTZ, Hermann-J[osef]: (1981): Kleider machen Leute, Leute machen Kleider. Baumwolle, Textilien und Bekleidung in der Weltwirtschaft. Düsseldorf.

WHEELER, Claudia (2019): Künstlerische Selbstverwirklichung war für Frauen nicht vorgesehen. https://www.deutschlandfunkkultur.de/serie-frauen-im-bauhaus-anni-albers-kuenstlerische-100.html (05.03.2022).

WIKIPEDIA (2022): Sampul tapestry. In: https://en.wikipedia.org/wiki/Sampul_tapestry. (20.05.2022).

## AUDIO

MOSER, Johannes (2022): Vergangenheit, Gegenwart und Zukunft der Handweberei in Wegscheid. Interview mit dem Betriebsleiter der Handweberei Moser, Wegscheid, 30.07.2022.

Schmid, Bärbel (2021): Leinen – Stoff der Zukunft? In https://radiocorax.de/leinen-stoff-der-zukunft (06.08.2022).

## FILM

RIGEL, Manuel (2018): cultura animi.

ARD ALPHA (2020): Der Kleiderwahnsinn und wie wir ihm entkommen können. 10.7.2020.

## ARCHIVALIEN

BERICHT DES MAGISTRATS DES MARKTES WEGSCHEID VOM 27. JULI 1889 (IN: STA LANDSHUT, REP. 168, VERZ. 1, FASZ. 848, NR. 4224).

ENTSCHLIEßUNG DER KGL. REGIERUNG VON NIEDSERBAYERN DIE LEINENFARIKATION BETREFFEND (IN: STA LANDSHUT, REP. 168, VERZ. 1, FASZ. 848, NR. 4223).

HOCHFÜRSTLICHE PASSAUISCHE HAAR=GESPUNST=LEINWAD= UND BESCHAU=ORDNUNG, VOM 20. DECEMBR. JAHRS 1762.

STADTARCHIV LAICHINGEN (StAL) Inv. u. Teil 1747/51, 256 ff. Zubringensinventar Narcissus Keller und Anna Ursula Schwenk vom 27.8.1749 (4. Vermögensquartil).

STADTARCHIV LAICHINGEN (StAL) Inv. u. Teil 1747/51, 256 ff. Zubringensinventar Christoph Laichinger und Anna Schamler vom 16.3.1748 (1. Vermögensquartil).

UNTERRICHT FÜR WEBER UND LEINWADBESCHAUER IN DEM REICHSFÜRSTLICHEN HOCHSIFTE PASSAU VOM 8. HORNUNG 1763 (IN: STA LANDSHUT, REP.164/21 F. 98, NR. 60).

## ABBILDUNGSHINWEIS

Falls bei einer Abbildung keine Quelle angegeben ist, handelt es sich um gemeinfreie Abbildungen, meist aus Wikipedia.

## DAS WEBEREIMUSEUM IN HASLACH IM MÜHLVIERTEL

Im traditionsreichen Webereimuseum, das 2012 ins Textile Zentrum Haslach übersiedelt wurde, kann man den Entstehungsprozess von der Faser bis zum fertigen Stoff auf laufenden Maschinen hautnah miterleben und in die Welt der Farben, Materialien und Muster eintauchen. Die beeindruckenden Exponate veranschaulichen die aufwändigen Verarbeitungsschritte von der Flachsaufbereitung bis zur fertigen Leinwand, sowie die Entwicklung der Handwebstühle bis hin zur Jacquardmaschine. Textile Materialien und Techniken können im wahrsten Sinne des Wortes BEGRIFFEN und mit allen Sinnen erlebt werden. Die Besucher/innen sind eingeladen, ihre eigene Kleidung zu untersuchen, selber Muster zu entwickeln, Interessantes über moderne Materialien zu erfahren und sich mit aktuellen Fragen globalen Wirtschaftens auseinanderzusetzen.

BLICK IN DIE AUSSTELLUNGSRÄUME DES WEBEREIMUSEUMS HASLACH. (FOTO: TEXTILES ZENTRUM HASLACH)

www.textiles-zentrum-haslach.at

## DAS FREILICHTMUSEUM FINSTERAU IM BAYERISCHEN WALD

DIE VON FRIEDEMANN FEGERT INITIIERTE BLAUDRUCK-WANDERAUSSTELLUNG WAR 2022 IM FINSTERAUER FREILICHTMUSEUM ZU SEHEN. (FOTO: LUKAS HASELBERGER)

Unter freiem Himmel entfaltet sich ein begehbares Stück vergangener Wirklichkeit. Im Freilichtmuseum Finsterau wurden Häuser und Höfe aus dem ganzen Bayerischen Wald zusammengetragen und ermöglichen einen Einblick in eine vergangene Zeit, die die Kultur bis heute prägt. Von altem Handwerk über Familiengeschichten finden sich lebendige Zeugnisse aus dem Leben der Landbevölkerung.

www.freilichtmuseum.de

## DAS WEBEREIMUSEUM BREITENBERG IM BAYERISCHEN WALD

Seit der Besiedlung der Gegend um das heutige Breitenberg, der sog. „Neuen Welt", in der 2. Hälfte des 17. Jahrhunderts, spielten Flachsanbau und Weberei hier eine wichtige Rolle. Um dieses alte Kulturgut vor der Vernichtung oder vor dem Ausverkauf zu retten entstand ab 1973 die Idee, all diese Geräte zu sammeln und in einem gemeindeeigenen Webereimuseum darzustellen.

Im Breitenberger Webereimuseum ist anschaulich die Verarbeitung von Flachs bis hin zum fertigen Garn anhand von alten Geräten, Texttafeln, Fotografien und Filmen dargestellt, ebenso die Verarbeitung des Garns zu hochwertigen Leinen in den verschiedenen Webstühlen und in Filmdokumenten. Auch die Veredelung des gewebten Stoffes durch Färben wird im sog. Wauhäusl gezeigt. Hier geben Geräte und zahlreiche alte Druckstöcke aus der Breitenberger Färberei und Blaudruckerei Kramer Einblicke in die Kunst des einmal hochgeschätzten Blaudrucks.

DAS WEBEREIMUSEUM BREITENBERG IST IN EINEM ALTEN BAUERNANWESEN UND DESSEN NEBENGEBÄUDEN UNTERGEBRACHT. (FOTO: HELMUT RÜHRL).

So bietet das Webereimuseum Breitenberg umfassende Einblicke in die wirtschaftlichen Verhältnisse der Bewohner im klimatisch rauen Land vor dem Dreisessel im Zeitraum von 1800 bis etwa 1950.

https://breitenberg.de/bayerischer-wald/Webereimuseum.html

# DIE BÜCHER VON FRIEDEMANN FEGERT, ERSCHIENEN IN DER EDITION LICHTLAND

## „Ihr ghönt es Eich gar nicht vorstelen wie es in Amerigha zu ged."

Auswanderung aus den jungen Rodungsdörfern des Passauer Abteilandes nach Nordamerika seit der Mitte des 19. Jahrhunderts

19 x 27 cm, 540 Seiten
Softcover: D 29,90 € (A 30,80 €)
978-3-942509-42-8

## "You cannot imagine what it is like in America."

Emigration from the Bavarian Forest in Germany to the United States from 1841 to 1931

7.5 x 10.6 inches, 548 pages
Softcover: 978-3-947171-24-8; € 39.90
eBook: 978-3-947171-32-3; € 16.90

Die Hintergründe der Auswanderung, jahrelang zusammengetragen aus alten Akten, persönlichen Briefen, Tagebüchern, historischen Fotos, Landkarten, statistischen Daten und Material aus deutschen und amerikanischen Archiven. Erhältlich in deutscher und in englischer Sprache.

Friedemann Fegert

# Emerenz Meier in Chicago

## Auswanderung und Leben ihrer Familie in Amerika

17 x 21,5 cm, 128 Seiten
eBook: D 9,90 € (A 10,20 €)
978-3-942509-80-0
Hardcover: D 18,50 € (A 19,06 €)
978-3-942509-36-7

Emerenz Meier, die Dichterin aus dem Bayerischen Wald ist in den letzten Jahren wiederentdeckt und im ersten Auswanderungsmuseum Bayerns umfassend dargestellt geworden. Die bisherige vita incognita ihrer Biographie, ihr Leben und das ihrer Familie in Chicago, wird hier erstmals anhand neuester Forschung und intensiver Kontakte zu den heutigen Nachfahren beleuchtet.

Der Aufbruch der Emerenz aus dem 300-Seelen-Dorf im Bayerischen Wald, ihre Überfahrt über den Atlantik, die umfangreichen Einreiseformalitäten, ihre Ankunft in der Fremde, aber doch im Familienverband des bayerwaldlerischen Viertels in Chicago, ihr Leben mit und gegen die Familie sowie ihre Haltung zu Wirtschaft, Politik und Literatur werden mit ihren Briefen aus Amerika veranschaulicht und anhand bisher unbekannter amerikanischer Dokumente und zahlreicher Abbildungen lebendig illustriert.

Friedemann Fegert

## „Wie hinh mein Schiksal führt…"

Von Herzogsreut nach Chicago – Auswanderung der Stadler-Schwestern nach Amerika

17 x 21,5 cm, 252 Seiten
Hardcover: D 19,80 € (A 20,39 €)
978-3-942509-65-7

Ein scharlachrotes Tagebuch – ein wahrer Glücksfall! Denn mit diesem beginnt vor vielen Jahren die Spurensuche des Autors über die Auswanderung von drei jungen Schwestern aus dem Bayerischen Wald in die USA. Authentisch und detailliert beschreibt Emma Stadler in ihrem Tagebuch ihr Leben im niederbayerischen Herzogsreut der 1910er als Tochter eines Kleinbauern bis ins Chicago der 1950er als lebenstüchtige Einwanderin.

Somit erweist sich dieses handschriftliche Dokument als einzigartiges Zeugnis der Auswanderung aus dem Bayerischen Wald nach Amerika. Dieser Lebensbericht bildet den Ausgangspunkt jahrelanger Nachforschungen über die drei Stadler-Schwestern, die zwischen 1922 und 1926 nach Chicago ausgewandert sind. Der Autor veranschaulicht die Bedingungen ihrer Auswanderung sowie das Leben im Wohnviertel der Bayerwaldler mit einer Vielzahl von spannenden Materialien.

Friedemann Fegert

## Oh wie schön ist Indigo

Färber- und Blaudruckerhandwerk im Wandel der Zeit

17 x 21,5 cm, 240 Seiten
Softcover: D 24,80 € (A 25,50 €)
978-3-942509-53-4

Nahezu 6000 Kilometer zu Fuß aus dem Bayerischen Wald bis nach Königsberg und Lugano – viele Färber und Blaudrucker begeben sich seit dem Mittelalter als Gesellen auf Wanderschaft, auf weite Reisen durch ganz Europa, auf der Suche nach neuen Mustern und Färberezepten. So auch die Färber und Blaudrucker der Familie Fromholzer. Seit dem 17. Jh. färben sie Leinen mit einheimischen Pflanzen wie etwa dem Färberwaid.

SEHEN SIE HIER DEN BERICHT „DAS BLAUE WUNDER VON BAYERN UND BÖHMEN“ DER ARBERLAND REGIO GMBH.